JN290102

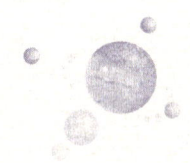

データ同化

観測・実験とモデルを融合するイノベーション

編著
淡路 敏之
蒲地 政文
池田 元美
石川 洋一

京都大学学術出版会

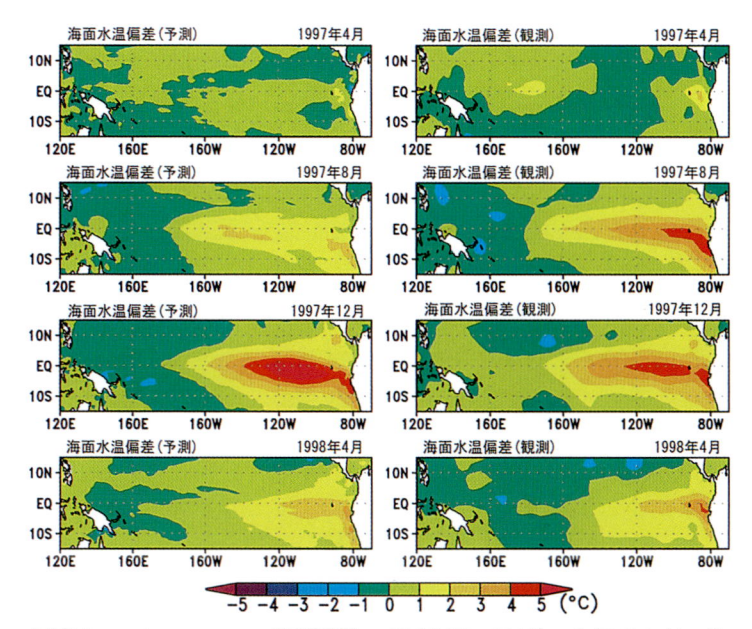

図序.1　エルニーニョの予測実験の例（安田，2007）．左図は大気・海洋結合モデルで予測された海面水温の平年値からの偏差を示す．右図は左図と同時期の観測結果を示す（序編参照）．

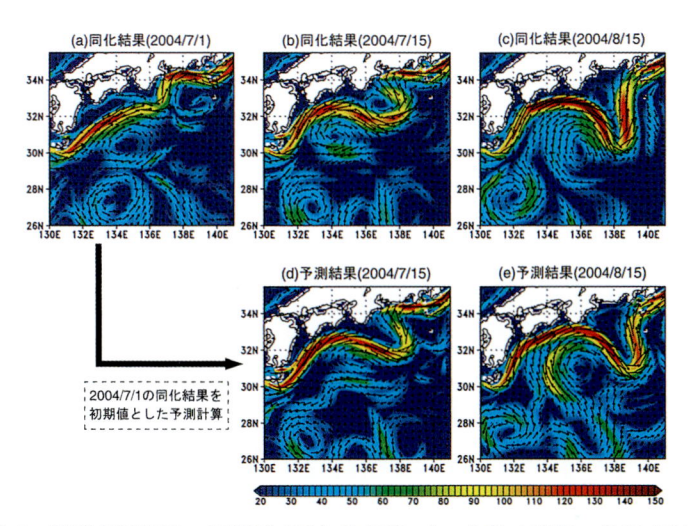

図序.3　黒潮表層流速の予測例（暖色系が速い）．上段は実際の状況（各図の時点での観測データを同化した結果）で，下段は予測結果を表している．図 (a) はデータ同化で求めた2004年7月1日の状況（数値モデルの初期条件）．図 (b) と (c)：7月15日（15日後）と8月15日（45日後）の同化結果．図 (d) と (e) は上段の (b) と (c) と同時刻の予測状況を表す（碓氷，2009）（序編参照）．

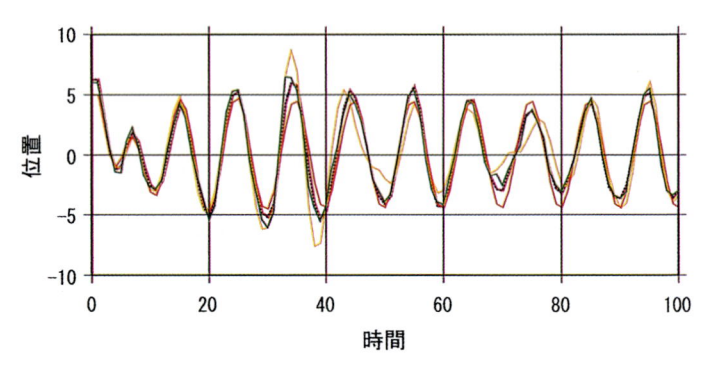

図 5.6　例題 1 における位置 x の解析値の比較．赤色実線：真値，黄色実線：シミュレーション値，緑色点線：カルマンフィルター（スムーザー使用前），青色点線：RTS スムーザー，桃色実線：アジョイント法（5 章参照）．

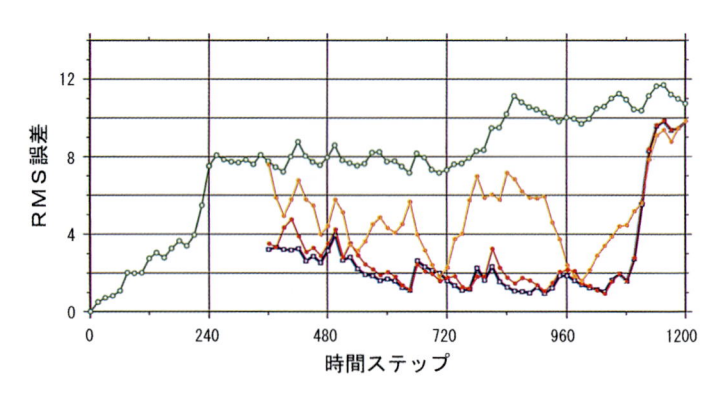

図 5.15　例題 2 の RMS 誤差の時系列図．緑色：シミュレーション値，黄色：カルマンフィルターによる解析値，赤色：RTS スムーザーによる解析値，青色：アジョイント法 C による解析値（5 章参照）．

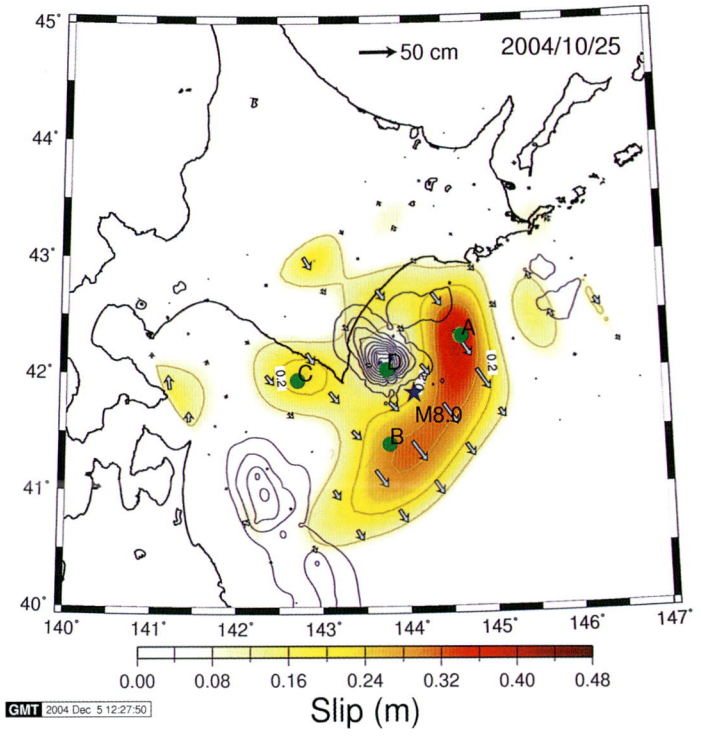

図コラム 5.4　GPS データのインバージョン解析によって得られた，2003 年十勝沖地震時すべりおよび余効すべり（Miyazaki *et al.* 2004）．震源が星印，襟裳岬周辺のコンターが地震時のすべり量である（コラム 5 参照）．

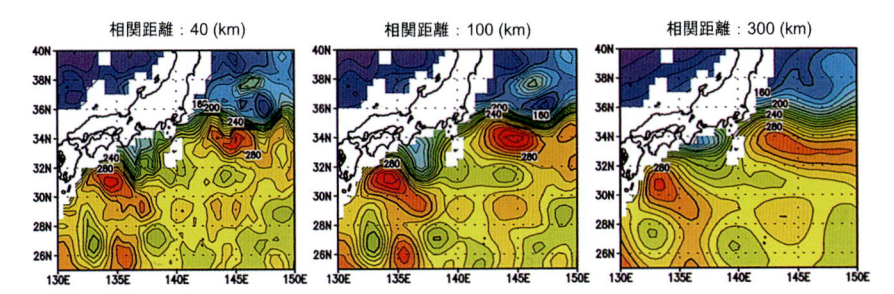

図 6.3　黒潮および黒潮続流域における最適内挿法による海面高度解析．水平の相関スケールを左から 40km，100km，300km とした場合の比較．等値線は海面高度の値を示す（6 章参照）．

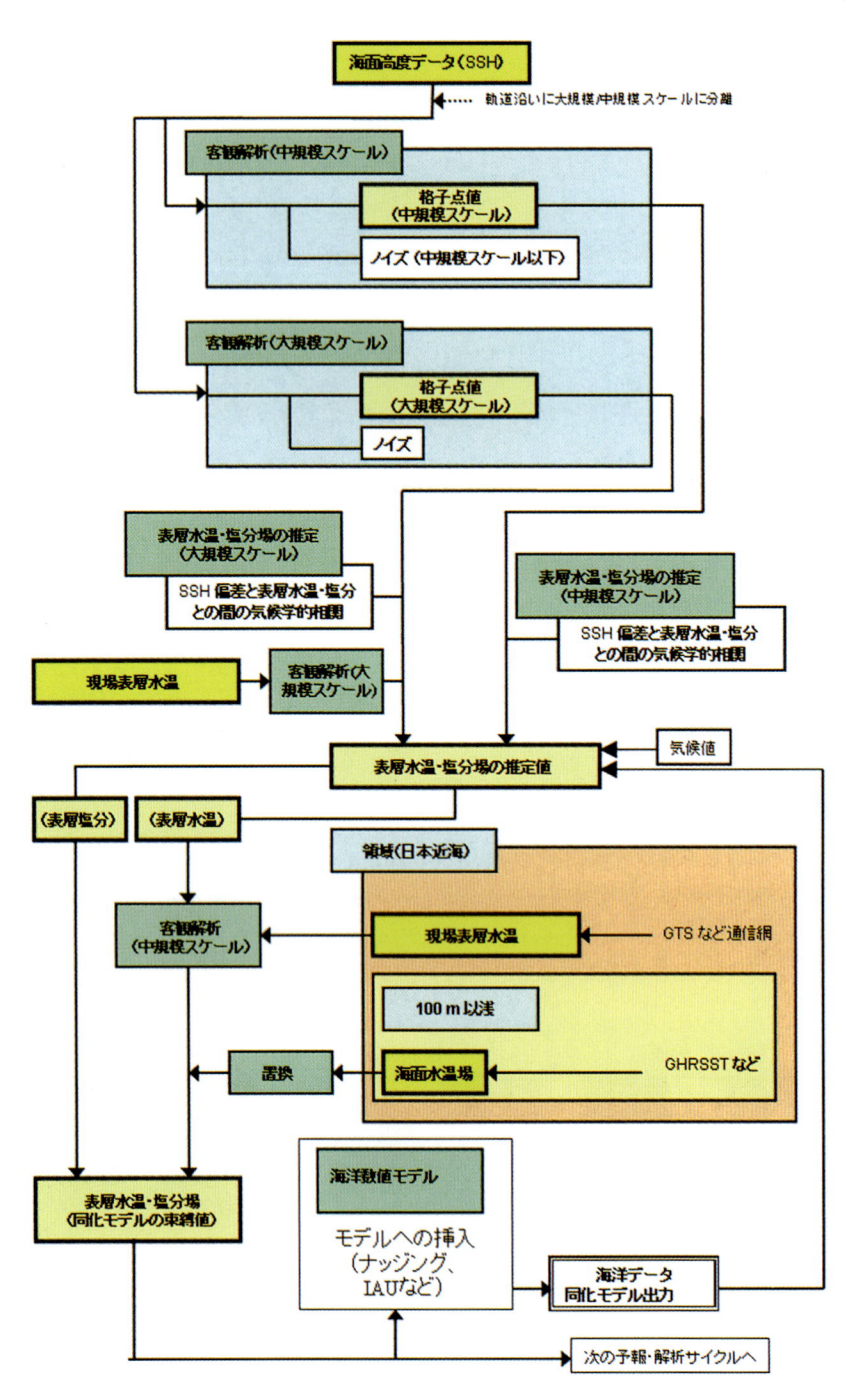

図 6.6 現業機関で運用されている同化システムの構造の例（杉本, 吉岡, 2004）(6章参照).

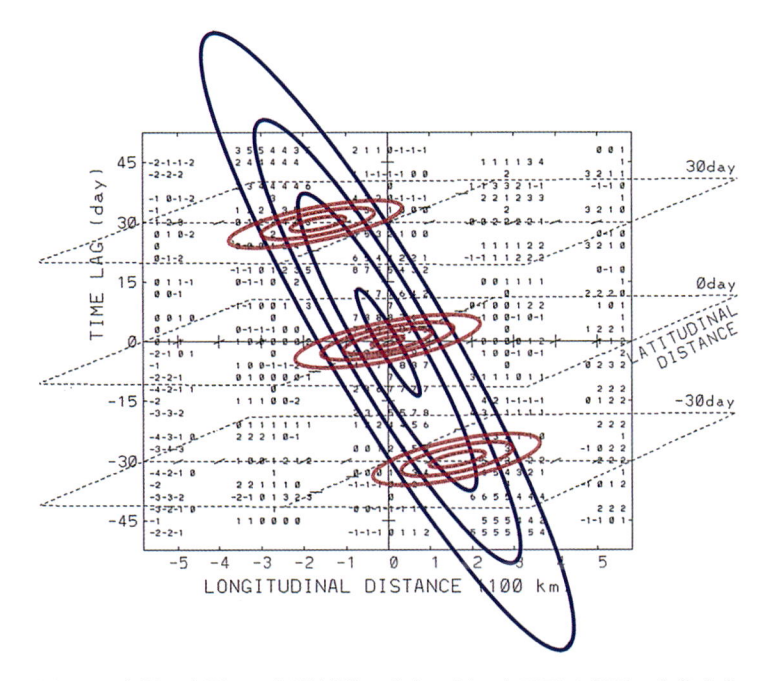

図6.7 時間・空間での相関係数の分布の例．水平面は東西・南北方向を表し，縦軸は時間方向を表す．斜めの楕円は（青色），東西−時間断面での相関係数の等値線を示す．従来の時間を考慮しない相関係数の分布を桃色の等値線で示す（Kuragano and Kamachi, 2000）(6章参照).

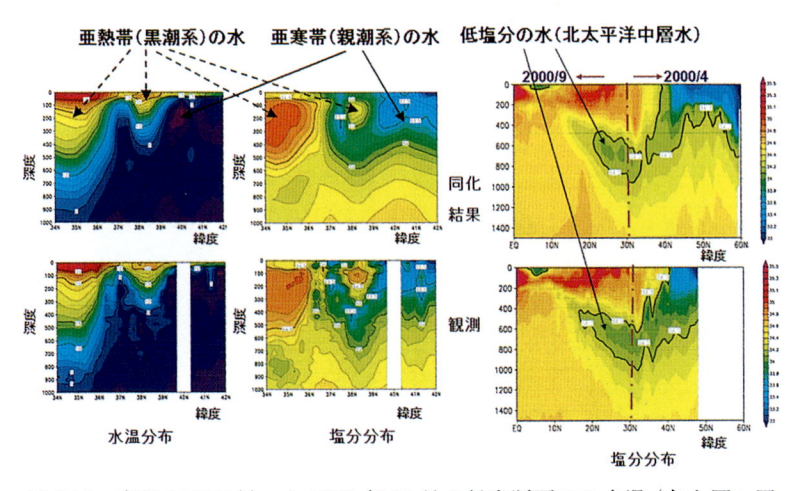

図6.10 東経144°に沿った2000年10月の鉛直断面での水温（左上図：同化，左下図：船舶観測）と塩分（中上図：同化，中下図：船舶観測），および東経165°に沿った2004年4月と9月の塩分分布の合成図（右上図：同化，右下図：船舶観測）の比較（6章参照）.

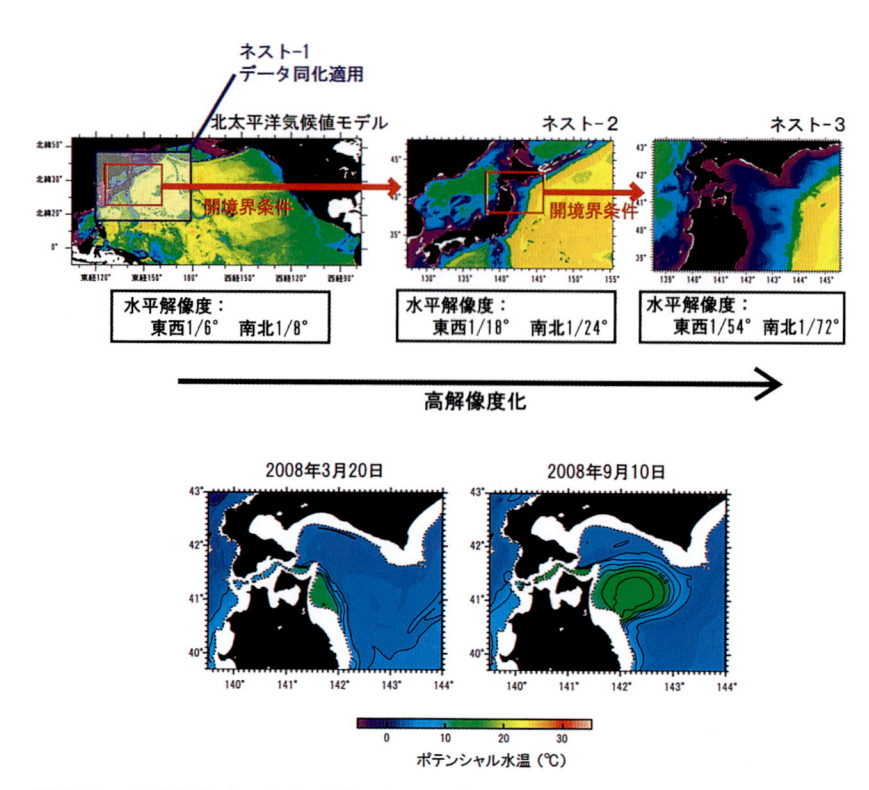

図 6.11 上図 3 枚は，北太平洋から下北沖までの 3 種類のモデルをつないでいく概念を表している．下図は，2008 年 3 月 20 日（左），9 月 10 日（右）における 200m 深水温（6 章参照）．

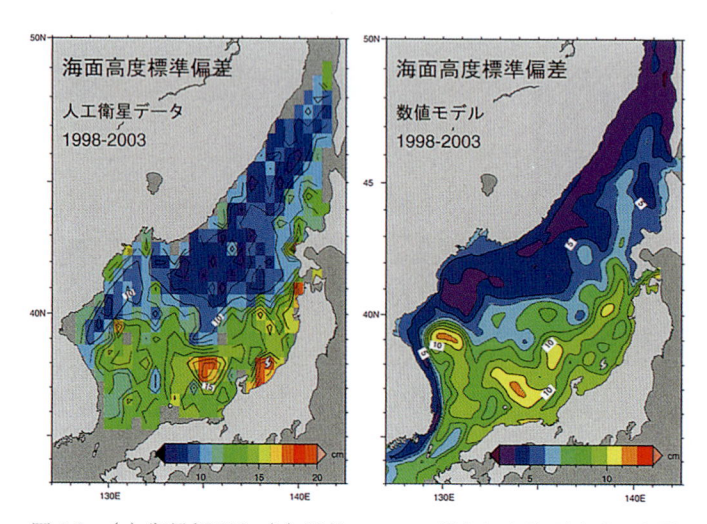

図 7.3 （a）衛星観測と（b）数値モデルで得られた海面高度の標準偏差．等高線間隔は 1cm（7 章参照）．

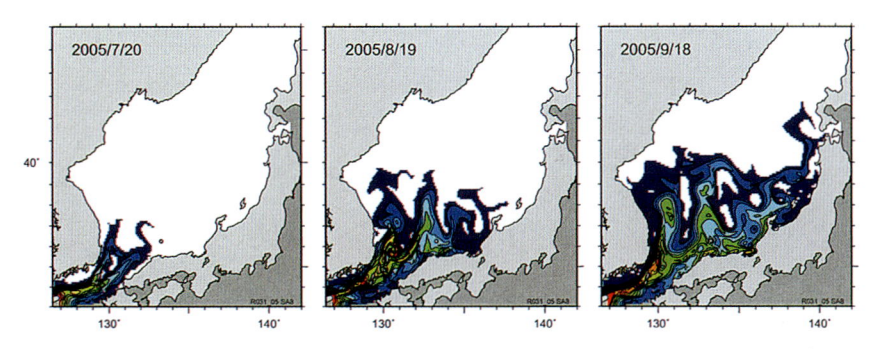

図 7.13 日本海データ同化モデルの流動場から予測されたエチゼンクラゲの分布域.黒〜灰色は低〜高密度域を表す(日本海区水産研究所)(7 章参照).

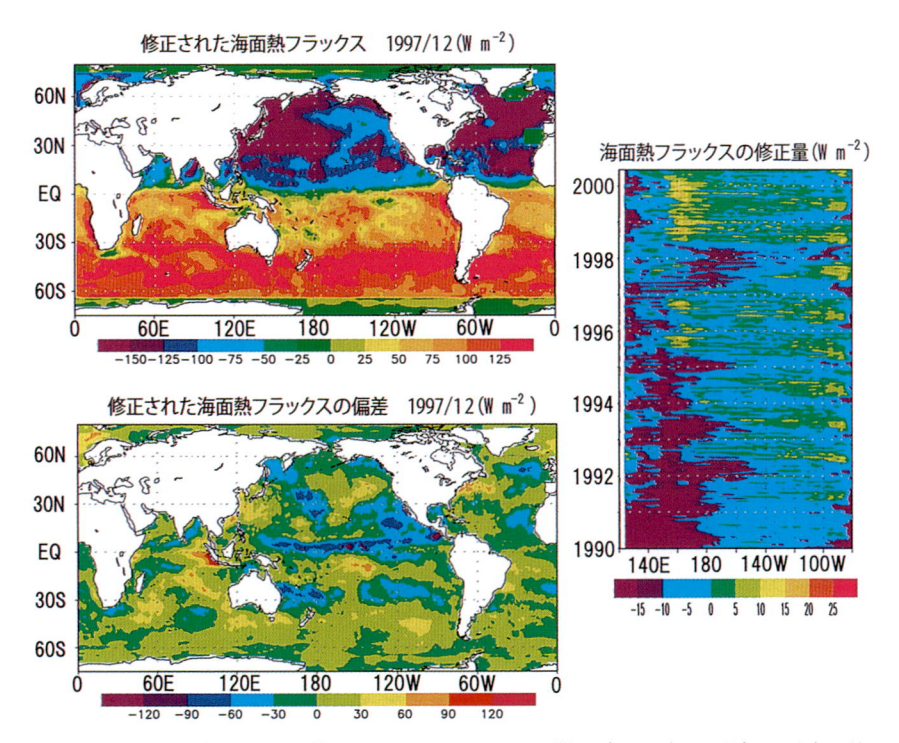

図 8.3 データ同化によって修正されたエルニーニョ期間 (1997 年 12 月) の正味の熱フラックスとその偏差の分布 (左). 1990 年から 2000 年の期間での赤道域におけるデータ同化による修正量の時系列 (右) (8 章参照).

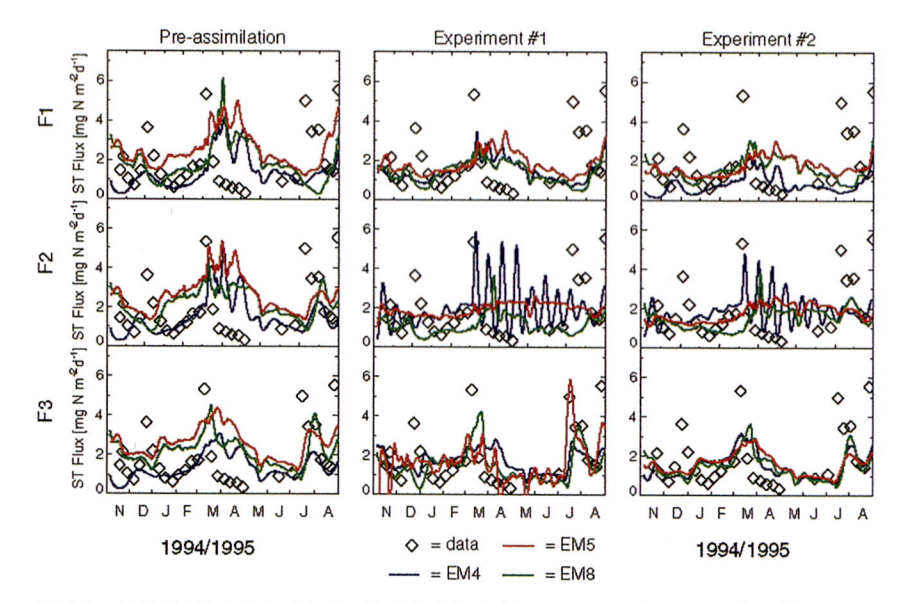

図 8.8 アラビア海 800m 深での粒子状有機窒素フラックス ($mg\ N\ m^{-2}\ d^{-1}$) の観測結果 (data) と 3 つの生態系モデル EM5, EM4, EM8 の結果の時系列. Friedrichs et al. (2006) より (8 章参照).

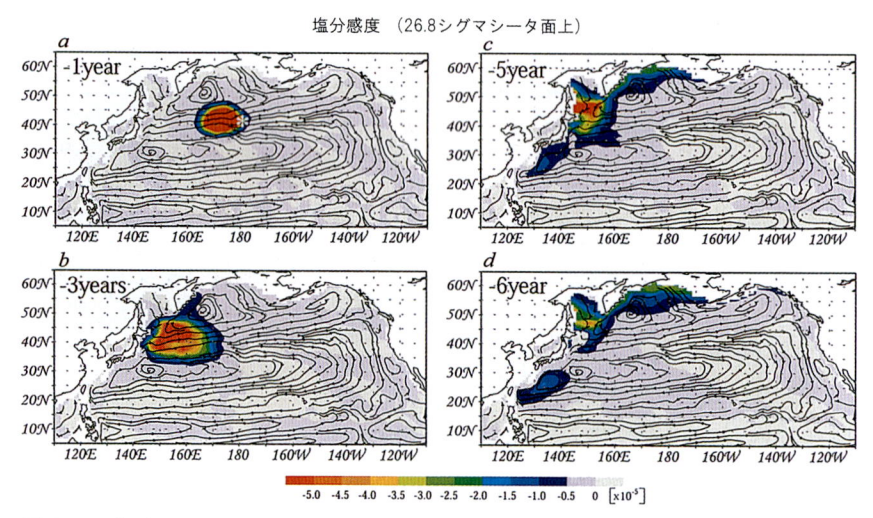

図 8.13 塩分のアジョイント変数とその変分 dS の積の 26.8 シグマシータ面上での分布. 北緯 43 度, 日付変更線上の 400m 深に人工的なコストを与えたケース. (a) 1 年, (b) 3 年, (c) 5 年, 及び (d) 6 年間のバックワード計算の結果 (8 章参照).

本書を読むにあたって

「データ同化」という用語は"見慣れない言葉"であるが，実は数値天気予報や各種の最適化処理に用いられている"馴染みのある"技法である．すなわち，観測や実験データを最適化理論を用いてうまく取り込み（同化して）モデル結果を修正する技法であり，また時空間的に断片的にしか得られない観測や実験データをモデルを用いて補完する技法でもある．つまり，データ同化は観測データと数値モデルの双方から情報を取り出して，統計的あるいは力学的に組み合わせ，最適な場や条件を求める優れた手法であると言える．

本書の内容は，このようなデータ同化の数学的基礎から海洋への最新の応用，さらには諸分野での使用例まで多岐に渡っている．もちろん全編を読破していただくことを念頭に執筆したが，本書が役立つかどうかをまず見定め，それからじっくりと読み返す方も多いだろう．そこでコース別にいくつかの読み方を提案してみる．

各章の関係を示した図 1 の俯瞰図をまずご覧いただこう．「データ同化」という言葉を聞いたことがあるが，一体何なのか，何のために使われているのかを知りたいと思われる読者は，応用編の各章に目を通し，図を楽しみながら全体像をざっくりとつかんでいただきたい．加えて，序に述べられているデータ同化の目的や歴史を知れば，同化の専門家と話す際に役立つだろうし，社会のニーズに直結する現場で，データ同化を説明するのに役立つであろう．データ同化は地球温暖化等の影響評価にも有用なアプローチなので，社会的な実務に携わる方々，とりわけ政策決定に関わる行政・産業界の方々にも役立つと確信する．

データ同化を使ってみたい読者には，シンプルな同化手法を扱った章を選択的に学習されることを奨める．その場合には，まず応用編の 6 章を読み，最適内挿法などの同化手法の適応例に触れ，データ同化が利用可能かどうかを実感された後，その手法を知るために基礎編の 2 章と，誤差の意味などの数学的基礎を確かめるために基礎編の 1 章を読まれることをお奨めする．現業官庁等におけるデータ同化関連業務では，このような簡略手法を使用していることが多いので，充分に役立つことを保証する．ただし，本書をどのように読まれるにせよ，序は逃せないだろう．

本書を読むにあたって

　"簡便"の域をこえた高度なデータ同化手法は，カルマンフィルターと変分法に大別される．正直に言って，データ同化の専門家でも，両方を使いこなせる人は少ない．最初はどちらかを試してみるのが現実的な学び方である．もしカルマンフィルター・コースを選ぶなら，序と基礎編1，2章の知識を得てから，3章のカルマンフィルターを学ぶのがよい．学んだ知識を定着させ，かつ応用力をつけるには，5章の共通例題に取り組み，手法の知識を体得することを強く奨める．さらに，応用編の7章でカルマンフィルターの実用例を学ぶことができる．変分法コースを選ぶなら，序および基礎編の1，2章に続けて，4章のアジョイント法に関する専門知識を学び，5章の共通例題に取り組めば理解が深まる．さらに応用編の8章を学べば応用力が増す．

　本書の特筆すべきもう一つの点は，データ同化手法の2大頂点であるカルマンフィルターと変分法を対比的に探求し理解できるという，国内外の同種の本には無いユニークさである．例えば，基礎編5章では，流体力学の重要な基礎である1次元移流方程式など，読者が自ら試せる例を用いて，ふたつの方法の共通点と相違点が並記されており，それぞれを一層理解できるよう丁寧に解説されている．

　加えて，本書の学習中に生じるであろう読者の疑問に応えるカウンセリング・サイト*を文部科学省所管の日本海洋科学振興財団の協力を得て設置した(http://www.jmsfmml.or.jp)．新学際融合分野であるデータ同化の自学自習に，ウェブ・アフターケアともいうべき新しい試みが役立つことを願ってやまない．是非とも，本書を読まれてデータ同化を身近なものと感じ，利用されることを願う．

＊ カウンセリング・サイトは，初版より長期間が経過いたしましたため，現在は閉鎖されております．ご了承下さい．

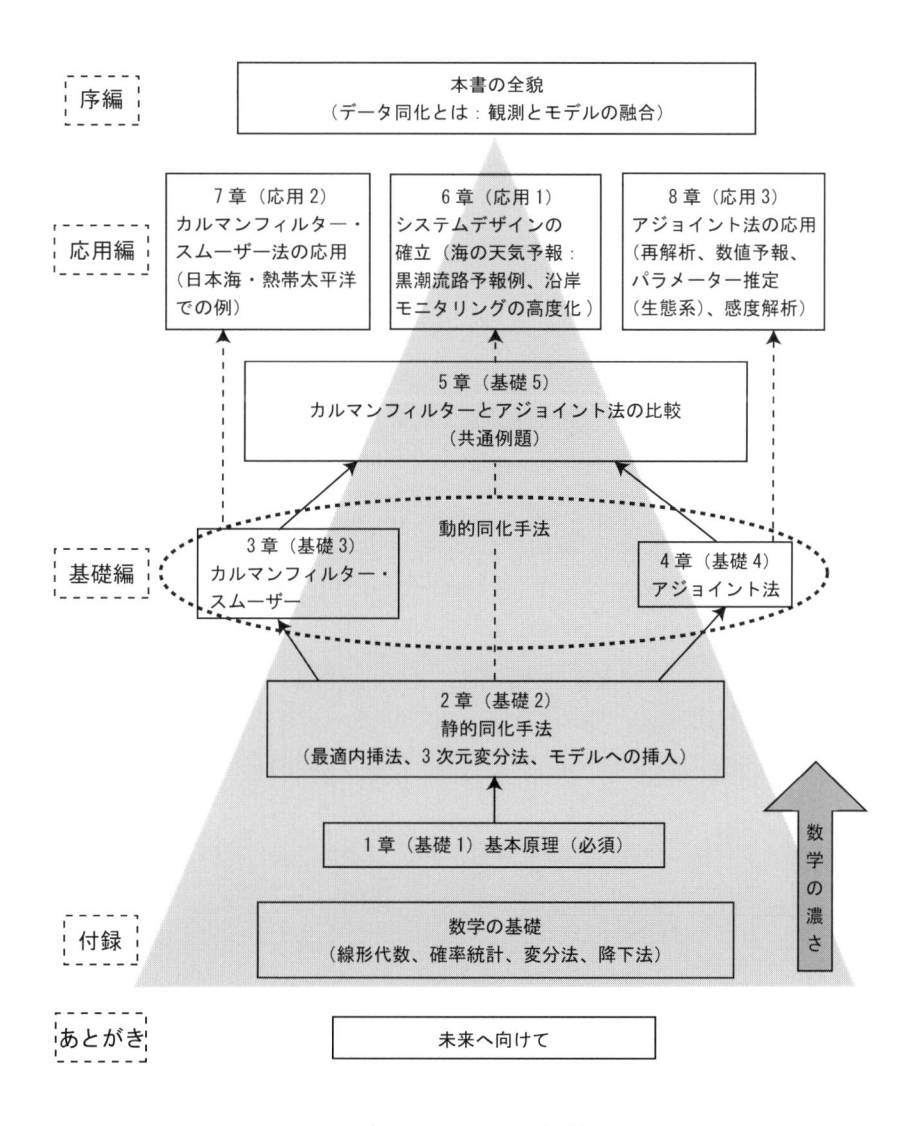

```
序編 ─── 本書の全貌
         （データ同化とは：観測とモデルの融合）

応用編 ─── 7章（応用2）          6章（応用1）          8章（応用3）
          カルマンフィルター・    システムデザインの    アジョイント法の応
          スムーザー法の応用      確立（海の天気予報：  用（再解析、数値予報、
          （日本海・熱帯太平洋    黒潮流路予報例、沿岸  パラメーター推定
          での例）                モニタリングの高度化）（生態系）、感度解析）

                    5章（基礎5）
                    カルマンフィルターとアジョイント法の比較
                    （共通例題）

                         動的同化手法

基礎編 ─── 3章（基礎3）                           4章（基礎4）
          カルマンフィルター・                    アジョイント法
          スムーザー

                    2章（基礎2）
                    静的同化手法
                    （最適内挿法、3次元変分法、モデルへの挿入）

                    1章（基礎1）基本原理（必須）                    数
                                                                  学
                                                                  の
付録 ───  数学の基礎                                              濃
          （線形代数、確率統計、変分法、降下法）                    さ

あとがき ─── 未来へ向けて
```

図1　各章の関係を示した俯瞰図

iii

目次

本書を読むにあたって　　i

記号表　　x

序編：データ同化のあらまし　　1

基礎編

1章　統計学からみたデータ同化　　15
  1.1　線形最小分散推定の応用　　15
  1.2　最尤推定の応用　　20
  コラム1. 海洋レジャーにも役立つ海洋同化と海況予報　　26

2章　経験がとても役に立つ静的な同化手法　　28
  2.1　最も簡便な最適内挿法　　28
  2.2　少し高度な3次元変分法　　38
    2.2.1　基本的な導出　　38
    2.2.2　拘束条件の付加と変形による拡張性　　42
  2.3　誤差の概念と設定方法のポイント　　45
    2.3.1　データ同化の際に留意すべき誤差の概念　　46
    2.3.2　誤差行列の作成Ⅰ：コバリアンス・マッチング　　48
    2.3.3　誤差行列の作成Ⅱ：誤差の近似的な設定方法　　49
  2.4　データをモデルへどう挿入するのか？　　54
  コラム2. リニアモーターカーの磁気シールド設計　　61

3章　データの入手につれて逐次的に同化するカルマンフィルター・スムーザー　63

- 3.1 はじめに ... 63
- 3.2 カルマンフィルター ... 65
  - 3.2.1 モデル (力学的時間発展) ... 65
  - 3.2.2 カルマンフィルターの強みである予報誤差の時間発展 . 67
  - 3.2.3 カルマンフィルターの導出 ... 68
  - 3.2.4 非線形モデルで使用できる拡張カルマンフィルター .. 71
  - 3.2.5 より幅広く推定できる適応フィルター ... 73
  - 3.2.6 うまく仮定すると計算量を減らせる定常カルマンフィルター ... 74
- 3.3 時間を遡るスムーザー ... 76
  - 3.3.1 固定点スムーザー ... 77
  - 3.3.2 固定ラグスムーザー ... 78
  - 3.3.3 固定区間スムーザー ... 79
  - 3.3.4 定常スムーザー ... 81
  - 3.3.5 外力の推定 ... 82
- 3.4 応用能力に長けたアンサンブルカルマンフィルター・スムーザー ... 82
  - 3.4.1 アンサンブルカルマンフィルター ... 83
  - 3.4.2 アンサンブルカルマンスムーザー ... 87
- 3.5 実用化に向けた事例解説 ... 88
  - 3.5.1 仮想変位を利用したシステム行列の数値的な作成方法 . 88
  - 3.5.2 行列を小さくして負荷を減らす縮小近似 ... 89
  - 3.5.3 結果の品質を判断する適合検査（事後検査） ... 91
- コラム3．生命保険事業とシミュレーション ... 93

4章　モデルとの整合性に優れたアジョイント法　96

- 4.1 アジョイント法の概要 ... 96
- 4.2 アジョイント法の色々な導出方法 ... 100
  - 4.2.1 3次元変分法から4次元変分法への拡張 ... 100
  - 4.2.2 ラグランジュの未定乗数法の応用 ... 103

	4.2.3　微分積分学を用いた連続系での導出	107
4.3	結果の品質が判断できる解析誤差と検証	110
4.4	観測データの効果を判断する感度解析と特異ベクトル . . .	113
4.5	アジョイント法とカルマンフィルターの関係について . . .	116
4.6	アジョイントコードの作成手順（作り方のコツ）.	119

コラム４．アジョイント法海洋再解析データを用いた北太平洋アカイカ資源変動解析 126

5章　データ同化の2大系列「カルマンフィルター・スムーザーとアジョイント法」の比較—例題解説による「共通点と相違点」の体得— 129

5.1	同化手法の動作確認のための双子実験	129
5.2	例題1: 基本中の基本である減衰項付き強制振動	131
	5.2.1　問題設定1	131
	5.2.2　カルマンフィルター・RTSスムーザーによる解法 . . .	132
	5.2.3　アジョイント法による最適化	137
	5.2.4　カルマンフィルター・スムーザーとアジョイント法の比較	142
5.3	例題2: 1次元線形移流拡散モデルで簡単な流体運動を解く . .	143
	5.3.1　問題設定2	143
	5.3.2　カルマンフィルター・スムーザーによる解法	145
	5.3.3　アジョイント法による最適化	148
	5.3.4　カルマンフィルター・スムーザーとアジョイント法の比較	156
5.4	例題3: 粘性項付きKdV方程式モデルを使って非線形問題を考える	158
	5.4.1　問題設定3	158
	5.4.2　カルマンフィルターによる解法	159
	5.4.3　アジョイント法による最適化	162
	5.4.4　カルマンフィルター・スムーザーとアジョイント法の比較	166

コラム５．地震学におけるインバージョン解析とデータ同化 168

応用編

6 章 　簡便に使える静的データ同化手法の応用　181
- 6.1 　観測データの取り扱いの重要性 　182
  - 6.1.1 　同化に使用する観測データの品質管理 　182
  - 6.1.2 　誤差相関スケール 　185
- 6.2 　拡張性のある3次元変分法の応用—付加的な拘束条件の重要性 　187
  - 6.2.1 　非線形の付加項 　187
  - 6.2.2 　非線形の観測演算子 　188
- 6.3 　実際に運用されている現業システムへの応用例 　190
  - 6.3.1 　データ同化システムの特徴 　190
  - 6.3.2 　海況予報への応用例 　193

7 章 　カルマンフィルターの応用 —日本海予測システムを中心として— 　199
- 7.1 　歴史的背景 　199
- 7.2 　日本海海況予報システム 　202
  - 7.2.1 　日本海の海洋学的な特徴 　202
  - 7.2.2 　データ同化システムの構成 　202
- 7.3 　データ同化の効果 　205
  - 7.3.1 　海底地形の推定 　205
  - 7.3.2 　海面水温データ同化 　208
  - 7.3.3 　海面高度計データ同化 　210
  - 7.3.4 　日本海の海況予報例 　218
- 7.4 　社会への情報発信例：結果の公開と利用 　220
- 7.5 　今後の課題 　221

8 章 　アジョイント法の応用　223
- 8.1 　はじめに：アジョイント法の特徴のまとめ 　223
- 8.2 　数値モデルの物理過程を利用した観測データの補間・統合 　224
- 8.3 　パラメータの最適推定による数値モデルの改良 　230
- 8.4 　数値天気予報のための初期値の作成とその効果 　235

8.5	アジョイントモデルの応用機能：現象の逆追跡ができる感度解析	242

あとがき   247

付録 A	使用した数学の基礎	249
A.1	線形代数の基礎	249
A.2	確率・統計の基礎	254
A.3	変分法の基礎	256
A.4	降下法	258

用語解説   261

参考文献   267

索　引   277

著者一覧   284

記号表

データ同化における数式・記号の表記法は一般に Ide et al. (2001) が推奨されている．本書もそれに従っているが，一部の表記については不十分なので拡充して使用している．

ベクトル，行列などの表記について

ベクトル，行列などは以下のような字体によって区別している．

表1　文字の種類

記号	用例	意味
ボールド体小文字	$\mathbf{x}$	ベクトル変数
ボールド体大文字	$\mathbf{A}$	行列，演算子（線形）
イタリック体小文字	x	スカラー変数，行列やベクトルの要素
イタリック体大文字	A	スカラー変数，演算子（非線形を含む一般型）
カリグラフ体大文字	$\mathcal{L}$	関数，汎関数，スカラー変数

添字について

上付きの添字は変数の区別，または行列の作用を表している．

一方，下付きの添字は時刻 (t など)，または行列，ベクトルの要素（i, j など）を表す

表2　変数の種類

記号	用例	意味
$(\cdot)^a$	$\mathbf{x}^a, \mathbf{P}^a$	解析値，推定値
$(\cdot)^b$	$\mathbf{x}^b, \boldsymbol{\epsilon}^b$	背景値
$(\cdot)^f$	$\mathbf{x}^f, \mathbf{P}^f$	予報値
$(\cdot)^o$	$\boldsymbol{\epsilon}^o$	観測値
$(\cdot)^t$ または $(\cdot)^{true}$	$\mathbf{x}^t$	真値
$(\cdot)^{sim}$	$\mathbf{x}^{sim}$	シミュレーション値

表3　行列に対する作用

記号	意味
$(\mathbf{A})^T$	転置行列
$(\mathbf{A})^*$	随伴行列
$(\mathbf{A})^{-1}$	逆行列
$(\mathbf{A})^{-I}$	一般逆行列

数学記号表

本書で用いられている主な数学記号について表にまとめた．特に行列，ベクトルについてはそのサイズも示してあり，n はモデル空間，m は観測空間のサイズである．

表 4　主な数学記号

記号	対応する用語	説明の章，節
$\mathbf{B}$	背景誤差共分散行列 $(n \times n)$	2.1
$\delta(\cdots)$	ディラックのデルタ関数	3.4.1
$\boldsymbol{\delta x}$	微小変位，変分	4.2, A.3
$\boldsymbol{\Delta x}$	インクリメント (n 次元)	2.1, 3.3.3
$\boldsymbol{\Delta y}$	イノベーション (m 次元)	2.1
ε	誤差	1.1, 2.3.1
$\mathbf{G}$	外力行列	3.2, 3.5
$\mathbf{g}\,[\nabla J]$	勾配ベクトル (n 次元)	2.2, 4.2
$\boldsymbol{\Gamma}$	システムノイズの変換行列	3.2
$H\,[\mathbf{H}]$	観測演算子 [観測行列 $(m \times n)$]	2.1 [2.2]
$\mathbf{I}$	単位行列 (恒等行列)	A.1
J	評価関数	1.2, 2.2, 4.2
$\mathbf{K}$	カルマンゲイン $(n \times m)$	3.2.3
$\mathcal{L}$	ラグランジュ関数	4.2.2, A.3
λ	アジョイント変数，ラグランジュの未定乗数	4.2.2
$M\,[\mathbf{M}]$	状態遷移 (モデル) 演算子 [状態遷移行列 $(n \times n)$]	2.3.1, 3.2.1, 4.2.1
$\mathbf{P}$	予報誤差共分散行列 $(n \times n)$	3.2.2
$p(\cdots)$	確率密度関数	1.2, A.2
$\mathbf{Q}$	システムノイズ共分散行列	3.2.2
$\mathbf{R}$	観測誤差共分散行列 $(m \times m)$	2.1
$\mathbf{S}$	スムーザーゲイン行列 $(n \times n)$	3.3.3
μ	相関係数	1.1, 2.1
$\mathbf{W}$	重み行列 $(n \times m)$	2.1
$\mathbf{x}$	状態 (予報変数・モデル変数・制御変数) ベクトル (n 次元)	2.1
$\mathbf{y}$	観測ベクトル (m 次元)	2.1

序編：データ同化のあらまし

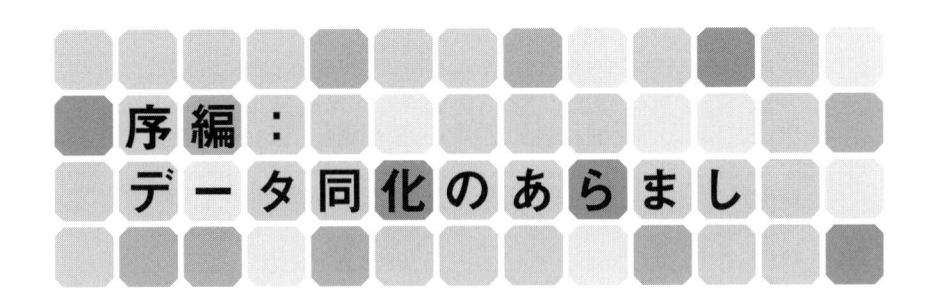

20世紀最大級のエルニーニョが1982年に発生した．エルニーニョ現象とは，太平洋赤道域の中央部（日付変更線付近）から東部，ひいては南米のペルー沖までの広い海域で，海面水温が平年に比べて数℃高くなり，その状態が1年程度続く現象である．観測が充実してきた現在，エルニーニョ現象は海面水温の上昇のみにとどまらず，世界の気候に大きな影響を及ぼすことが知られるようになった．

1983年2月（南半球は夏），筆者の一人はオーストラリア・メルボルン市に滞在しており，ある日の最高気温は42℃を記録するほどの猛暑であった．外に出ると木陰でも熱風が肌にささり，汗が出たかどうかわからないうちに蒸発するほどの凄まじさで，散歩から帰ると腕の表面は白く塩を吹いていた．また，オーストラリア海洋学会に参加するため，メルボルンからアデレードへ移動中の長距離バスから見た光景は今でも忘れられない．オーストラリアは元々乾燥した大地が多いが，沿岸部でさえ草木が枯れ，コアラの好物であるユーカリの木も枯れていたのには驚いた．あまりに乾燥しているため発生した山火事が衰えず，住民の避難騒ぎがオーストラリアのあちこちでおこっていた．後でわかったことだが，これらの出来事は1982-83年に発生したエルニーニョによる異常気象のためであった．

その後，世界中に異常気象をもたらし社会経済に大きな影響を与えるエルニーニョを監視し，そのメカニズムを解明しようという機運が急速に高まった．その結果，国際研究計画「熱帯太平洋と全球大気（TOGAと呼ぶ）」が始まり，観測システムの充実，数値モデリングの発達，熱帯大気・海洋の相互作用に関する理論的な研究が活発化した(山形, 1998)．これらは，本書で扱うデータ同化手法の開発とその利点を活用した数値気候予測へと発展した．その例を図序.1に示す．この図は海面水温の気候値（長年の平均値）からの偏差

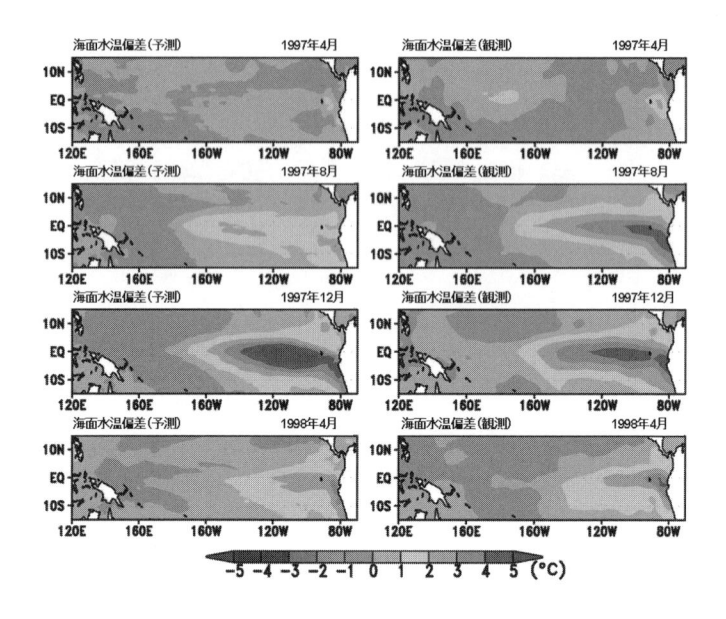

図序.1　エルニーニョの予測実験の例 (安田, 2007, Personal Communication). 左側の図は大気・海洋結合モデルで予測された海面水温の平年値からの偏差を示す. 右側は左側の図と同時期の観測結果を示す. 左側の図の計算を行う場合, モデルの初期値はデータ同化によって作成された. カラー図は巻頭参照.

を, 予測結果（左側）と観測結果（右側）で比べたものである. 1997年12月に東部熱帯太平洋で水温が4℃も上昇しており, エルニーニョの発生がうまく予測されている.

図序.2にエルニーニョ現象に伴って全世界に異常気象が発生する様相を示す. 図は, エルニーニョの影響により気候の変化が大きかった地域をまとめて示したものである. これからわかるように, エルニーニョが発生すると, 全世界の気候が大きな影響を受ける. 従って, エルニーニョ現象の正確な予測は社会の経済活動にとって重大である.

我国周辺の海洋に目を転じよう. 私たちに馴染み深く, 世界でも有数の海流である黒潮は, フィリピン沖から北上して九州, 四国, 紀伊半島, 東海地方および房総半島沖の日本南岸域を流れている. 流速は最大で毎秒2mをこえ, 幅

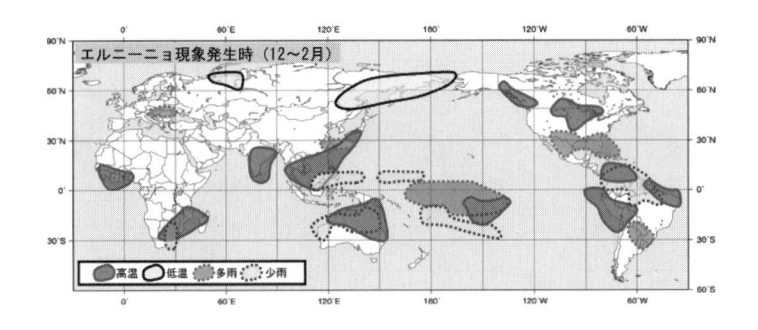

図序.2 エルニーニョ現象に伴う世界の天候の特徴 (気象庁ホームページより). 過去のデータを用いた統計的検定の結果, 危険率 10 %未満で統計的に有意である領域を, 高温, 低温, 多雨, 少雨に分類して示している.

は 100km にも及ぶ. その流量は毎秒 5000 万トンにも達する世界屈指の海流である. よく知られているように, 黒潮は南方からの物と情報の通り道となっており, 日本の文化に影響を与えてきた (例えば, 永田, 1981).

黒潮の流路には大別すると 2 種類のタイプがある. 一方は紀伊半島・遠州灘沖で南へ大きく蛇行して流れる「大蛇行流路」, 他方は四国・本州南岸にほぼ沿って流れる「非大蛇行流路」と呼ばれるものである (図序.3). 黒潮大蛇行が発生すると, 沖合の黒潮と本州南岸の間に下層の冷たい水が湧き上がって冷水塊が生じる. 冷水塊の発生は漁業に影響を与えるため, その動向は関係者の関心の的となっている. また, 黒潮流路は船舶の経済運航を左右するほか, 沿岸の潮位等, 日本周辺の海況を変化させるため, 大きな社会的関心事でもある (気象庁ホームページより). 加えて, 黒潮はおおよそ $0.6PW(1PW=10^{15}W)$ に相当する膨大な熱を低緯度から中緯度海域へ運び, アリューシャン低気圧の変動との関連も指摘されるなど, 北太平洋全体の気候に影響を与えている (川辺, 2003).

黒潮大蛇行は多くの場合 1 年以上持続する. 1967 年以降, 大蛇行は 5 回発生しており, 最近では 13 年ぶりに 2004 年 7 月〜2005 年 8 月にかけて発生した. このとき, 2004 年 5 月 11 日に気象庁, その後海洋研究開発機構が相次いで黒潮が大蛇行するという数値予測結果を成功裏に発表し, 注目を集めた. この予測の成功には, データ同化によって作成された精度のよい初期条件が大きな役割を果たした.

序編：データ同化のあらまし

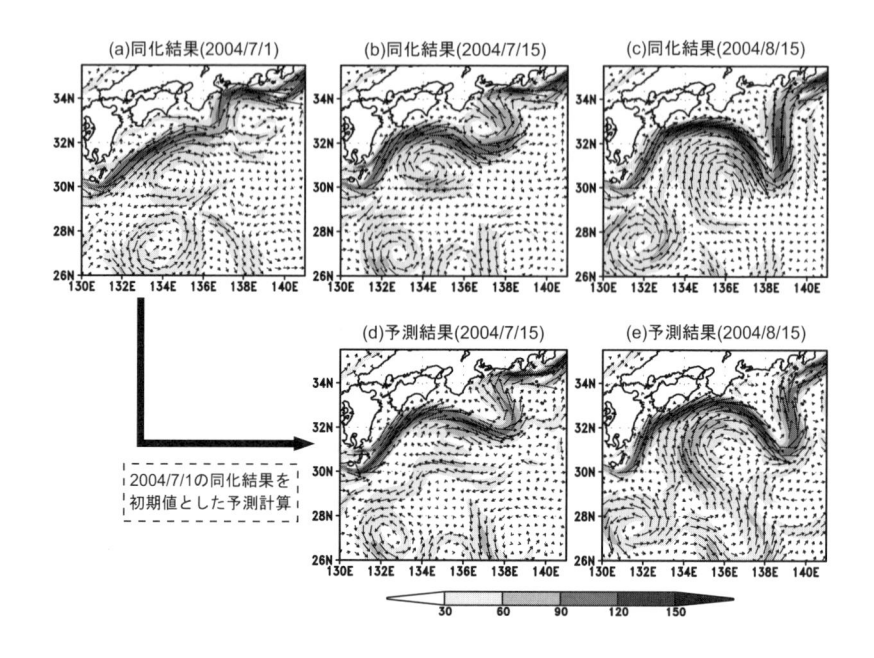

図序.3 黒潮表層流速の予測例．図は日本近海 100m 深での流速の大きさを矢羽と色で示している．上の段が実際の状況（各図の時点での観測データを同化した結果）で，下の段が予測結果を表している．図 (a) はデータ同化で求めた 2004 年 7 月 1 日の状況（数値モデルの初期条件）．図 (b) と (c)：7 月 15 日 (15 日後) と 8 月 15 日 (45 日後) の同化結果．図 (d) と (e) は上段の (b) と (c) と同時刻の予測状況を表す (碓氷, 2009, personal communication). カラー図は巻頭参照.

　図序.3 に日本近海での 100m 深での流速の予測結果と実際の状況を例として示す．対応する時刻の実況図 (b) および (c) と比べると，黒潮大蛇行の予測結果 (図 (d),(e)) は日本南岸における黒潮の現実的な時間発展をよく予測できていることがわかるだろう．社会的・科学的にインパクトの大きい黒潮大蛇行予測の成功は今では，大蛇行の種となる情報（後述）が初期場にうまく再現されていたためであることがわかっている (Usui *et al.*, 2008b).
　この黒潮大蛇行の予測を例にとり，データ同化の役割を説明してみよう．予測を成功させるには，正しい初期条件からシミュレーションを始めなければならない．黒潮は，九州南東の小蛇行とその沖合の中規模海洋構造の再現に加え

て，黒潮の流速や流量が適切な範囲にあるときに大蛇行へ成長することがわかっているが，これらの条件を全て満たすような初期条件を求めることは容易ではない．データ同化はこのような最適な初期条件を得るのにうってつけの手法である．さらに，モデル領域内の観測データと整合的な境界条件を求めることもできる．また，モデルで使用されるパラメーターの値を観測データにフィットするよう最適化できる．広大な海洋から集められたまばらな観測データをもとに，時空間連続場を求め，支配的な力学バランスを明らかにすることも可能である．これらに加えて，ある特定の海況変動の起源域や変動要因を逆解析的に探索することもできる．この機能を使えば，コストパフォーマンスに優れた効果的・効率的な観測システムの構築に有用な情報が得られる．

以上で述べたデータ同化の特色をまとめると次のようになる．

1. 観測データとモデルという相異なる種類の変量を融合して，4 次元の均一な統合データセット（再解析）を作成できる．その再解析データを解析すれば，現象の信頼度の高い解読ができる．
2. 数値モデルで使用しているパラメタリゼーションの改良またはパラメーター値の評価（パラメーター推定）を行え，数値モデルの改良に役立つ．
3. 予測に最適な初期条件や境界条件を求めることができる．
4. 感度解析により観測システムの評価と改善策を講じることができる．

次章以降で紹介するように，具体的なデータ同化手法として様々な方法がこれまでに考案されている．ただし，注目する現象に合わせて，観測データ，数値モデルおよび同化手法を一体的にシステム化して取り扱うことが重要であり，対象とする海洋現象の時空間スケールに応じて現況の再現ならびに将来予測の仕方も変わることに注意すべきである．

図序.4 は長年の観測や数値モデルならびに理論的研究により明らかとなった海洋の代表的な現象を時間・空間スケール別に表した概観図である．詳しくは例えば Open University (1989) を参照されたい．観測網や数値モデルの解像度は，これらのうちどの現象を対象とするかによって決める必要がある．本書では，主に 10 日，100km の時空間現象から，気候変動に関わる数年，数 1000km の現象に狙いを定め，それらの状態の再現と解読，さらには予測に効果的なデータ同化手法と応用に関する実践的解説を目的としている．なお，海

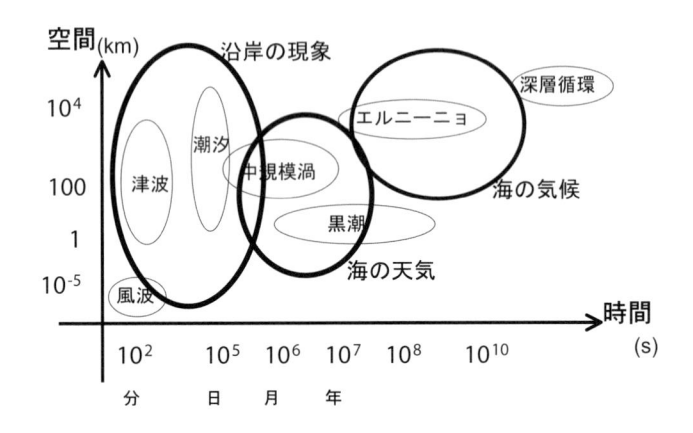

図序.4　海洋変動の時間・空間スケール

洋現象の基礎的な概念と成果については，例えば宇野木や久保田 (1996) 等を，気候変動については鳥羽ら (1996) を参照されたい．

　以下では，同化システムの開発小史を振り返りながら，データ同化の概要を項目別に述べる．

＜観測システムと海洋モデリング＞

　大気の変動を予測するには，観測，解析（診断モデル），予測モデルが必要だと最初に述べたのは Bjerkness (1911) である（ビヤークネスの三位一体と呼ばれている）．では，海洋におけるそれぞれの要素の歴史的状況はどうだろうか．

　揺れ動く海洋で固定された観測点の確保は難しく，また運動の時間（空間）スケールは大気の運動のスケールよりも 1 桁長い（小さい）ことから，気象観測と比べ海洋観測は困難を極めてきた．近年は，船舶による観測に加えて，衛星観測やアルゴフロートに代表される自動的なフロートによる観測により，海洋観測の密度・精度とも飛躍的に向上するようになってはきたが，南大洋をはじめとしてまだ十分ではない．大気観測の歴史が詳しく記載されている Daley

(1991) や Ghil et al. (1997) と対比的に読めば，海洋観測の事情が一層理解できるだろう．

一方，力学や熱力学の基礎方程式を数値的に解いて現象をシミュレートするモデルには，基本原理に沿った均一な時系列格子データを与えるという利点があるが，例えば，黒潮の離岸や赤道太平洋の水温構造等の再現や格子点以下の現象（サブグリッドスケールと呼ぶ）のパラメタリゼーション等が不十分であり，さらに，海洋現象を駆動する大気や陸域との境界における各種フラックス（運動量や熱・水フラックス）が不正確であるといった問題がある．

データ同化の技法は，統計数学の推定論，特に最尤推定や最小分散推定を用いて，これらの観測と数値モデルの各々の長所を補完させる（良いとこ取りして欠点を減らす）ことを目的に，以下のように発展してきた．

＜最小二乗法からデータ同化へ＞

「データ同化」の歴史を辿ると，19世紀初頭の偉大な数学者ガウスに行き着く．彼は火星と木星間に存在する小惑星のうち最大であるセレスの軌道パラメーターを最小二乗法を用いて推定し，再出現の位置を見事に予測した最初の人物であると言われている (片山, 1983; Lewis et al., 2006).

その後1940年代に，時系列データのフィルタリング理論をコルモゴロフとウィーナーが発表した．彼らの成果は，定常性やエルゴード性の仮定のもとに得られたものであるが，最適フィルタリング問題の定式化とその解法は，今日隆盛となった最適制御理論の発達に多大な影響を及ぼした (片山, 1983). 1960年代になると，カルマンとブーシーが非定常時系列に関するフィルタリングアルゴリズムを状態空間法と直交射影の理論を用いて発展させた．このカルマンフィルターは，1960年代の米国アポロ計画等の宇宙開発に威力を発揮し一躍有名になった．

カルマンフィルターや最適制御理論に基づく変分法と呼ばれる同化手法は，気象学の分野では，天気予報を行う上で重要な最適な初期値を作成する技術として (例えば，Daley, 1991), 海洋学では循環の状態を推定する技法として利用され (Mallanotte-Roizolli and Holland, 1986), 最近では先端的な地球観測データ（例えばGPS, アルゴフロート等）を同化すべく，工夫と改良が加えられている．そのデータ同化の要諦を以下にまとめてみた．

＜データ同化手法の要諦，原理＞

　データ同化の数理統計学的背景の一つである線形最小分散推定は，解析された場の誤差の分布（多くの場合，平均値が 0 の Gauss 分布を仮定）の分散（平均値からのずれの幅）をできるだけ小さくして精度の良い推定量を求める技法であり，カルマンフィルターやカルマンスムーザーと呼ばれるデータ同化手法の基礎となっている．もう一方の数理統計学的背景である最尤推定は，誤差分布の山（例えば平均値あるいは誤差 0 のところの確率）を引き上げることにより，一層良い推定量を求めようとする技法であり，アジョイント法に代表される変分法データ同化手法の基礎となっている．詳細は基礎編 1 および 2 章に解説されているが，要はこれらの推定論を基礎として観測データと数値モデルを融合して時間発展までも読み解く"動的な（ダイナミックな）統合化"であるという点に特色がある．

　さて，誤差と簡単に述べたが，誤差の取り扱いが実に厄介で，しかもデータ同化の結果を左右する極めて重要な量である．誤差とは，一口に言うと，対象とする現象を除いた全ての信号であると言える．そのような誤差（の統計的特性）をいかにうまく推測するか，あるいは誤差に関する統計量をいかに求めるかが一つの腕の見せどころである．これについては，応用編 6 章で述べるが，読者が実際にデータ同化を扱う際には細心の注意を払っていただきたい．

＜現状と今後の例として国際計画の紹介＞

　データ同化は数値モデルと観測データを補完する技法なので，結果に期待がもてる．そのため，海洋でもこの 20 年間に研究が盛んになり，天気予報のような現業の同化システムの運用と，海況の監視や予報に向けた国際計画が出現した．その代表が国際連合ユネスコ傘下の世界海洋観測システム（GOOS）計画と，地球観測衛星委員会/統合地球観測戦略 (CEOS/IGOS) 計画の一環として推進されてきた全球海洋データ同化実験（GODAE）計画である．GODAE 計画は，海洋大循環数値モデルの発展により，1990 年代半ばには現実の海洋状態の記述が可能になってきたこと，海洋観測の分野でも人工衛星とフロートによる広域準同時観測が急速に進展し始めたこと，ならびにこれらと関連し

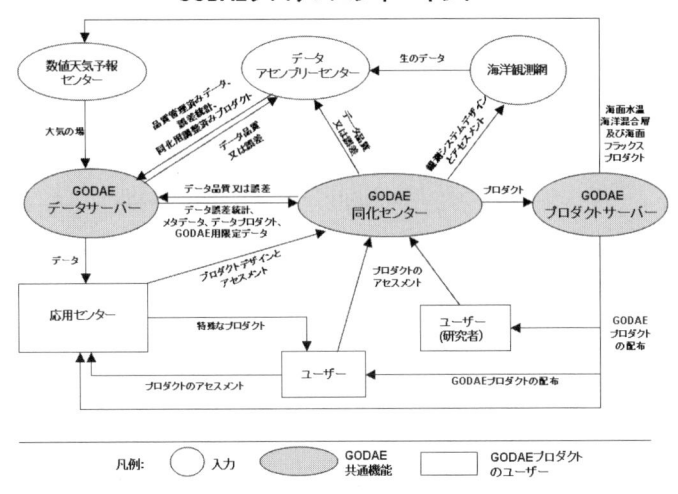

図序.5 GODAE システムコンポーネントの間の関係．GODAE IMPLE-MENTATION PLAN（ホームページ http://www.godae.org/ より入手可能）

て様々な角度からデータ同化手法を研究する国際的拠点が出現したことを受けて，海の予報が行えることを実証しようと1997年に開始された国際計画である．

　GODAE計画では，海洋モデルやデータ同化手法の研究・開発だけでなく，観測システムの構築・維持からデータ収集・前処理，同化・予測のプロダクトの社会への公開およびユーザーからのフィードバックまでを含めたトータルなシステムの整備が一貫して重視されてきた．その一連の要素間の関係を図序.5に示した．このようなシステムデザインがどのように構築・運用され，データサーバーを通して社会に有用な情報を発信しているかという実例は応用編で紹介されているので参照されたい．

　この章を終えるにあたり，本書で取り扱う題材について各章の内容を手短に紹介しておこう．

　次章の基礎編では，データ同化手法の基礎を例題を通して実践的に解説する．応用編では，データ同化の各手法が実際にどのように利活用されているか

を紹介する．最後に，基礎編や応用編の理解を手助けする数学等の関連公式を付録に取りまとめ，また主な専門用語についての簡略な解説をまとめた．なお，基礎編各章の終わりには，読者の興味が広がるよう幅広い話題をコラムとして取り上げた．

　基礎編 1 章では，数値モデルと観測から得られる 2 種類の独立なデータを念頭におき，どのように最適推定値を導出するのかという問題を通してデータ同化の基礎の基礎を説明する．推定には線形最小分散推定と最尤推定という 2 つの方法を用いる．1 章で解説される考え方や理解が本書のベースとなるので，基礎編や応用編を読む途中で混乱すれば，この章に立ち戻って再考されたい．

　基礎編 2 章では，長年用いられてきた最適内挿法と現代的な 3 次元変分法を対比的に解説する．これら二つの手法は，どちらも空間内挿を施して均一な場のデータ（解析値と呼ぶ）を作成する方法であるが，両者には解析対象の連立方程式をそのまま行列演算を行って解くか，あるいは反復手法を用いて解くかという違いがあることに留意されたい．誤差についての考え方と取り扱いについても述べてある．さらに，これらの手法で求めた解析値を数値モデルへ如何に挿入するかという手法についても述べる．

　基礎編 3 章では，線形最小分散推定に基づく最適内挿法を誤差の時間発展に取り入れて，動的かつ逐次的に観測データを挿入できるよう工夫したカルマンフィルター・スムーザーと呼ばれる同化手法について解説する．この手法の強みは誤差の動的な発展であり，多種の方法が開発されている．

　基礎編 4 章で扱うアジョイント法（別名 4 次元変分法）は，2 章の 3 次元変分法を時間軸方向にも動的に敷衍したとみなせる同化手法であり，ある期間（同化ウィンドウと呼ぶ）にわたって観測データと数値モデルの解を最適に融合する．この手法だけが，使用する数値モデルの力学・熱力学方程式を厳密に満たす強拘束手法である点に注意していただきたい．

　基礎編 5 章では，現代的同化手法の双璧であるカルマンフィルター・スムーザー系列とアジョイント法系列の 2 種類が互いにどのように異なるか，あるいはどのような条件下では一致する最適解を与えるのかを，いくつかの例題を解きながら実践的に解説する．このような統一的な解説は，諸外国のあまたある教科書に存在しない新しい試みであり，単振動の方程式や移流拡散方程式を用いた例題を用いて，線形/非線形の別，拡散や外力のありなし等により段階

的に作成した．移流拡散方程式は海況予報や天気予報等で用いられる方程式系（ナビエ・ストークスの運動方程式と水温・塩分の発展方程式等）のエッセンスである．

応用編6章は，基礎編2章の応用という観点から書かれている．データ同化を実際に利用する場面では，観測データの品質管理や誤差の推定が重要となる．章の前半ではこの点に特化して解説し，後半では気象庁や水産庁等で現業運用されている海洋データ同化システムの解説を通して，データ同化全般の流れに触れつつ理解できるようにした．黒潮等の日本近海での中規模現象の再現・予測（「海況予報」または「海の天気予報」と呼ばれている）にデータ同化がどのように役立っているかがわかるだろう．

応用編7章ではカルマンフィルター・スムーザーを適用した，日本海の海況監視・予報システムを紹介する．同化・予報結果の例に加えて，社会への応用例として漂流物（重油流出，エチゼンクラゲ等）の予測結果が述べられている．また，アンサンブルカルマンフィルターや粒子フィルターという最新の手法とナッジング法との比較や，境界条件の最適化の例として海底地形の推定も紹介する．

応用編8章では，アジョイント法を用いたエルニーニョ等の「海の気候変動」を再現する海洋の再解析データの作成や，大気海洋結合モデルならびに海洋生態系モデルのパラメーター推定，気象分野での予報のための初期値化への応用，更には観測データの感度解析および海洋観測網の再評価に関する研究成果を紹介する．

本書の構成は以上のようであるが，ここで「本書を読むにあたって」の俯瞰図を再度眺め，基礎編，応用編の関連性を読み取っていただきたい．読者が，飛ばし読みする際の目安にもなるだろう．

基 礎 編

1章　統計学から見たデータ同化

2章　経験がとても役に立つ静的な同化手法

3章　データの入手につれて逐次的に同化する
　　　　　　　　カルマンフィルター・スムーザー

4章　モデルとの整合性に優れたアジョイント法

5章　データ同化の2大系列
　　　「カルマンフィルター・スムーザーと
　　　　　　　　アジョイント法」の比較
　　　　—例題解説による「共通点と相違点」の体得—

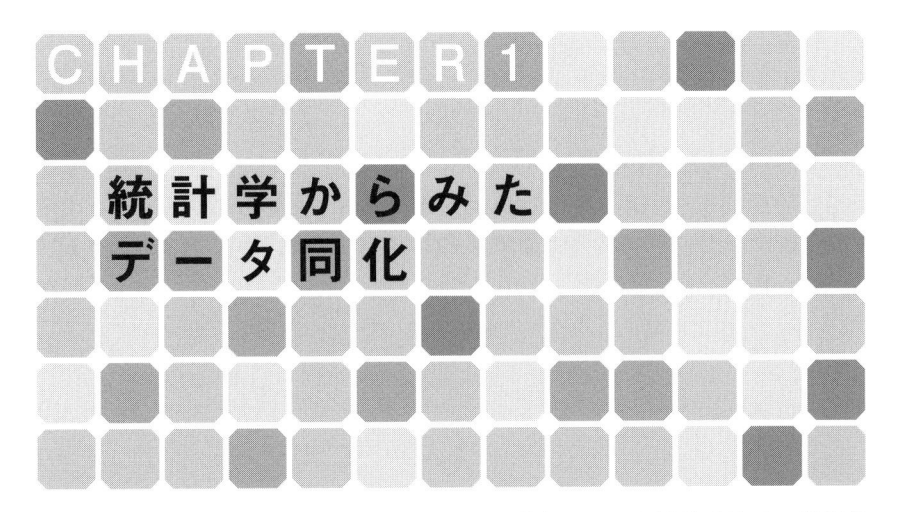

CHAPTER 1
統計学からみたデータ同化

　現在，大気・海洋の分野で用いられている殆どのデータ同化手法は，数学的には統計的推定論の応用と見なせる．本章では，簡単な 1 変数の推定問題を対象に，各手法の基礎となる推定法およびデータ同化の基本原理について解説する．2 章以降で紹介する同化手法は本章の議論を多次元に拡張したもので，それらのエッセンスは本章に埋まっている．まず，1.1 節において，最適内挿法やカルマンフィルターの基礎となる線形最小分散推定について解説し，次に 1.2 節で変分法の基礎となる最尤（さいゆう）推定について述べるとともに，両推定法の関係についても触れる．本章で"データ同化とは何なのか"を概観するだけでなく，"こうすればさらに面白そうなことにチャレンジできるのではないか"という問題意識をもって読まれることを期待する．なお，本章で必要となる確率・統計の基礎的な事項については，付録 A.2 を参照されたい．

1.1　線形最小分散推定の応用

　変数 x をある場所，ある時刻における変量としたとき，その最適推定値 x_a を異なる 2 つの推定値 x_1, x_2 から求めることを考えよう．この x_1, x_2 は例えば，現場観測値と衛星データ，モデル予報値と観測値等と考えればよい．ここで，変数 x の真の値を x^t，推定値 x_1, x_2 の誤差を $\varepsilon_1, \varepsilon_2$ とすると，次のように表すことができる．

$$\begin{aligned} x_1 &= x^t + \varepsilon_1 \\ x_2 &= x^t + \varepsilon_2 \end{aligned} \quad (1.1)$$

右辺の真値や誤差はすべて未知であるが，真値 x^t になるべく近い値 x_a を推定するために，(1.1) 式に対して次の2つの条件を仮定する．

1. x_1, x_2 は不偏推定値（unbiased estimate）である．すなわち，期待値を $\langle\ \rangle$ で表すと，$\langle x_1 \rangle = \langle x_2 \rangle = x^t$ であり，x_1, x_2 の期待値は等しく，その値は真値 x^t となる．この関係式に (1.1) 式を代入すると次の関係が得られる．

$$\langle \varepsilon_1 \rangle = \langle \varepsilon_2 \rangle = 0 \tag{1.2}$$

2. x_1 と x_2 の誤差は無相関である．つまり，$\langle (x_1 - x^t)(x_2 - x^t) \rangle = 0$．この関係式に (1.1) 式を代入すると次の関係が得られる．

$$\langle \varepsilon_1 \varepsilon_2 \rangle = 0 \tag{1.3}$$

以上の仮定の下で，推定値 x_a を x_1, x_2 の線形結合で表し，

$$x_a = \alpha_1 x_1 + \alpha_2 x_2 \tag{1.4}$$

この x_a の誤差分散 σ_a^2 を最小にする重み α_1, α_2 を求めれば，最適解が得られる (最小分散推定)．

(1.4) 式の両辺の期待値をとると，α_1, α_2 が以下の関係であるとき，x_a も不偏推定値となる．

$$\alpha_1 + \alpha_2 = 1 \tag{1.5}$$

(1.5) 式を (1.4) 式に代入すると以下の式が得られる．

$$x_a = \alpha_1 x_1 + (1 - \alpha_1) x_2 \tag{1.6}$$

以上の関係から，x_a の誤差分散 σ_a^2 は次のように表すことができる．

$$\begin{aligned}
\sigma_a^2 &= \langle (x_a - x^t)^2 \rangle \\
&= \alpha_1^2 \langle \varepsilon_1^2 \rangle + 2\alpha_1(1-\alpha_1) \langle \varepsilon_1 \varepsilon_2 \rangle + (1-\alpha_1)^2 \langle \varepsilon_2^2 \rangle \\
&= \alpha_1^2 \sigma_1^2 + (1-\alpha_1)^2 \sigma_2^2
\end{aligned} \tag{1.7}$$

ここで，x_1, x_2 の誤差分散を σ_1^2, σ_2^2 とした．

$$\begin{aligned}
\langle (x_1 - x^t)^2 \rangle &= \langle \varepsilon_1^2 \rangle = \sigma_1^2 \\
\langle (x_2 - x^t)^2 \rangle &= \langle \varepsilon_2^2 \rangle = \sigma_2^2
\end{aligned} \tag{1.8}$$

σ_1^2, σ_2^2 は観測値やモデル予報値等が持つ誤差分散であり，予め見積っておくことが必要である．(1.7) 式から，推定値の誤差分散 σ_a^2 を最小にする重み α_1, α_2 は，次のように求めることができる．

$$\alpha_1 = \frac{\sigma_2^2}{\sigma_1^2 + \sigma_2^2}, \quad \alpha_2 = \frac{\sigma_1^2}{\sigma_1^2 + \sigma_2^2} \tag{1.9}$$

このとき，最適推定値 x_a とその誤差分散 σ_a^2 は次のように表せる．

$$x_a = \frac{\sigma_2^2}{\sigma_1^2 + \sigma_2^2} x_1 + \frac{\sigma_1^2}{\sigma_1^2 + \sigma_2^2} x_2 \tag{1.10a}$$

$$= x_1 + \frac{\sigma_1^2}{\sigma_1^2 + \sigma_2^2}(x_2 - x_1) \tag{1.10b}$$

$$\sigma_a^2 = \frac{\sigma_1^2 \sigma_2^2}{\sigma_1^2 + \sigma_2^2} \tag{1.11}$$

以上では，x_1, x_2 の線形結合で表した推定値の誤差分散を最小にする重みを決めることにより最適推定値を得た．この推定法は線形最小分散推定と呼ばれ，最適内挿法やカルマンフィルターの基礎となっている．また，(1.10a) 式は (1.10b) 式のようにも変形できる．この場合，右辺第 2 項は x_1 からの修正量 (インクリメント) を表すともみなせる．なお，次章以降で紹介する最適内挿法やカルマンフィルターの基本となる式は，(1.10b) 式に対応した形で表記されている．

ここで，線形最小分散推定の結果の持つ意味について考えてみよう．(1.10a) 式と (1.11) 式は次のように変形できる．

$$x_a = \frac{1/\sigma_1^2}{1/\sigma_1^2 + 1/\sigma_2^2} x_1 + \frac{1/\sigma_2^2}{1/\sigma_1^2 + 1/\sigma_2^2} x_2 \tag{1.12}$$

$$\frac{1}{\sigma_a^2} = \frac{1}{\sigma_1^2} + \frac{1}{\sigma_2^2} \tag{1.13}$$

(1.12) 式から分かるように，最適推定値 x_a は x_1, x_2 の誤差分散の逆数の重み付き平均で与えられる．誤差分散の逆数を推定値の精度と考えれば，精度を重みとする重み付き平均と考えることもできる．また，(1.13) 式から，最適推定値の精度は使用した x_1, x_2 の精度の和で表され，元の推定値よりも精度が向

上している $(1/\sigma_a^2 > 1/\sigma_1^2, 1/\sigma_2^2)$. 最適推定値とその精度は予め与えられる誤差分散 σ_1^2, σ_2^2 の大きさに依存する．

x_1, x_2 と最適推定値 x_a との関係は，図 1.1 のように解釈することもできる．2 つの不偏推定値 x_1, x_2 は，真値 x^t からそれぞれ距離 σ_1, σ_2 の場所に位置する．また，x_1, x_2 の誤差は無相関なので真値から x_1, x_2 へ向かうベクトル $\varepsilon_1, \varepsilon_2$ は直交関係にある．このとき，最適推定値は (1.5) 式から x_1 と x_2 を通る直線上の，真値からの距離が最短になる（誤差が最小）点として与えられる．これは x_1, x_2 で張られる平面上に真値を射影したものが最適解となって

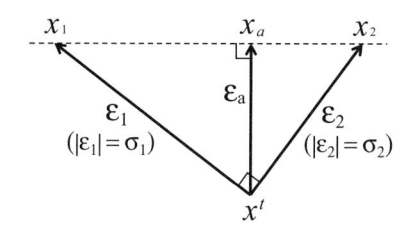

図 1.1　不偏推定値 x_1, x_2 とそれらの線形結合から成る最適推定値 x_a の関係の幾何学的解釈．

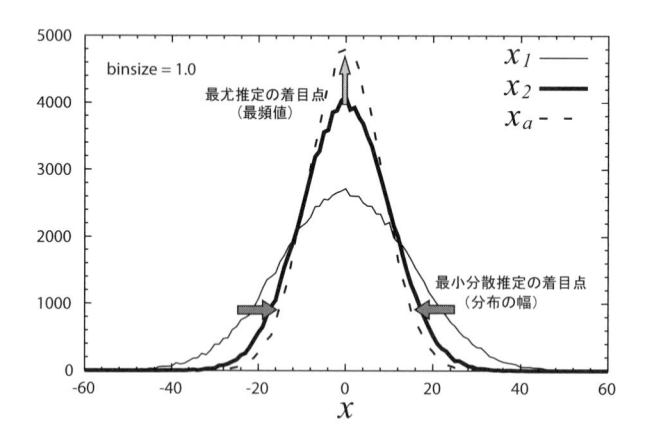

図 1.2　試行を 100,000 回行ったときの疑似乱数 x_1（細実線），x_2（太実線）と最適値 x_a（破線）のヒストグラム．矢印は最小分散推定と次節で紹介する最尤推定の着目点を示している．

いることを意味している．なお，上記の条件から，(1.10a) 式と (1.11) 式を幾何学的に導くことができる．図から明らかなように，最適推定値の誤差は元の推定値の誤差よりも減少している ($|\varepsilon_a| < |\varepsilon_1|, |\varepsilon_2|$)．

最後に，簡単な例について最適推定値とその誤差分散を求めてみよう．真値 0 に対する 2 つの推定値 x_1, x_2 から最適推定値 x_a を推定する．x_1, x_2 を平均 0，誤差分散 $\sigma_1^2 = 15^2, \sigma_2^2 = 10^2$ の正規分布に従う確率変数であるとして，疑似乱数を用いて作成した 100,000 組の x_1, x_2 から，(1.10a) 式を用いて最適推定値 x_a を求め，図 1.2 に x_1, x_2 および x_a のヒストグラムを示す．最適推定値 x_a は，x_1, x_2 に比べてばらつきが小さく，幅の狭い分布となっている．このことは，最適推定値が元の推定値よりも高い精度を持つことを意味している．誤差分散を見積ると $\sigma_a = 8.3$ であり，σ_1, σ_2 よりも小さく，また，(1.11) 式から得られる値と一致する．ただし，最適推定値 x_a は統計的には元の x_1, x_2 よりも精度は高いが，個々の推定値を見た場合，必ずしも真値に近い推定値を与えるとは限らないことに注意すべきである．

問題 1.1
最適推定値 (1.10a) は，x_1, x_2 がバイアスがなく，かつ誤差が無相関であるという仮定の基に成り立つ．しかし現実にはこの仮定が成り立たなくなる場合も見うけられるので，このような仮定が成立しない場合について考えてみよう．

[i] バイアス η を持つ推定値 $x_1' (= x_1 + \eta)$ とバイアスが 0 である推定値 x_2 から求められる最適推定値 x_a' は次のようになり，バイアス $\alpha_1 \eta$ を持つ．

$$x_a' = \alpha_1 x_1' + (1 - \alpha_1) x_2 = \alpha_1 x_1 + (1 - \alpha_1) x_2 + \alpha_1 \eta$$

(a) x_1, x_2 の誤差相関は 0 として係数 α_1 を求めよ．また，最適推定値 x_a' は具体的にどのようなバイアスを持つか．

(b) 最適推定値 x_a' の誤差分散 $(\sigma_a')^2$ はどのようになるか．さらに，(1.11) 式と比較せよ．

[ii] x_1, x_2 の誤差に相関がある場合について考える．相関係数を μ とおく．また，x_1, x_2 のバイアスは 0 とする．

(a) 相関を考慮した最適推定値 x_a^μ とその誤差分散 $(\sigma_a^\mu)^2$ はどのようになるか．

(b) x_1, x_2 の誤差分散が $\sigma_1^2 = 4, \sigma_2^2 = 1$ であるとする．

(ii- i) $\mu = 0.5$ のとき，相関を考慮した最適推定値とその誤差分散を求

めよ．また，相関を考慮しない場合と比較せよ．
(ii- ii) $\mu = 0.75$ のとき，相関を考慮した最適推定値とその誤差分散を求めよ．また，相関を考慮しない場合と比較せよ．

1.2　最尤推定の応用

前節では，最適推定値 x_a を 2 つの独立なデータの線形結合として表し，その誤差分散を最小にするような重みを求めることにより最適推定値を得た．ここでは，別の考え方で最適推定値を導いてみよう．

前節同様，2 つの推定値 x_1, x_2 から最適推定値 x_a を求める．ここでは，2 つの推定値 x_1, x_2 が適当な確率密度分布に従う確率変数だと考え，x_1, x_2 に対して以下の条件を仮定する．

1) x_1, x_2 は正規分布に従う．
2) x_1, x_2 は不偏推定値である．
3) x_1, x_2 は独立である．

条件 1), 2) から，x_1, x_2 の確率密度分布は次のように書ける．

$$p(x_1|x^t) = \frac{1}{\sqrt{2\pi}\sigma_1} \exp\left[-\frac{(x_1 - x^t)^2}{2\sigma_1^2}\right] \tag{1.14}$$

$$p(x_2|x^t) = \frac{1}{\sqrt{2\pi}\sigma_2} \exp\left[-\frac{(x_2 - x^t)^2}{2\sigma_2^2}\right] \tag{1.15}$$

x_1, x_2 は不偏推定値であるから，平均値は共に真値 x^t である．このとき，x_1, x_2 が同時に実現される確率密度分布 $p(x_1, x_2|x^t)$ は，x_1, x_2 が独立なので，2 つの確率密度分布の積で表すことができる．これを $L(x^t|x_1, x_2)$ と表記する．

$$\begin{aligned} L(x^t|x_1, x_2) &= p(x_1, x_2|x^t) \\ &= p(x_1|x^t) p(x_2|x^t) \end{aligned}$$

では，未知である真値を変数と見て x と表記し，その最適な推定値を求めよう．このとき，$L(x|x_1, x_2)$ は以下のように書ける．

$$L(x|x_1, x_2) = \frac{1}{2\pi\sigma_1\sigma_2} \exp\left[-\frac{(x_1 - x)^2}{2\sigma_1^2} - \frac{(x_2 - x)^2}{2\sigma_2^2}\right] \tag{1.16}$$

$L(x|x_1, x_2)$ は，ある真値 x を仮定したとき，x_1, x_2 というデータが同時に観測される確率を表す．また，x_1, x_2 の確率分布の前提となる真値 x の尤もらしさ

(もっともらしさ) を表している，と見ることもできる．この $L(x|x_1, x_2)$ を一般に尤度関数 (likelifood function) と言う．ここで，尤度関数 $L(x|x_1, x_2)$ を最大とする x を求める最適化問題を考える．$L(x,|x_1, x_2)$ を最大にするためには指数関数の引数が最大になればよいので，引数にマイナスを掛けた次式を最小にすればよい．

$$J(x) = \frac{(x_1-x)^2}{2\sigma_1^2} + \frac{(x_2-x)^2}{2\sigma_2^2} \qquad (1.17)$$

以上のような推定法を最尤（さいゆう）推定法 (maximum likelihood method) と呼び，変分法の基礎となっている．また，(1.17) 式の J を評価関数 (cost function)，その変数 x を制御変数 (control variable) と呼んでいる．評価関数は推定値 x_1, x_2 と最適推定値の距離の二乗をそれぞれの誤差分散で規格化したものの和になっている．従って，評価関数を最小化すると，最適推定値は x_1, x_2 からの距離の重みつき平均が最も短い点に相当している．この点は図 1.1 からわかるように，x_1, x_2 を結んだ線分をそれぞれの誤差分散の逆数で内分した点になっている．

以上では，評価関数を尤度関数から導出したが，より一般的にはベイズ推定から導出できる．ある物理量 x に対して観測値 x_2 が得られたとする．観測値として x_2 が得られたとき元の物理量の値が x である条件付確率密度分布 $p(x|x_2)$ はベイズの定理から次のように表すことができる．

$$p(x|x_2) = \frac{p(x_2|x)\,p(x)}{p(x_2)} \qquad (1.18)$$

右辺の $p(x)$ は，物理量 x に対する確率密度分布であり，このような情報を背景情報と呼ぶ．分母の $p(x_2)$ はあらゆる平均値 x に対する $p(x_2|x)p(x)$ の総和と考えればよい．

$$p(x_2) = \int p(x_2|x)p(x)dx \qquad (1.19)$$

$p(x_2)$ は，観測値 x_2 が確定しているため定数とみなせる．従って，$p(x|x_2)$ を最大にするためには $p(x_2|x)p(x)$ を最大にすればよい．ここで，背景情報は推定値 x_1(例えば，モデルの予報値等) を平均値とし，分散 σ_1^2 の正規分布を満たすと仮定すると，尤度関数を用いたときと同様の議論から評価関数 (1.17) 式が得られる．

基礎編 1 章　統計学からみたデータ同化

(1.18) 式を具体的に求めると，

$$
\begin{aligned}
p(x|x_2) &= \frac{p(x_2|x)p(x)}{\int_{-\infty}^{\infty} p(x_2|x)p(x)dx} \\
&= \frac{1}{\sqrt{2\pi \frac{\sigma_1^2 \sigma_2^2}{\sigma_1^2+\sigma_2^2}}} \exp\left[-\frac{\sigma_1^2+\sigma_2^2}{2\sigma_1^2\sigma_2^2}\left(x - \frac{\sigma_2^2 x_1 + \sigma_1^2 x_2}{\sigma_1^2+\sigma_2^2}\right)^2\right] \\
&= \frac{1}{\sqrt{2\pi}\sigma_a} \exp\left[-\frac{(x-x_a)^2}{2\sigma_a^2}\right] \quad (1.20)
\end{aligned}
$$

となり，最適推定値とその誤差分散は線形最小分散推定の (1.10a), (1.11) 式とそれぞれ一致することが分る．このように，基本とする推定法は異なるが，最適推定値は同じになる．従って，(1.10a) 式で示したように，各推定値の誤差の逆数（精度）を重みとする重み付き平均により，統計的に最適な推定値を求める，というのがデータ同化の基本原理だということがわかる．また，(1.10a) 式の最適推定値を一般に線形不偏最適推定値（Best Linear Unbiased Estimate: BLUE）という．

　上述のように，線形最小分散推定と最尤推定から同じ最適推定値が導かれたが，正確には正規分布という仮定の下では両者は一致する．以下で，そのことを確かめてみよう．前節の線形最小分散推定では，2 つの推定値の線形結合で表した推定値の誤差分散の最小化により最適推定値 x_a を得た．最小分散推定の問題は，より一般的には次のような x_a の関数 $R(x_a)$ の最小化問題と考えることができる．

$$R(x_a) = \int (x_a - x)^2 p(x|x_2) dx \quad (1.21)$$

ここで，$p(x|x_2)$ は (1.20) 式で表される，推定値 x の観測値 x_2 の下での条件付確率密度分布である．ただし，ここでは正規分布である必要はない．この式は推定値 x_a と x との差（推定誤差）の 2 乗の期待値，すなわち x_a の誤差分散を表している．(1.21) 式は，推定値 x の条件付期待値 $\bar{x}$,

$$\bar{x} = \int x p(x|x_2) dx \quad (1.22)$$

を用いて次のように変形できる.

$$R(x_a) = \int (x_a - \bar{x} + \bar{x} - x)^2 p(x|x_2) dx$$
$$= (x_a - \bar{x})^2 + \int (x - \bar{x})^2 p(x|x_2) dx \tag{1.23}$$

$R(x_a)$ は x_a の 2 次関数であるから,$x_a = \bar{x}$ のときに最小となる.従って,最小分散推定値 x_a は条件付確率密度分布 $p(x|x_2)$ の期待値 $\bar{x}$ に一致し,誤差分散は条件付確率密度分布の分散と一致する.すなわち,条件付確率密度分布 $p(x|x_2)$ の最頻値(モード)と期待値が一致する場合(その代表的なものが正規分布である),最小分散推定と最尤推定による最適推定値は一致する.図 1.2 の最適値のヒストグラムを確率密度分布と見れば,期待値である $x = 0$ が最頻値であることが確認できよう.

ベイズ推定について,具体例でさらに理解を深めよう.図 1.3(a) は,確率密度分布 $p(x), p(x_2|x)$ が共に正規分布に従う場合に,$x_1 = -5, x_2 = 5, \sigma_1 = 3, \sigma_2 = 2$ とした各確率密度分布を示している.ここで,背景情報を表す $p(x)$ は x_1 を平均値,σ_1 を標準偏差とする正規分布とし,$p(x|x_2)$ は (1.20) 式により与えた.このとき,図 1.2 と図 1.3 の違いに注意してほしい.図 1.2 は多数回の試行により得られた各推定値の頻度分布であり,推定値が不偏である限り平均値は真値と一致する.一方,図 1.3 では,$p(x_2|x)$ の分布は,未知の真値 x を仮定したときに観測値 $x_2(= 5)$ が得られる確率分布を表しており,図中の横軸は x_2 である.また,$p(x)$ および $p(x|x_2)$ の分布の横軸は x である.

(1.20) 式から,$p(x|x_2)$ は期待値 1.92,標準偏差 1.66 の正規分布となる.図 1.3 から,標準偏差は元の推定値の誤差よりも小さく,推定値 x の精度が向上していることがわかる.この場合,最頻値は期待値と一致し,最小分散推定と最尤推定からは同じ最適解が得られる.また,x_2 を観測値と考えれば,観測前の確率密度 $p(x)$ に観測値 x_2 の情報を加え (同化し) たことにより,$p(x|x_2)$ が得られたとみなすことができる.これを踏まえて,$p(x)$ を事前確率,$p(x|x_2)$ を事後確率と呼ぶ.

次に,観測値 x_2 の確率密度分布 $p(x_2|x)$ として,以下のような分布を与えた場合について考えよう.

$$p(x_2|x) = \frac{a}{40} + \frac{1-b}{\sqrt{2\pi}\sigma_2} \exp\left[-\frac{(x_2-x)^2}{2\sigma_2^2}\right] \tag{1.24}$$

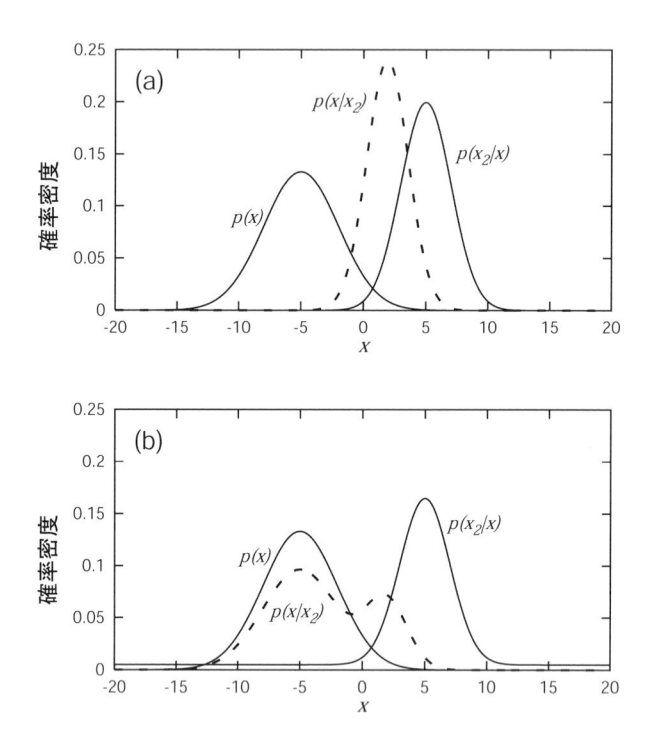

図 1.3 ベイズ推定の例．事前確率密度分布 $p(x)$ は正規分布とし，観測値の確率密度分布は (a) 正規分布である場合と，(b) 一様分布を持った観測誤差が観測値に混入する可能性を考慮した場合の 2 通りについて示す．点線は事後確率密度分布を示す．

ただし，

$$a = \begin{cases} 0.2 & (|x| \leq 20) \\ 0 & (|x| > 20) \end{cases} \quad (1.25)$$
$$b = 0.2$$

である．(1.24) 式の右辺第一項は，$|x| \leq 20$ において一定の値を持っている．これは例えば，観測値に混入する人為的ミスによる誤差等と考えればよいであ

ろう．この場合，事後確率密度分布 $p(x|x_2)$ は図 1.3(b) のようになり，期待値 -3.1 に対して最頻値は -5 となる．すなわち，この例では最尤推定による最適推定値は背景値と同じとなり，観測値 x_2 は誤ったデータとして切り捨てたことになる．事後確率密度分布 $p(x|x_2)$ は，$x = -5$ と $x = 1.7$ 付近にそれぞれピークを持つ 2 山の分布となる．この設定では背景値 -5 のピークの方が大きかったが，（例えば人為ミスの）確率 a がより小さい場合，または観測値 x_2 がより背景値に近い値であれば（すなわち，x_2 がより信頼のできる推定値であれば），もう一方のピークの方が大きくなり，その観測値が反映された最適推定値となる．これは，最尤推定の過程において観測値の品質管理（Quality Control）も同時に行っていることに他ならない．実際，2.2.2 節で紹介する変分 QC はこの原理に従っている．

問題 1.2
(1.20) 式を導出せよ．
必要ならば，以下の積分公式を利用せよ．
$$\int_{-\infty}^{\infty} e^{-ax^2} \, dx = \sqrt{\frac{\pi}{a}}$$

問題 1.3
(1.23) 式を導出せよ．

Column

海洋レジャーにも役立つ海洋同化と海況予報

　海洋レジャーの一つにヨットレースがある．ヨットは風を利用して動き，風の向きに対して最大およそ45度の角度までなら風上に向かって進むことができる．ヨットの性能は，進行方向と風上方向との間の角度と，理論的な帆走速度と風速の比を用いて評価されてきた．このように風だけが最大の要素だとみなされてきたヨットの航行に，海流がどの程度影響するのかに近年注目が集まっている．つまり，海上の風を読むだけでなく，海流に乗り如何に効率よく航行するかがポイントとなった．例えば，ヨット上で，風の情報だけでなく，海況情報（海流）を得て航路を決め，レースに良い成績を勝ち得たという報告がなされるようになった．

　このような事情から，フランスのメルカトール研究所（MERCATOR Ocean）では，ヨットの船長や航海士とコンタクトをとりながら，海流の現況と将来予測を提供している．ヨットの乗組員は，この情報と風の状況とを合わせて考え，レースを組み立てるようになった．例えば，2002年のRoute du Rhumレースでは，J. Seetenのヨットが時々刻々変わる海洋と風の状態を，インターネットでMERCATOR Oceanのサイトから得てレースを組み立て，堂々3位に入賞した．これは，MERCATORの情報を用いて中規模渦（100kmくらい）を避け，航行が海流の向きと一致するよう，効率的な航走を行った結果である（図参照）．見積もりによると，海流の精度よい予測は速度にして10%，この場合は1.5から2ノットの速度増加に相当する効果があったと報告されている．

　海洋データ同化の応用は海洋レジャーだけでなく，タンカーの経済運行や海洋汚染の予測，救命救難，海底油田掘削施設の設計等，世界中の研究・現業機関で始まっている．詳しくは，メルカトールのホームページ（http://www.mercator.eu.org/html/mercator/index_en.html）を，さらに世界的な取り組みに関しては，例えば全球海洋データ同化実験（GODAE）計画のホームページ（http://www.godae.org/）を参照されたい．

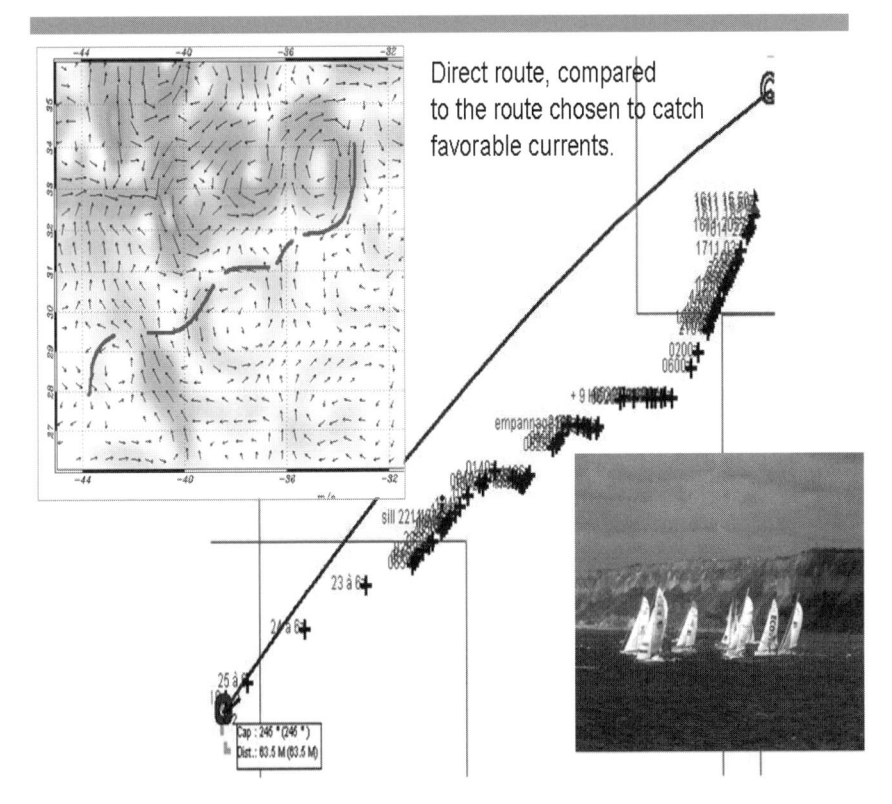

図コラム 1.1　海流を考慮したヨットレースでのコース選定例（P. Bahurel, 2004: Personal Communication）．中図は，通常採用される直線的なルート（実線）と，実際に海流を考慮して航走した位置の記録．左上図はその時期の海域（西経 65 度から 32 度，北緯 26 度から 36 度）での海洋データ同化結果の海流図．右下図はそのヨットレースの写真．．

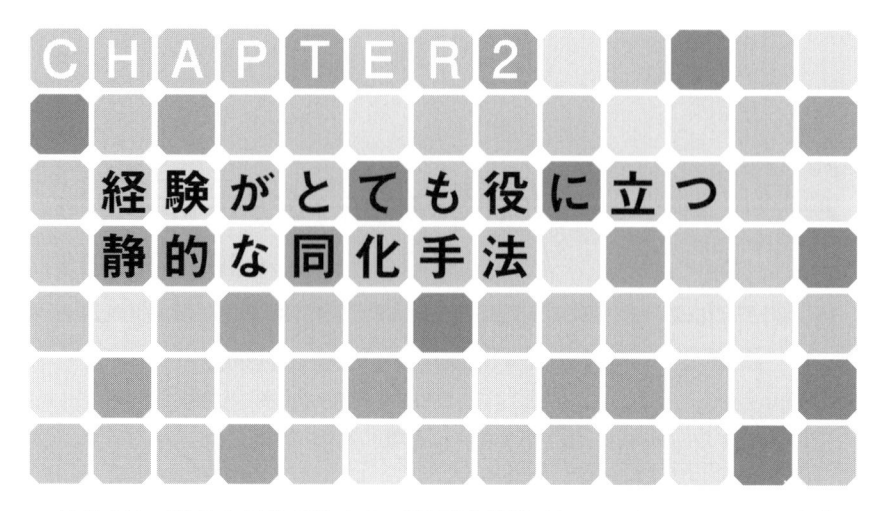

CHAPTER 2
経験がとても役に立つ静的な同化手法

　本章では，静的な同化手法として最適内挿法 (Optimal Interpolation) と 3 次元変分法 (Three-dimensional variational method) を取り上げる．ここでは背景場の誤差情報が時間的に変化しない同化手法のことを「静的」な同化手法と呼ぶ．一方，次章以降で取り上げるカルマンフィルターやアジョイント法は，誤差の情報を数値モデルを用いて時間発展させるので，「動的」な同化手法と呼ぶ．以下ではまず，前章の議論を多次元へ拡張することにより，2.1 節で最適内挿法，2.2 節では 3 次元変分法を紹介する．2.2 節では変分法の拡張性を活かして，力学バランスなどに基づく拘束条件の付加方法や，観測データの同化と品質管理（Quality Control）を同時に行う方法についても触れる．さらに，2.3 節では，データ同化で考慮すべき誤差の概念とその取り扱い方について紹介する．最後に，2.4 節において，最適内挿法や 3 次元変分法の結果を数値モデルへ挿入する方法について紹介する．

2.1　最も簡便な最適内挿法

　最適内挿法は，1.1 節で述べた線形最小分散推定を基礎とする同化手法の一種である．つまり，予め与えられた誤差の情報を基にその重み付き平均により最適値を求める．本節では，1.1 節の議論を多次元に拡張し，最適内挿法を実行する際に必要となる重みを求める連立方程式を導出して最適推定値を求める．

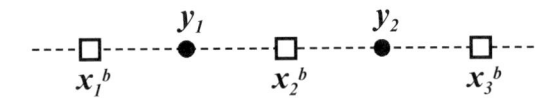

2.1 最も簡便な最適内挿法

図 2.1 格子点□と観測点●の配置. x_i^b は各格子点 i における第一推定値を示す.

線形最小分散推定による最適推定 (1.10b) 式を以下に再掲する.

$$x_a = x_1 + \frac{\sigma_1^2}{\sigma_1^2 + \sigma_2^2}(x_2 - x_1) \tag{2.1}$$

この式は, x_1 をモデル予報値, x_2 を観測値と考えれば, 右辺第 2 項がモデル予報値 x_1 からの修正量を表している. また, 右辺第 1 項の x_1 を第一推定値 (first guess) とも呼ぶ. 通常, 数値モデルへ観測データを同化する際には, モデル予報値を第一推定値とするが, モデルを用いずに観測データのみから格子点データを作成する様な場合には, 第一推定値として気候値等が用いられる. なお, これまでは前章との対応から x_a を (最適) 推定値と表現してきたが, 以後, 解析値と表現する.

(2.1) 式を多次元へ拡張しよう. まず, 図 2.1 のように直線上に 3 つのモデルの格子点と 2 つの観測点が等間隔で配置されている場合を考える. モデル格子点 i における第一推定値を x_i^b, 観測点 j における観測値を y_j と表記しよう. このとき, 格子点 i における解析値 x_i^a は (2.1) 式に倣って, 以下のように重み付き平均で書ける.

$$x_i^a = x_i^b + \sum_{j=1}^2 w_{ij} \Delta y_j \qquad (i=1,2,3) \tag{2.2}$$

ただし, 各観測値に対する重みは, (2.1) 式から直接導くことはできないので, 観測値 y_j の (未知の) 重みを w_{ij} とした. Δy_j は, (2.1) 式における $(x_2 - x_1)$ に相当する変数であり, 観測点 j における観測値と第一推定値の差を表している. この Δy のことをイノベーション (innovation) と呼び, 右辺第 2 項を解析インクリメント (Δx_i) と呼ぶ. (2.1) 式は, 1 変数の議論であり, 第一推定値 x_1 と観測値 x_2 は同じ位置における情報であることが暗に仮定されていたので, 両者を直接比較することができた. しかし, 一般には, 例えば, 図 2.1

のようにモデル格子点と観測点の位置は異なるため,両者を直接比較することはできない.従って,モデルの格子点上での第一推定値を観測点に内挿して求めた各観測点における第一推定値から,イノベーションを求める必要がある.この例では,モデル格子点と観測点が等間隔に配置されているので,両隣の格子点の平均を各観測点における第一推定値とすると,イノベーション Δy_j は以下のようになる.

$$\begin{pmatrix} \Delta y_1 \\ \Delta y_2 \end{pmatrix} = \begin{pmatrix} y_1 \\ y_2 \end{pmatrix} - \begin{pmatrix} \frac{1}{2} & \frac{1}{2} & 0 \\ 0 & \frac{1}{2} & \frac{1}{2} \end{pmatrix} \begin{pmatrix} x_1^b \\ x_2^b \\ x_3^b \end{pmatrix} \tag{2.3}$$

右辺第2項の行列は,モデル格子点から観測点への空間内挿を表している.

(2.2) 式,(2.3) 式は,ベクトル表記すると次のようになる.

$$\mathbf{x}^a = \mathbf{x}^b + \mathbf{W}\Delta\mathbf{y} = \mathbf{x}^b + \mathbf{W}\left(\mathbf{y} - \mathbf{H}\mathbf{x}^b\right) \tag{2.4}$$
$$\Delta\mathbf{y} = \mathbf{y} - \mathbf{H}\mathbf{x}^b \tag{2.5}$$

以下では,格子点数を n,観測点数を m として議論を進める.行列 $\mathbf{W}$ は重み行列であり,要素数は $n \times m$(n 行 m 列)である.行列 $\mathbf{H}$ はモデル格子点から観測点への空間内挿を表す行列で,要素数は $m \times n$ となる.この $\mathbf{H}$ を一般に観測行列(observation matrix)と呼ぶ.なお,観測値 $\mathbf{y}$ と第一推定値 $\mathbf{x}^b$ は同じ物理量である場合には行列 $\mathbf{H}$ が空間内挿を表すが,異なる物理量である場合には,両者を線形演算子で対応付ける必要がある.これは後述するように,最適内挿法では演算子は線形であるという制約による.

1.1 節の線形最小分散推定と同様の議論から,解析値の誤差を最小にする重み行列 $\mathbf{W}$ を求めよう.まず,第一推定値と観測値の誤差を ε^b,ε^o とおき,それらのバイアスは 0 で,両者は無相関であると仮定する.

$$\langle \varepsilon^b \rangle = \mathbf{0}, \ \langle \varepsilon^o \rangle = \mathbf{0} \tag{2.6}$$
$$\left\langle \mathbf{H}\varepsilon^b \left(\varepsilon^o\right)^T \right\rangle = \mathbf{O} \tag{2.7}$$

また,解析値の誤差 ε^a は次のようになる.

$$\begin{aligned} \varepsilon^a &= \mathbf{x}^a - \mathbf{x}^t \\ &= (\mathbf{x}^b - \mathbf{x}^t) + \mathbf{W}\left[\left(\mathbf{y} - \mathbf{H}\mathbf{x}^t\right) - \mathbf{H}\left(\mathbf{x}^b - \mathbf{x}^t\right)\right] \\ &= \varepsilon^b + \mathbf{W}\left(\varepsilon^o - \mathbf{H}\varepsilon^b\right) \end{aligned} \tag{2.8}$$

ここで，$\mathbf{x}^t$ は真値を表す．なお，(2.8) 式は前述した $\mathbf{H}$ が線形であるという仮定のもとに成り立っている．この関係から，解析誤差共分散行列 $\mathbf{P}^a$ は次のようになる．

$$
\begin{aligned}
\mathbf{P}^a &= \left\langle \varepsilon^a \left(\varepsilon^a\right)^T \right\rangle \\
&= \left\langle \left[\varepsilon^b + \mathbf{W}\left(\varepsilon^o - \mathbf{H}\varepsilon^b\right)\right]\left[\varepsilon^b + \mathbf{W}\left(\varepsilon^o - \mathbf{H}\varepsilon^b\right)\right]^T \right\rangle \\
&= \langle \varepsilon^b(\varepsilon^b)^T \rangle - \langle \varepsilon^b(\varepsilon^b)^T \rangle \mathbf{H}^T \mathbf{W}^T + \mathbf{W}\langle \varepsilon^o(\varepsilon^o)^T \rangle \mathbf{W}^T \\
&\quad - \mathbf{W}\mathbf{H}\langle \varepsilon^b(\varepsilon^b)^T \rangle + \mathbf{W}\mathbf{H}\langle \varepsilon^b(\varepsilon^b)^T \rangle \mathbf{H}^T \mathbf{W}^T \\
&= \mathbf{B} - \mathbf{B}\mathbf{H}^T\mathbf{W}^T + \mathbf{W}\mathbf{R}\mathbf{W}^T - \mathbf{W}\mathbf{H}\mathbf{B} + \mathbf{W}\mathbf{H}\mathbf{B}\mathbf{H}^T\mathbf{W}^T
\end{aligned}
\tag{2.9}
$$

ここで，行列 $\mathbf{B}$ と $\mathbf{R}$ は以下のように定義した[*1]．

$$\mathbf{B} \equiv \left\langle \varepsilon^b \left(\varepsilon^b\right)^T \right\rangle \tag{2.10}$$

$$\mathbf{R} \equiv \left\langle \varepsilon^o \left(\varepsilon^o\right)^T \right\rangle \tag{2.11}$$

これらは，第一推定値と観測値の誤差共分散行列（error covariance matrix）であり，それぞれ背景誤差共分散行列，観測誤差共分散行列と呼ばれている．誤差共分散行列は正定値対称行列であり，対角成分は誤差分散に等しく，誤差共分散を表す非対角成分は誤差相関に比例する．行列 $\mathbf{B}$ と $\mathbf{R}$ は予め与えておく必要があるので，(2.9) 式における未知量は重み行列 $\mathbf{W}$ のみである．従って，1.1 節と同様にして解析誤差分散を最小にする重み行列 $\mathbf{W}$ を求めればよい．解析誤差分散は行列 $\mathbf{P}^a$ の対角成分なので，対角成分の和である $\mathrm{trace}\,(\mathbf{P}^a)$ を重み行列 $\mathbf{W}$ で微分すると以下のようになる．

$$\frac{\partial}{\partial \mathbf{W}}\mathrm{trace}\,(\mathbf{P}^a) = -2\mathbf{B}\mathbf{H}^T + 2\mathbf{W}\mathbf{R} + 2\mathbf{W}\mathbf{H}\mathbf{B}\mathbf{H}^T \tag{2.12}$$

ここで，$\mathbf{B}$ と $\mathbf{R}$ が対称行列であることを用いた．これを 0 とおくと，最適な重み行列 $\mathbf{W}$ は以下のようになる．

$$\mathbf{W} = \mathbf{B}\mathbf{H}^T\left(\mathbf{R} + \mathbf{H}\mathbf{B}\mathbf{H}^T\right)^{-1} \tag{2.13}$$

[*1] 最適内挿法で用いる表記はカルマンフィルターの章で用いる表記と若干異なる部分がある．巻頭の記号表に他の章で用いられている記号との関連・表記の違いについてまとめられている．

これは (2.1) 式の $\sigma_1^2/(\sigma_1^2 + \sigma_2^2)$ と同じ形をしており，背景誤差と観測誤差の和に対する背景誤差の比である．また，以下のように変形できる．

$$\begin{aligned}
\mathbf{W} &= \left(\mathbf{B}^{-1} + \mathbf{H}^T\mathbf{R}^{-1}\mathbf{H}\right)^{-1} \left(\mathbf{B}^{-1} + \mathbf{H}^T\mathbf{R}^{-1}\mathbf{H}\right) \mathbf{B}\mathbf{H}^T \left(\mathbf{R} + \mathbf{H}\mathbf{B}\mathbf{H}^T\right)^{-1} \\
&= \left(\mathbf{B}^{-1} + \mathbf{H}^T\mathbf{R}^{-1}\mathbf{H}\right)^{-1} \mathbf{H}^T\mathbf{R}^{-1} \left(\mathbf{R} + \mathbf{H}\mathbf{B}\mathbf{H}^T\right) \left(\mathbf{R} + \mathbf{H}\mathbf{B}\mathbf{H}^T\right)^{-1} \\
&= \left(\mathbf{B}^{-1} + \mathbf{H}^T\mathbf{R}^{-1}\mathbf{H}\right)^{-1} \mathbf{H}^T\mathbf{R}^{-1}
\end{aligned} \tag{2.14}$$

これは $\sigma_1^2/(\sigma_1^2 + \sigma_2^2)$ を変形した $\sigma_2^{-2}/(\sigma_1^{-2} + \sigma_2^{-2})$ と解釈できる．(2.14) 式を (2.9) 式へ代入すると，解析誤差共分散行列 $\mathbf{P}_a$ に関する式

$$(\mathbf{P}^a)^{-1} = \mathbf{B}^{-1} + \mathbf{H}^T\mathbf{R}^{-1}\mathbf{H} \tag{2.15}$$

が導ける．この式は (1.13) 式と同形であり，解析値の精度は第一推定値の精度と，モデル格子点に投影された観測値の精度の和で表される．また，解析誤差共分散行列 $\mathbf{P}^a$ は (2.9) 式，(2.13) 式から以下のように表すこともできる．

$$\mathbf{P}^a = (\mathbf{I} - \mathbf{W}\mathbf{H})\mathbf{B} \tag{2.16}$$

解析値 $\mathbf{x}^a$ は (2.13) 式を (2.4) 式へ代入すると次のようになる．

$$\mathbf{x}^a = \mathbf{x}^b + \mathbf{B}\mathbf{H}^T \left(\mathbf{R} + \mathbf{H}\mathbf{B}\mathbf{H}^T\right)^{-1} (\mathbf{y} - \mathbf{H}\mathbf{x}^b) \tag{2.17}$$

この式から，最適内挿法による解析値が求められる．$\mathbf{B}$ と σ_1^2，$\mathbf{R}$ と σ_2^2 を対応させて考えれば，(2.17) 式は (2.1) 式を多次元に拡張したものであることが分かるだろう．また，3 章で示すように，カルマンフィルターによる解析値も (2.17) 式と同じ形で与えられる．ただし，カルマンフィルターでは背景誤差共分散行列 $\mathbf{B}$ をモデルの力学を用いて時間発展させるのに対し，最適内挿法では簡単な仮定や統計的な性質から求めた背景誤差共分散行列 $\mathbf{B}$ を用いる．

最適内挿法を実行する場合は通常，(2.17) 式を直接計算することはせずに，(2.13) 式を変形した次式をもとに重み w_{ij} の連立方程式を解く．

$$\mathbf{W}\left(\mathbf{R} + \mathbf{H}\mathbf{B}\mathbf{H}^T\right) = \mathbf{B}\mathbf{H}^T \tag{2.18}$$

ここで，$\mathbf{H}\mathbf{B}\mathbf{H}^T$ は背景誤差共分散行列 $\mathbf{B}$ を観測空間に投影したものなので観

測誤差共分散行列 $\mathbf{R}$ と同次元 $(m \times m)$ になる．

$$\mathbf{HBH}^T = \begin{pmatrix} b_{11} & b_{12} & \cdots & b_{1m} \\ b_{21} & b_{22} & \cdots & b_{2m} \\ \vdots & \vdots & \ddots & \vdots \\ b_{m1} & b_{m2} & \cdots & b_{mm} \end{pmatrix} \tag{2.19}$$

ここで，b_{ij} はモデル格子点間の背景誤差共分散である行列 $\mathbf{B}$ の要素ではなく，観測点間の背景誤差共分散を表していることに注意されたい．さらに，(2.19) 式は次のように分散行列と相関行列に分離することができる．

$$\begin{pmatrix} b_{11} & b_{12} & \cdots & b_{1m} \\ b_{21} & b_{22} & \cdots & b_{2m} \\ \vdots & \vdots & \ddots & \vdots \\ b_{m1} & b_{m2} & \cdots & b_{mm} \end{pmatrix} \tag{2.20}$$

$$= \begin{pmatrix} \sigma_1^b & 0 & \cdots & 0 \\ 0 & \sigma_2^b & \cdots & 0 \\ \vdots & \vdots & \ddots & \vdots \\ 0 & 0 & \cdots & \sigma_m^b \end{pmatrix} \begin{pmatrix} \mu_{11}^b & \mu_{12}^b & \cdots & \mu_{1m}^b \\ \mu_{21}^b & \mu_{22}^b & \cdots & \mu_{2m}^b \\ \vdots & \vdots & \ddots & \vdots \\ \mu_{m1}^b & \mu_{m2}^b & \cdots & \mu_{mm}^b \end{pmatrix} \begin{pmatrix} \sigma_1^b & 0 & \cdots & 0 \\ 0 & \sigma_2^b & \cdots & 0 \\ \vdots & \vdots & \ddots & \vdots \\ 0 & 0 & \cdots & \sigma_m^b \end{pmatrix}$$

ここで，σ_i^b は観測点 i における背景誤差の標準偏差であり，μ_{ij}^b は観測点 i と j の背景誤差の相関係数である．

$$\mu_{ij}^b = \frac{b_{ij}}{\sqrt{b_{ii}}\sqrt{b_{jj}}} = \frac{b_{ij}}{\sigma_i^b \sigma_j^b} \tag{2.21}$$

同様に，観測誤差共分散行列 $\mathbf{R}$ も次のように分散行列と相関行列に分離できる．

$$\mathbf{R} = \begin{pmatrix} r_{11} & r_{12} & \cdots & r_{1m} \\ r_{21} & r_{22} & \cdots & r_{2m} \\ \vdots & \vdots & \ddots & \vdots \\ r_{m1} & r_{m2} & \cdots & r_{mm} \end{pmatrix} \tag{2.22}$$

$$= \begin{pmatrix} \sigma_1^o & 0 & \cdots & 0 \\ 0 & \sigma_2^o & \cdots & 0 \\ \vdots & \vdots & \ddots & \vdots \\ 0 & 0 & \cdots & \sigma_m^o \end{pmatrix} \begin{pmatrix} \mu_{11}^o & \mu_{12}^o & \cdots & \mu_{1m}^o \\ \mu_{21}^o & \mu_{22}^o & \cdots & \mu_{2m}^o \\ \vdots & \vdots & \ddots & \vdots \\ \mu_{m1}^o & \mu_{m2}^o & \cdots & \mu_{mm}^o \end{pmatrix} \begin{pmatrix} \sigma_1^o & 0 & \cdots & 0 \\ 0 & \sigma_2^o & \cdots & 0 \\ \vdots & \vdots & \ddots & \vdots \\ 0 & 0 & \cdots & \sigma_m^o \end{pmatrix}$$

ここで，σ_i^o は観測点 i における観測誤差の標準偏差であり，μ_{ij}^o は観測点 i と j の観測誤差の相関係数である．

$$\mu_{ij}^o = \frac{r_{ij}}{\sqrt{r_{ii}}\sqrt{r_{jj}}} = \frac{r_{ij}}{\sigma_i^o \sigma_j^o} \tag{2.23}$$

また，(2.18) 式の右辺 $\mathbf{BH}^T$ は要素数 $n \times m$ の行列で，その要素 b_{gi} は格子点 g と観測点 i の間の背景誤差の共分散である．

$$\mathbf{BH}^T = \begin{pmatrix} b_{11} & \cdots & b_{1m} \\ \vdots & b_{gi} & \vdots \\ b_{n1} & \cdots & b_{nm} \end{pmatrix}$$

そうすると，格子点 g と観測点 i 間の背景誤差相関係数 μ_{gi}^b は格子点 g と観測点 i における背景誤差の標準偏差を σ_g^b, σ_i^b として，次のように表せる．

$$\mu_{gi}^b = \frac{b_{gi}}{\sigma_g^b \sigma_i^b} \tag{2.24}$$

以上の結果を (2.18) 式へ代入すると，格子点 g の解析インクリメントに対する観測点 j の観測値の持つ重み w_{gj} は，次の連立一次方程式から求めることができる．

$$\sum_{j=1}^m w_{gj}(b_{ij} + r_{ij}) = b_{gi} \qquad (i = 1, 2, \cdots, m \;;\; g = 1, 2, \cdots, n) \tag{2.25}$$

両辺を $\sigma_g^b \sigma_i^b$ で割り，(2.21) 式，(2.23) 式，(2.24) 式を考慮すると，

$$\sum_{j=1}^m w_{gj} \frac{\sigma_j^b}{\sigma_g^b} \left(\mu_{ij}^b + \mu_{ij}^o \frac{\sigma_i^o}{\sigma_i^b} \frac{\sigma_j^o}{\sigma_j^b} \right) = \mu_{gi}^b \qquad (i = 1, 2, \cdots, m \;;\; g = 1, 2, \cdots, n) \tag{2.26}$$

と変形できる．さらに，w_{gj}', ρ_i を以下のように定義する．

$$w_{gj}' \equiv w_{gj} \frac{\sigma_j^b}{\sigma_g^b}, \quad \rho_i \equiv \frac{\sigma_i^o}{\sigma_i^b} \tag{2.27}$$

このとき，(2.25) 式は次のようになる．

$$\sum_{j=1}^{m} w'_{gj} \left(\mu^b_{ij} + \mu^o_{ij} \rho_i \rho_j \right) = \mu^b_{gi} \qquad (i=1,2,\cdots,m \ ; \ g=1,2,\cdots,n) \tag{2.28}$$

この連立方程式を解いて得られた w_{gj} を用いると，格子点 g における解析値 x^a_g は (2.4) 式より，

$$\begin{aligned} x^a_g &= x^b_g + \sum_{j=1}^{m} w_{gj} \Delta y_j \\ &= x^b_g + \sum_{j=1}^{m} w'_{gj} \Delta y_j \frac{\sigma^b_g}{\sigma^b_j} \qquad (g=1,2,\cdots,n) \end{aligned} \tag{2.29}$$

となる．また，解析誤差分散 $(\sigma^a_g)^2$ は (2.29) 式を用いると次式のように書ける．

$$(\sigma^a_g)^2 = \langle (x^a_g - x^t_g)^2 \rangle = (\sigma^b_g)^2 \left(1 - \sum_{j=1}^{m} w'_{gj} \mu^b_{gj} \right) \qquad (g=1,2,\cdots,n) \tag{2.30}$$

ここで，x^t_g は格子点 g における真値を表す．右辺の右側の括弧内の値は $0 \sim 1$ の値をとるので，解析誤差は背景誤差よりも小さくなる．なお，上式は行列形式で書いた (2.16) 式に対応している．

通常，最適内挿法を実行する場合は，(2.28) 式から重み w'_{gj} を決定し，(2.29) 式により解析値 x^a_g を求める．(2.28) 式は正規方程式と呼ばれ，m 元連立一次方程式である．(2.28) 式から分かるように，重み w'_{gj} を求めるためには，背景誤差の相関係数 μ^b_{ij}，観測誤差の相関係数 μ^o_{ij}，背景誤差分散 σ^b_i，観測誤差分散 σ^o_i の 4 つの情報が必要である．背景誤差の相関係数 μ^b_{ij} については，相関分布が等方均質であるとみなして正規分布の近似がよく用いられる．この仮定を用いると，十分離れた 2 点間の相関はほぼ 0 とみなせるので，実際の計算では解析対象の格子点からある基準距離内に位置する観測値のみを用いる (図 2.2)．このようにすれば，計算時間やメモリを節約することができる．また，ρ_i は背景誤差と観測誤差の比を表し，解析結果に多大な影響を及ぼすパラメー

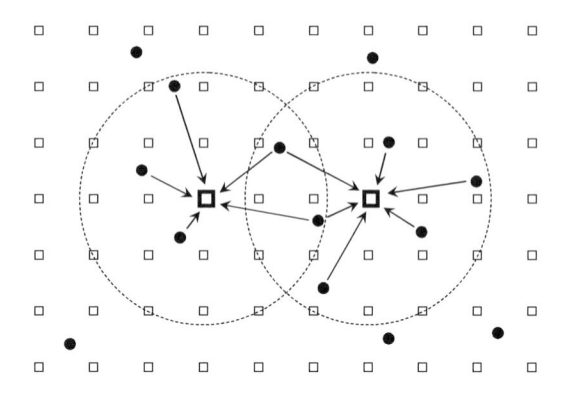

図 2.2 最適内挿法における観測データの選別の模式図. 格子点を□, 観測点を●で示す. 点線は観測値の選別時の基準となる距離を半径とする円を示す. この円の内側に位置する観測値のみを用いて格子点値を作成する.

タである. 従って, 最適内挿法による同化システムの作成には, 誤差の見積りに細心の注意を払う必要があり, パラメータ ρ_i のチューニングに多くの労力を費やすことになる. 現実問題の適用例は応用編 6 章を参照されたい.

問題 2.1
(2.15) 式, (2.16) 式を導出せよ.
問題 2.2
(2.30) 式を導出せよ.
問題 2.3
[1] 図 2.1 において, 第一推定値, 観測値および各統計量を以下のように設定する.

$$\sigma^o = \sigma^b = 0.5$$
$$\begin{pmatrix} x_1^b \\ x_2^b \\ x_3^b \end{pmatrix} = \begin{pmatrix} 1 \\ -1 \\ 1 \end{pmatrix}, \quad \begin{pmatrix} y_1 \\ y_2 \end{pmatrix} = \begin{pmatrix} 1 \\ 2 \end{pmatrix}$$
$$\mu_{ij}^b = \begin{pmatrix} 1 & 0.5 \\ 0.5 & 1 \end{pmatrix}, \quad \mu_{ij}^o = \begin{pmatrix} 1 & 0 \\ 0 & 1 \end{pmatrix}, \quad \mu_{gj}^b = \begin{pmatrix} 0.6 & 0.4 \\ 0.6 & 0.6 \\ 0.4 & 0.6 \end{pmatrix}$$

(i) 格子点値 x_1^a, x_2^a, x_3^a と解析誤差 σ_1^a, σ_2^a, σ_3^a を求めよ.
(ii) $\sigma^o = 1$, $\sigma^b = 0.5$ とした場合について, (i) との結果の違いについて考察せよ.
(iii) 観測誤差相関 μ_{ij}^o を背景誤差相関 μ_{ij}^b と同じとして, 観測値同士の誤差相関を考

慮すると，結果はどのようになるか．(i) との結果の違いについて考察せよ．

[2] 次に格子点□と観測点●が図 2.3 のように配置している場合を考える．格子点間隔は 1 として，観測点は格子点ボックスの中央に位置するとし，図 2-1 に示した値は各観測点で得られた観測値であるとする．また，各観測点における観測誤差は無相関とし，背景誤差相関 μ は 2 点間の距離を r として次式により与える．

$$\mu(r) = \frac{R^2 - r^2}{R^2 + r^2} \quad (r \leq R)$$
$$\mu(r) = 0 \quad (r > R)$$

なお，第一推定値を 0, $\sigma^b = \sigma^o = 1$ とする．

(i) 背景誤差の相関分布において $R = 1$ としたとき，図中央の格子点 g の解析値と解析誤差を求めよ．
(ii) $R = \sqrt{2}$ とした場合の結果を求め，(i) との違いについて考察せよ．
(iii) $R = \sqrt{2}$ の場合，下図の格子点 g を中心とする半径 $\sqrt{2}$ の円内にある 4 つの観測値のみを用いても (ii) の結果と大差はなく，かつ計算量を大幅に軽減することができることを確認せよ．また，解析値と正規方程式に表れる行列の次元を (ii) と比較せよ．

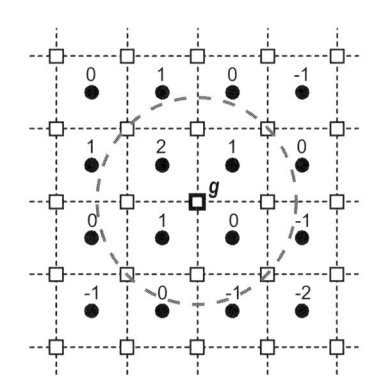

図 2.3　格子点□と観測点●の配置．点線は格子点 g を中心とする半径 $\sqrt{2}$ の円を示す．

2.2 少し高度な 3 次元変分法

本節では，1.2 節の議論を多次元に拡張した 3 次元変分法 (3D-VAR) について紹介する．「3 次元」とは空間 3 次元を意味し，さらに時間軸方向に拡張したものが，4 章で紹介するアジョイント法（4 次元変分法）である．まず，2.2.1 節で基本的な導出および最適内挿法との比較を行う．2.2.2 節では変分法の拡張性を活かした拘束条件の付加方法や，変分法と同時に行うことのできる観測データの品質管理の方法について紹介する．それぞれの応用例は応用編 6 章を参照されたい．

2.2.1 基本的な導出

変分法は 1.2 節で述べた最尤推定法を基礎とする同化手法である．すなわち，第一推定値と観測値の両方に最も近い状態を推定するために，「近さ」を図る物差しとして評価関数を導入する．そして，評価関数の最小値を数値的に探索し，得られた最小値を解析値とする．

評価関数 J は (1.17) 式を多次元に拡張したもので，次のように示せる．

$$J(\mathbf{x}) = \frac{1}{2}(\mathbf{x} - \mathbf{x}^b)^T \mathbf{B}^{-1}(\mathbf{x} - \mathbf{x}^b) + \frac{1}{2}\left(H(\mathbf{x}) - \mathbf{y}\right)^T \mathbf{R}^{-1}\left(H(\mathbf{x}) - \mathbf{y}\right) \tag{2.31}$$

この式は，誤差分散の逆数を重みとして用いた，第 1 項の第一推定値への近さと第 2 項の観測値への近さの重み付き平均と解釈できる．ここで，H は観測演算子 (observation operator) と呼ばれ，モデル格子点から観測点への空間内挿とモデル物理量から観測物理量への変換を行う．この観測演算子 H を線形化したものが，前節で述べた観測行列 $\mathbf{H}$ に相当する．前節の最適内挿法では，$\mathbf{H}$ が線形である必要があったが，変分法では観測演算子が線形である必要はない．なお，(1.14) 式，(1.15) 式に対応する第一推定値と観測値の確率密度分

布は次のようになる.

$$p_b(\mathbf{x}^b \mid \mathbf{x}) = \frac{1}{\left(\sqrt{2\pi}\right)^n |\mathbf{B}|^{1/2}} \exp\left[-\frac{1}{2}(\mathbf{x}-\mathbf{x}^b)^T \mathbf{B}^{-1}(\mathbf{x}-\mathbf{x}^b)\right] \quad (2.32)$$

$$p_o(\mathbf{y} \mid \mathbf{x}) = \frac{1}{\left(\sqrt{2\pi}\right)^m |\mathbf{R}|^{1/2}} \exp\left[-\frac{1}{2}\left(H(\mathbf{x})-\mathbf{y}\right)^T \mathbf{R}^{-1}\left(H(\mathbf{x})-\mathbf{y}\right)\right]$$
$$\quad (2.33)$$

ここで,$|\mathbf{A}|$ は行列 $\mathbf{A}$ の行列式を表し,n はモデル格子点数,m は観測点数である.

評価関数の最小値は通常,繰り返し計算により数値的に探索する.この最小値の探索法のことを降下法と呼ぶ (付録 4 参照).一般に,降下法では,評価関数の値とその勾配ベクトル $\nabla J(\mathbf{x})$ $\left(= [\partial J/\partial x_1 \cdots \partial J/\partial x_n]^T\right)$ を手がかりとして最小値探索を行う.(2.31) 式の評価関数の勾配ベクトル $\nabla J(\mathbf{x})$ は次のようになる.

$$\nabla J(\mathbf{x}) = \mathbf{B}^{-1}(\mathbf{x}-\mathbf{x}^b) + \mathbf{H}^T \mathbf{R}^{-1}(H(\mathbf{x})-\mathbf{y}) \quad (2.34)$$

ここで,$\mathbf{H}$ は以下のように定義される観測演算子 H のヤコビ行列であり,最適内挿法の観測行列に対応する.

$$\mathbf{H} = \begin{pmatrix} \partial H(\mathbf{x})_1/\partial x_1 & \partial H(\mathbf{x})_1/\partial x_2 & \cdots & \partial H(\mathbf{x})_1/\partial x_n \\ \partial H(\mathbf{x})_2/\partial x_1 & \partial H(\mathbf{x})_2/\partial x_2 & \cdots & \partial H(\mathbf{x})_2/\partial x_n \\ \vdots & \vdots & & \vdots \\ \partial H(\mathbf{x})_m/\partial x_1 & \partial H(\mathbf{x})_m/\partial x_2 & \cdots & \partial H(\mathbf{x})_m/\partial x_n \end{pmatrix} \quad (2.35)$$

このように線形化したものを,データ同化の分野では特に接線形演算子 (tangent linear operator) と呼ぶ.アジョイント演算子 (adjoint operator) はその転置行列 $\mathbf{H}^T$ である (付録 1 参照).モデル格子点から観測点への空間内挿を表す観測演算子 H が線形なら,アジョイント演算子 $\mathbf{H}^T$ はその反対に各観測点での情報をモデル格子点へ分配する変換を表す.また,観測演算子 H が,物理量 $\mathbf{x}$ から $\mathbf{y}$ への変換 $H_1(\mathbf{x})$ とモデル格子点から観測点への空間内挿 $H_2(\mathbf{y})$ から成る場合には,

$$H(\mathbf{x}) = H_2[H_1(\mathbf{x})] \quad (2.36)$$

と表せ，このとき，接線形演算子は次のようになる．

$$\mathbf{H} = \frac{\partial H_2}{\partial \mathbf{y}} \frac{\partial H_1}{\partial \mathbf{x}} = \mathbf{H}_2 \mathbf{H}_1 \tag{2.37}$$

また，アジョイント演算子 $\mathbf{H}^T$ は

$$\mathbf{H}^T = (\mathbf{H}_2 \mathbf{H}_1)^T = \mathbf{H}_1^T \mathbf{H}_2^T \tag{2.38}$$

となる．上式からアジョイント演算子は，観測点からモデル格子点へ分配し ($\mathbf{H}_2^T$)，その結果を物理量 $\mathbf{y}$ から $\mathbf{x}$ へ変換する ($\mathbf{H}_1^T$) 演算子であることがわかる．さらに，第一推定値と観測値の時刻が異なる場合は，時間軸方向の補間が必要となるので，数値モデルを用いて制御変数を観測値の得られた時刻まで積分し，その結果に観測演算子を作用させる．従って，評価関数の勾配の計算には，数値モデルのアジョイント形が必要となる ((2.34) 式参照)．このように評価関数に数値モデルを含める方法をアジョイント法，または 4 次元変分法という．なお，3 次元変分法では，時間軸方向の補間は行わず，第一推定値に近い，ある特定の期間内の観測値を全て第一推定値と同じ時刻に観測されたと見なして同化する [*2]．

1.2 節では，最尤推定と線形最小分散推定による推定値が（正規分布の仮定のもとで）一致することを示した．このことは，それぞれの推定法を基本とする変分法と最適内挿法の解析値が一致することを意味している．ただし，観測演算子 H は線形である必要がある．以下でこのことを証明しよう．観測演算子 H が線形であれば，

$$H(\mathbf{x}) - \mathbf{y} = \mathbf{H}(\mathbf{x} - \mathbf{x}^b) - (\mathbf{y} - \mathbf{H}\mathbf{x}^b) \tag{2.39}$$

と表せる．そのとき，(2.34) 式は $\mathbf{x}$ の二次関数となるので解析的に $\mathbf{x}^a$ を求めることができる．(2.34) 式で $\nabla J(\mathbf{x}^a) = 0$ とおき，(2.39) 式を用いると，解析値 $\mathbf{x}^a$ は以下のように求まる．

$$\mathbf{x}^a = \mathbf{x}^b + (\mathbf{B}^{-1} + \mathbf{H}^T \mathbf{R}^{-1} \mathbf{H})^{-1} \mathbf{H}^T \mathbf{R}^{-1} (\mathbf{y} - \mathbf{H}\mathbf{x}^b) \tag{2.40}$$

[*2] 最近では，3 次元変分法や最適内挿法の枠組みで観測時刻と解析時刻のずれを考慮した同化手法として FGAT (First Guess at Adequate Time; Ricci et al. 2005 など) という同化手法が提案されている．

この式は，(2.13) 式, (2.14) 式を用いると，最適内挿法による解析値 (2.17) 式と一致する．また，解析誤差共分散行列 $\mathbf{P}^a$ についても，4 章で示すように，

$$(\mathbf{P}^a)^{-1} = \mathbf{B}^{-1} + \mathbf{H}^T \mathbf{R}^{-1} \mathbf{H} \tag{2.41}$$

となり，最適内挿法を用いた場合の (2.15) 式と一致する．

このように，観測演算子が線形の場合には，変分法と最適内挿法では同じ解析値が得られる．ただし，変分法では観測演算子が線形であるという制約がないので，より一般的であると言える．つまり，変分法では，制御変数 $\mathbf{x}$ で微分可能な演算によって算出される物理量の観測データならば，どのようなデータでも直接同化することができる．例として，水温，塩分を制御変数として衛星高度計による海面高度データを同化する場合を考えてみる．海面高度は海洋内部の水温，塩分の非線形関数である密度の分布によって決定されているが，最適内挿法で海面高度データを同化する場合は，統計的な手法によって予め水温，塩分に変換し，その値を同化する必要がある．一方，変分法では海面高度データを統計的な手法によらずに直接同化することができる．このように，変分法は加工していない観測データを同化できるので，観測データが保有する情報をより多く引き出すことができる．

問題 2.4
(2.40) 式を導出せよ．

問題 2.5
流速ベクトル (u, v) を制御変数とする変分法同化システムを用いて，流速の大きさの観測値 V_o を同化する問題を考える．観測誤差分散を σ_o^2 とし，背景誤差共分散行列と第一推定値を以下のように与える．

$$\mathbf{B} = \begin{pmatrix} (\sigma^b)^2 & 0 \\ 0 & (\sigma^b)^2 \end{pmatrix}, \qquad \mathbf{x}^b = \begin{pmatrix} u^b \\ v^b \end{pmatrix}$$

(i) 観測演算子 H，接線形演算子 $\mathbf{H}$ およびアジョイント演算子 $\mathbf{H}^T$ を求めよ．
(ii) 評価関数 J とその勾配ベクトル ∇J を求めよ．
(iii) $\nabla J = 0$ とすると，2 通りの解析値が得られる．その理由とそれぞれの解の持つ意味について考察せよ．

2.2.2 拘束条件の付加と変形による拡張性

変分法の長所としては，これまでに述べてきた多種多様な観測データを同化できるという他に，拡張の容易なことが挙げられる．具体例を通じて紹介しよう．

まず第一に，変分法では，観測値や背景値との距離を小さくするという条件の他にも，簡単に拘束条件を追加することができる．理由は次のように考えればよい．ベイズの定理 (1.18) 式の事前確率密度分布 $p(x)$ が，次のような確率分布に従うと考える．

$$p(\mathbf{x}) \propto \exp[-J_c(\mathbf{x})] \tag{2.42}$$

このとき，評価関数に付加項 J_c が加わる．このように，変分法では評価関数に他の拘束条件を付加項として加えることができる．具体例としては，初期ショック[*3]を抑えるために，予報変数の時間微分を小さくするような拘束条件 (Komori et al., 2003 など) があげられる．この拘束条件の効果について考えてみよう．

[例題]
評価関数 J に予報変数 $\mathbf{x}$ の時間微分が小さくなるような拘束条件を加えて，新たな評価関数 J_F を

$$J_F = J + \frac{1}{2} w^d \left(\frac{\partial \mathbf{x}}{\partial t}\right)^* \left(\frac{\partial \mathbf{x}}{\partial t}\right) \tag{2.43}$$

と定義する[*4]．ここで，w^d は拘束条件の重みを表す．追加された拘束条件の効果について調べよ．

[解答]
簡単のため，モデルが線形で，解は $\mathbf{x} = \sum_j u_j \exp(i\omega_j t) \mathbf{x}_j$ と表される場合を考える．また，評価関数 J の制御変数を $\mathbf{u}$ （ここで，$\mathbf{u}$ は u_j を縦に並べた列ベクトル）とし，その最適値を $\mathbf{u}^a$ とする．この時，J はテイラー展開を使うと以下のように表せる．

$$J = (\mathbf{u} - \mathbf{u}^a)^T \mathbf{A} (\mathbf{u} - \mathbf{u}^a)/2 \tag{2.44}$$

[*3] 初期値が力学バランスしていない等の理由により，予報開始直後にノイズが発生し，モデルの予報の場を汚染することがある．これを初期ショックという．

[*4] 拘束条件を 2 乗の形で評価関数に付加することを弱拘束と呼ぶ．この場合，拘束条件（ここでは $\partial x/\partial t = 0$）は近似的にしか満たされない．$\iff$ 強拘束

2.2 少し高度な3次元変分法

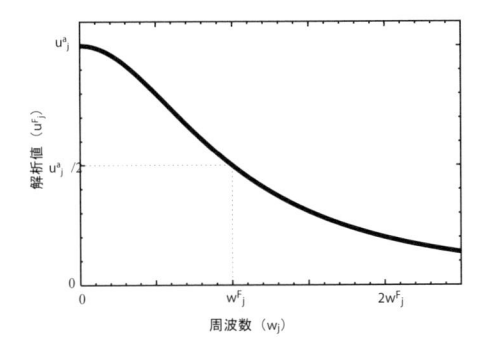

図 2.4 時間微分の二乗で表わされる，拘束条件の効果．横軸に周波数 ω_j，縦軸に解析値 u_j^F を表す．周波数が ω_j^F より高周波の成分が選択的に除去される．

ここで $\mathbf{A}$ は J のヘッセ行列であるが，4章で述べるように，これは解析誤差共分散行列の逆行列となっている．なお，高次の項は無視し，定数項は以後の議論に影響しないので省略した．次に，J_F に対する最適値 $\mathbf{u}^F$ は以下のようになる．

$$\mathbf{u}^F = (\mathbf{I} + \mathbf{A}^{-1}\mathbf{W})^{-1}\mathbf{u}^a \tag{2.45}$$

ここで，$\mathbf{W}$ は $w^d \omega_j^2$ を対角成分とする対角行列である．簡単のため，$\mathbf{A}$ が対角行列の場合を考えると，$\mathbf{u}^F$ の成分 u_j^F は以下のように表される．

$$u_j^F = \frac{u_j^a}{1 + (\omega_j/\omega_j^F)^2} \tag{2.46}$$

ここで，$\omega_j^F = (w_j^a/w^d)^{1/2}$ であり，w_j^a は $\mathbf{A}$ の対角成分である．この式から，解析値 u_j^F と周波数 ω_j は図 2.4 のような関係となり，周波数が ω_j^F より高周波の成分が除去されることが分かる．このことは，高周波の変動ほど時間微分項が大きくなることからも直感的に理解できる．

3 次元変分法では，以上の他にも，地衡流平衡を課す拘束条件（Xie et al., 2002）や空間方向の 2 階微分を小さくして分布を滑らかにする拘束条件[*5]（Pegion et al., 2000），密度逆転を防止する拘束条件（Fujii et al., 2005）などが用いられている．

[*5] アジョイント法にこの拘束条件を適応した例が 5.3 節（KdV の節）に述べられている．

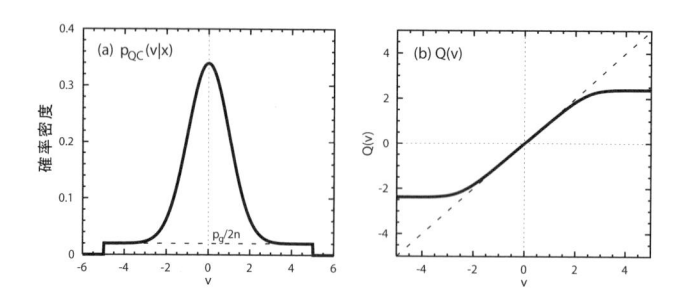

図 2.5 (a) 変分 QC で用いる観測値の確率密度関数 p_{QC}. (b) 規格化された偏差 $v_i(= (H_i(\mathbf{x}) - y_i)/\sigma_i^o)$ に対する関数 $Q_i(v)$. p_{QC} は $|v_i| < n$ の区間において，次のように定義する. $p_{QC}(v_i|x) = (1 - p_g)/(\sqrt{2\pi}\sigma_i^o)\exp(-v_i^2/2) + p_g/2n$. p_g は人為ミス等によるエラー混入の確率で一様分布として与える. また，$\mathcal{Q}(v_i) = \pm[-2\ln\tilde{p}(v_i)]^{1/2}$ で, 符号は v_i と同じ符号を持つ. ただし，$\tilde{p}(v_i) = p(v_i|x)/p(0|x)$ である. ここでは $n = 5, p_g = 0.2, \sigma_i^o = 1.0$ とした.

　一般に，評価関数は確率密度分布関数の自然対数をとったものに相当するので，変分法では背景誤差や観測誤差に対して，正規分布以外の誤差分布を仮定できる. この利点を活かして観測データの QC をデータ同化と同時に行うのが変分 QC（Anderson and Järvinen, 1999）である. 基本原理は 1.2 節で既に説明しているので，ここでは変分 QC を実行する際の評価関数の設定方法について簡単に紹介する.

　通常の QC では，例えば背景値との差が標準誤差 σ の n 倍以上のデータをエラーデータとして除去する場合が多い [*6]. しかしながら，背景値が真値から大きくずれている場合，このような QC では正しいデータまでも除去してしまうことがしばしば起こる. その効果的な解決法として変分 QC が考案された.

　図 2.5 を例にとって説明しよう. 問題を簡単にするために，観測誤差が互い

[*6] このような手法を $n\sigma$ チェック等と呼ぶ（応用編 6 章参照）.

に相関しない場合を考え，(2.31) 式の評価関数を以下のように表す．

$$J(\mathbf{x}) = \frac{1}{2}(\mathbf{x} - \mathbf{x}^b)^T \mathbf{B}^{-1}(\mathbf{x} - \mathbf{x}^b) + \frac{1}{2}\sum_{i=1}^{m}[Q_i\{(H_i(\mathbf{x}) - y_i)/\sigma_i^o\}]^2 \tag{2.47}$$

ここで，右辺第 2 項に表れる関数 Q_i は，図 2.5(b) のような分布を持つ．このような分布を与える理論的背景は Fujii et al. (2005) を参照されたい．なお，$v_i = (H_i(\mathbf{x}) - y_i)/\sigma_i^o$ で，規格化された偏差を表す．H_i, σ_i^o は i 番目のデータの観測演算子と観測誤差である．この図からわかるように，規格化した偏差 v_i が 0 に近いときは，通常の拘束条件と大きく変わらない．一方，差が大きくなると，傾きが小さくなりほぼ水平になる．このようは場合，拘束条件に関する勾配はほぼ 0 になるので拘束条件は無効となり，観測データ y_i は無視される．このように変分 QC では，解析値と観測値の差（正しくは規格化された偏差）を基準にして，データがエラーデータかどうか判断する．そのため，たとえ背景値が真値から大きく離れていても，間違って正しいデータが除去される危険は小さくなるという利点がある．つまり，誤差の確率分布としてガウス分布より現実的なものを用いることにより，適切な QC を行い，解析精度の向上を図ることが可能となる．

なお，ここで述べた拘束条件の付加や変形は，アジョイント法にも適応できる．例えば，高周波成分を除去するために，予報変数の時間微分を小さくするような拘束条件 (Tsuyuki, 1996 など) や，デジタルフィルターを用いた拘束条件 (Wee and Kuo, 2004) が，アジョイント法でしばしば用いられる．上記の変分 QC は ECMWF のアジョイント法による数値天気予報システムで実際に採用されている．

2.3　誤差の概念と設定方法のポイント

データ同化の基本原理は誤差をもとにした重み付き平均であり，誤差の設定方法は解析精度を大きく左右する．とりわけ，誤差情報を時間発展させない静的な同化手法である最適内挿法や 3 次元変分法では，誤差の設定がより一層重要性を増す．本節ではまず，考慮すべき誤差の概念について紹介し，続いて誤差行列の設定方法について紹介する．

2.3.1　データ同化の際に留意すべき誤差の概念

Cohn(1997) の例を参考にしながら，データ同化において考慮すべき誤差の概念を紹介しよう．時刻 t における連続系での海洋や大気の真の状態を $\mathbf{w}_t^{\text{true}}$ で表す．その時間発展は次のような力学演算子 $\mathcal{M}_t$ を用いて記述できるとする．

$$\mathbf{w}_{t+1}^{\text{true}} = \mathcal{M}_t\left(\mathbf{w}_t^{\text{true}}\right) \tag{2.48}$$

一方，数値モデルなどで対象となる時刻 t における離散化された真の状態を $\mathbf{x}_t^{\text{true}}$ とする．$\mathbf{x}_t^{\text{true}}$ はモデルの格子点数 n の次元を持つ n 次元状態ベクトルである．$\mathbf{w}_t^{\text{true}}$ から $\mathbf{x}_t^{\text{true}}$ への射影演算子 $\mathbf{\Pi}$ を定義すると，$\mathbf{x}_t^{\text{true}}$ は次のように表すことができる．

$$\mathbf{x}_t^{\text{true}} = \mathbf{\Pi}\left(\mathbf{w}_t^{\text{true}}\right) \tag{2.49}$$

(2.48) 式の両辺に $\mathbf{\Pi}$ を作用させると次式が得られる．

$$\mathbf{x}_{t+1}^{\text{true}} = M_t\left(\mathbf{x}_t^{\text{true}}\right) + \mathbf{q}_t \tag{2.50}$$

$$\mathbf{q}_t \equiv \mathbf{\Pi}\left(\mathcal{M}_t(\mathbf{w}_t^{\text{true}})\right) - M_t\left(\mathbf{\Pi}(\mathbf{w}_t^{\text{true}})\right) \tag{2.51}$$

ここで，M は離散化された力学演算子である．$\mathbf{q}$ はモデル誤差（システムノイズ）であり，サブグリッドスケール（格子スケール以下）の物理現象による誤差，方程式の差分化による誤差，外力や境界条件に起因する誤差などが含まれる．このことは，たとえ $\mathbf{x}_t^{\text{true}}$ が正確に得られたとしても，それを初期値とした計算結果 $M_t\left(\mathbf{x}_t^{\text{true}}\right)$ は必ずしも $\mathbf{x}_{t+1}^{\text{true}}$ とは一致しない，ということを意味している[*7]．この場合の背景誤差はシステムノイズのみから構成されるが，実際には $\mathbf{x}_t^{\text{true}}$ を正確に得ることは不可能なので，背景誤差には初期値の誤差とシステムノイズの両者の時間発展した結果が含まれることになる[*8]．

次に，観測値に含まれる誤差について考えてみよう．時刻 t における観測値を $\mathbf{y}_t$ とする．$\mathbf{y}_t$ は観測数 m の次元を持つ m 次元観測ベクトルである．

[*7] 4.5 節で述べるように，通常のアジョイント法ではシステムノイズを取り扱わず，モデルがパーフェクトであると仮定する．

[*8] モデル予報値の誤差の時間発展については 3.2.2 節に詳しく述べられている．

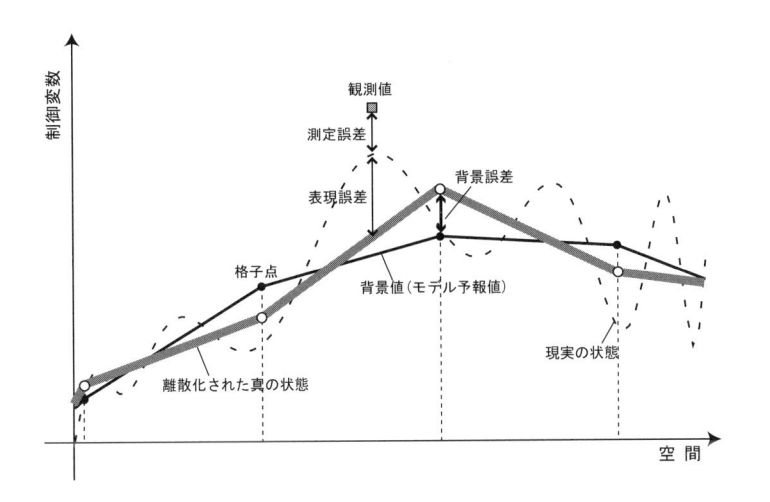

2.3 誤差の概念と設定方法のポイント

図 2.6 観測誤差と背景誤差の概念図．現実の状態（連続系での真の状態）が黒波線の様であった場合，モデル空間に離散化された真の状態は灰太実線の様になり，これがデータ同化で考える真値である．この真値と観測および背景値との差がそれぞれ観測誤差，背景誤差となる．また，観測誤差は，測定誤差と表現誤差から成る．

$\mathbf{w}_t^{\text{true}}$ から m 次元観測空間への射影演算子 $\mathcal{H}_t$ を用いると，観測値 $\mathbf{y}_t$ は次式のように表せる．

$$\mathbf{y}_t = \mathcal{H}_t\left(\mathbf{w}_t^{\text{true}}\right) + \varepsilon_t^m \tag{2.52}$$

ここで，ε_t^m は観測値に含まれる人為的なミスや測器の性能による誤差で，測定誤差（measurement error）と呼ばれている．一方，n 次元モデル空間から m 次元観測空間への射影演算子 H_t（これは 2.2.1 節の観測演算子）を用いると，(2.52) 式は離散化された真値 $\mathbf{x}_t^{\text{true}}$ を使って以下のように表せる．

$$\mathbf{y}_t = H_t\left(\mathbf{x}_t^{\text{true}}\right) + \varepsilon_t^o \tag{2.53}$$

ただし，

$$\varepsilon_t^o \equiv \varepsilon_t^r + \varepsilon_t^m \tag{2.54}$$

$$\varepsilon_t^r \equiv \mathcal{H}_t\left(\mathbf{w}_t^{\text{true}}\right) - H_t\left(\mathbf{\Pi}(\mathbf{w}_t^{\text{true}})\right) \tag{2.55}$$

である．この式から分かるように，(2.52) 式と (2.53) 式の違いは，演算子の入力変数が連続変数 $\mathbf{w}_t^{\text{true}}$ か離散変数 $\mathbf{x}_t^{\text{true}}$ かの違いである．推定したい状態は後者の $\mathbf{x}_t^{\text{true}}$ なので，考慮すべき観測誤差（observation error）は (2.53) 式の ε_t^o ということになる．つまり，(2.54) 式に示されるように，観測誤差 ε_t^o は測定誤差 ε_t^m と表現誤差（representativeness error）ε_t^r の和である．表現誤差は (2.55) 式で表され，連続系での真の状態と離散系 (モデル空間) での真の状態との相違に起因する誤差である．つまり，モデルで再現できない現象が観測値に含まれる場合，それを観測値に含まれる誤差とみなすのである．この表現誤差は実際には時空間構造を持つと考えられるので，観測データを扱う際には注意が必要である．

2.3.2 誤差行列の作成 I：コバリアンス・マッチング

次に，誤差行列の設定方法について検討しよう．一般に，観測誤差や背景誤差の共分散行列 $\mathbf{R}, \mathbf{B}$ を知ることは容易ではない．しかし，コバリアンス・マッチング (covariance matching) と呼ばれる手法を用いれば，ある程度は推定できる．ここでは，Fu et al. (1993) に従って，その推定法を紹介しよう．

真値と観測値との関係は (2.53) 式で表される．さらに，真値と第一推定値（シミュレーション）の関係も，

$$H_t(\mathbf{x}_t^{\text{b}}) = H_t(\mathbf{x}_t^{\text{true}}) + H_t(\varepsilon_t^{\text{b}}) \tag{2.56}$$

のように観測空間に射影できる．両関係式を線形化し，シミュレーションと観測それぞれの共分散の期待値をとると，

$$\langle \mathbf{y}_t \mathbf{y}_t^T \rangle = \langle \mathbf{H}_t \mathbf{x}_t^{\text{true}} (\mathbf{H}_t \mathbf{x}_t^{\text{true}})^T \rangle + \mathbf{R} \tag{2.57}$$

$$\langle \mathbf{H}_t \mathbf{x}_t^{\text{b}} (\mathbf{H}_t \mathbf{x}_t^{\text{b}})^T \rangle = \langle \mathbf{H}_t \mathbf{x}_t^{\text{true}} (\mathbf{H}_t \mathbf{x}_t^{\text{true}})^T \rangle + \mathbf{H}\mathbf{B}\mathbf{H}^T \tag{2.58}$$

以上では簡単化のために，シミュレーションと観測それぞれの平均値 ($\overline{\mathbf{x}^{\text{b}}}, \overline{\mathbf{y}}$)，及び真値と誤差の相関を無視した．(2.53) 式と (2.56) 式の差から共分散の期待値を求めると，

$$\begin{aligned}\langle (\mathbf{y}_t - \mathbf{H}_t \mathbf{x}_t^{\text{b}})(\mathbf{y}_t - \mathbf{H}_t \mathbf{x}_t^{\text{b}})^T \rangle &= \langle (\varepsilon_t^o - \mathbf{H}_t \varepsilon_t^{\text{b}})(\varepsilon_t^o - \mathbf{H}_t \varepsilon_t^{\text{b}})^T \rangle \\ &= \mathbf{R} + \mathbf{H}\mathbf{B}\mathbf{H}^T\end{aligned} \tag{2.59}$$

となる．ここで，誤差同士は無相関と仮定した (条件 (2.7))．

2.3 誤差の概念と設定方法のポイント

(2.57), (2.58), 及び (2.59) 式の未知数は 3 つなので解くことができる.

$$\mathbf{R} = \{\langle(\mathbf{y}_t - \mathbf{H}_t\mathbf{x}_t^b)(\mathbf{y}_t - \mathbf{H}_t\mathbf{x}_t^b)^T\rangle \\ - \langle\mathbf{H}_t\mathbf{x}_t^b\mathbf{x}_t^{bT}\mathbf{H}_t^T\rangle + \langle\mathbf{y}_t\mathbf{y}_t^T\rangle\}/2 \quad (2.60)$$

$$\mathbf{HBH}^T = \{\langle(\mathbf{y}_t - \mathbf{H}_t\mathbf{x}_t^b)(\mathbf{y}_t - \mathbf{H}_t\mathbf{x}_t^b)^T\rangle \\ + \langle\mathbf{H}_t\mathbf{x}_t^b\mathbf{x}_t^{bT}\mathbf{H}_t^T\rangle - \langle\mathbf{y}_t\mathbf{y}_t^T\rangle\}/2 \quad (2.61)$$

これらの関係は，観測値とシミュレーション値（及び両者の差）が与えられれば，観測誤差やシミュレーション誤差の共分散を推定できる，ということを示している．なお，この推定方法では，測定誤差と表現誤差は区別されずに共に観測誤差共分散 $\mathbf{R}$ に含まれて評価される.

問題 2.6
(2.60) 式と (2.61) 式をさらに簡略化すると，

$$\mathbf{R} = \langle\mathbf{y}_t\mathbf{y}_t^T\rangle - \langle\mathbf{y}_t\mathbf{x}_t^{bT}\mathbf{H}_t^T\rangle$$
$$\mathbf{HBH}^T = \langle\mathbf{H}_t\mathbf{x}_t^b\mathbf{x}_t^{bT}\mathbf{H}_t^T\rangle - \langle\mathbf{y}_t\mathbf{x}_t^{bT}\mathbf{H}_t^T\rangle$$

となることを示せ．(2.53) 式と (2.56) 式の相互共分散を使うとよい.

2.3.3 誤差行列の作成 II：誤差の近似的な設定方法

前節で紹介したコバリアンス・マッチングによる誤差行列の推定には，幾つかの仮定がなされており，大規模なシステムでは適切に誤差行列を推定できない場合も考えられる．そこで，本節では，より現実的な誤差行列の設定方法について検討しよう．まず，背景誤差共分散行列 $\mathbf{B}$ については，これを直接計算することはできない．なぜなら，背景誤差とは背景値と真値との差であり（図 2.6），真値を我々は知り得ないからである．そこで，誤差の変動はモデルで表現される変動と比例関係にあると仮定して，モデルのフリーシミュレーションから $\mathbf{B}$ を決定する方法が良く用いられる [*9].

しかし，シミュレーションの結果から $\mathbf{B}$ を決定するにしても，その次元は非常に大きく，そのまま保存することはできない．また変分法では，評価関数の

[*9] 例えば，シミュレーションの結果から偏差の共分散行列 $\mathbf{T}$ を求め，その行列に経験的に決定したスカラー数 r をかけて，$\mathbf{B} = r\mathbf{T}$ とする．この r は同化をしても再現できない変動の割合を表している.

値を求めるために $\mathbf{B}$ の逆行列を計算しなければならないが，次元の大きな行列の逆行列計算はそう生易しいことではない．これらの問題を回避するには，力学バランスの考慮や様々な仮定の導入により，$\mathbf{B}$ を少ないパラメーターで表現することが効果的である．

その最も単純な方法は，背景誤差間の相関を一切無視して，$\mathbf{B}$ を対角行列にする方法である．対角成分である各背景誤差の分散は，モデルシミュレーションなどから決定する．ただし，この場合には誤差の空間的な相関関係が無視されているので，そのままではノイジーな空間分布になってしまう．そこで，変分法では空間微分を小さくするような拘束条件[*10]を導入して，滑らかな分布を得る方法がよく用いられるが，新たな拘束条件を付加することができない最適内挿法では，この手法を用いることはできない．

次に，ある 2 点における誤差の相関を 2 点間の距離の関数などで表すことによって，$\mathbf{B}$ を直接定義する方法も用いられている．例えば，海面高度偏差の 2 次元分布を解析する場合，i 番目と j 番目の格子点（位置をそれぞれ (x_i, y_i), (x_j, y_j) とする）の共分散を表す $\mathbf{B}$ の i 行 j 列成分 $b_{i,j}$ をガウス関数を使って次のように設定する[*11]．

$$b_{i,j} = \sigma_i^b \sigma_j^b \exp\left[-\frac{(x_i - x_j)^2 + (y_i - y_j)^2}{2L_\phi^2}\right] \quad (2.62)$$

ここで，σ^b と L_ϕ はそれぞれ，海面高度の標準誤差と典型的な誤差相関スケールである．

このような背景誤差相関を設定した場合に得られる解析値の性質について考えてみよう．簡単のため，観測はモデル格子点上で得られるとすると，(2.17) 式から解析値 $\mathbf{x}^a$ は以下のように書ける．

$$\mathbf{x}^a = \mathbf{x}^b + \mathbf{B}(\mathbf{R} + \mathbf{B})^{-1}(\mathbf{y} - \mathbf{x}^b) \quad (2.63)$$

背景誤差共分散行列 $\mathbf{B}$ は対称行列なので，直交行列 $\mathbf{E} = (\mathbf{e}_1\ \mathbf{e}_2 \cdots \mathbf{e}_n)$ によ

[*10] 2.2.2 節参照．アジョイント法でこの手法を適応した例が 5.4 節（KdV の例題の節）に説明されている．

[*11] ただし，この方法を変分法で用いる場合，数値解析的には $\mathbf{B}$ が正定値（固有値が全て正の値）となる保証はなく，その場合逆行列 $\mathbf{B}^{-1}$ が存在しないので，評価関数を定義できない．

2.3 誤差の概念と設定方法のポイント

り対角化できる．

$$\mathbf{E}^T \mathbf{B} \mathbf{E} = \left(\sigma^b\right)^2 \mathbf{D} \tag{2.64}$$

ここで，$\mathbf{E}$ は行列 $\mathbf{B}$ の固有ベクトル $\mathbf{e}_i$ を並べた行列であり，$\mathbf{D}$ は固有値 ϕ_i を対角成分に持つ対角行列である．また，背景値の標準誤差は σ^b で一定とした．行列 $\mathbf{E}$ を構成する固有ベクトル $\mathbf{e}_i$ は正規直交基底を成すので，この $\mathbf{E}$ を作用させると，各 $\mathbf{e}_i$ 方向を座標軸とする座標系への座標変換ができる．(2.63) 式の両辺に左から $\mathbf{E}^T$ をかけると次のようになる．

$$\begin{aligned} \mathbf{x}'^a &= \mathbf{x}'^b + \mathbf{E}^T \mathbf{B} \left(\mathbf{B} + \mathbf{R}\right)^{-1} \left(\mathbf{E} \mathbf{E}^T\right) \left(\mathbf{y} - \mathbf{x}^b\right) \\ &= \mathbf{x}'^b + \mathbf{E}^T \mathbf{B} \left(\mathbf{B} + \mathbf{R}\right)^{-1} \mathbf{E} \left(\mathbf{y}' - \mathbf{x}'^b\right) \end{aligned} \tag{2.65}$$

ここで，$\mathbf{x}' = \mathbf{E}^T \mathbf{x}$, $\mathbf{y}' = \mathbf{E}^T \mathbf{y}$ である．観測誤差共分散は対角行列 $\mathbf{R} = (\sigma^o)^2 \mathbf{I}$ で表せるとして，(2.64) 式の関係を用いると，解析値 x'_i は以下のように書ける．

$$x_i'^a = x_i'^b + \frac{\phi_i}{\phi_i + (\sigma^o/\sigma^b)^2}(y_i'^o - x_i'^b) \tag{2.66}$$

この式から分かるように，観測値への重みは背景誤差共分散 $\mathbf{B}$ の固有値 ϕ_i に依存する．すなわち，大きな固有値（上位のモード）ほど観測値への重みが大きくなり，小さな固有値（下位のモード）については背景場に重みが置かれる．一般に，(2.62) 式のような背景誤差共分散を用いた場合，上位のモードは大きなスケールの現象を表し，小スケールの現象は下位のモードに含まれる．従って，解析値には大きなスケールの現象が選択的に反映されるので，観測値に対してローパスフィルターとして機能する．

次に，2 つ以上の変数を扱う場合，以下のような方法でその変数間の関係式を $\mathbf{B}$ の中に取り入れることができる (Ishikawa *et al.*, 2001)．例えば，海面高度 $\mathbf{h}$ と東西流速 $\mathbf{u}$ の関係を，地衡流を表す線形演算子 $\mathbf{L}$ を用いて $\mathbf{u} = \mathbf{L}\mathbf{h} = -(g/f)(\partial/\partial x_i)\mathbf{h}$（$g$ は重力加速度，f はコリオリパラメーター）と表し，海面高度の誤差を ε_h，$\mathbf{B}_h = <\varepsilon_h \varepsilon_h^T>$ とすると，

$$\mathbf{B} = \left\langle \begin{pmatrix} \varepsilon_h \\ \mathbf{L}\varepsilon_h \end{pmatrix} \begin{pmatrix} \varepsilon_h & (\mathbf{L}\varepsilon_h)^T \end{pmatrix} \right\rangle = \begin{pmatrix} \mathbf{B}_h & \mathbf{B}_h \mathbf{L}^T \\ \mathbf{L}\mathbf{B}_h & \mathbf{L}\mathbf{B}_h \mathbf{L}^T \end{pmatrix} \tag{2.67}$$

となる．ここで，$\mathbf{L}^T = -(g/f)(\partial/\partial x_j)$ である．x_i と x_j は独立であることを考慮して (2.62) 式を用いると，$\mathbf{LB}_h$ の i 行 j 列成分 $b_{i,j}^{h,u} = -(g/f)(\partial b_{i,j}/\partial x_i)$ は以下のように表せる．

$$b_{i,j}^{h,u} = -\frac{g}{f}\frac{(x_i - x_j)}{L_\phi^2}\sigma^2 \exp\left[-\frac{(x_i - x_j)^2 + (y_i - y_j)^2}{2L_\phi^2}\right] \quad (2.68)$$

他の要素についても同様に計算できる．このように変数間の線形関係から決定された $\mathbf{B}$ を使って解析値を求めると，その線形の力学関係を背景場が満たすなら，解析結果もその関係を満たすことになる．従って，数値モデルに解析結果を挿入する場合，誤差の増幅等によるモデルの発散を防ぐには，線形の力学バランス (ここでは地衡流バランス[*12]) を満たしておく必要があるので，上記のような $\mathbf{B}$ の設定方法は非常に有用である．

なお，上記のように $\mathbf{B}$ を直接定義した場合，変分法ではその逆行列の計算が必要だが，それを回避する方法として，暗黙に前処理を行って，評価関数を最小化する降下法スキームが考案されている (Derber and Rosati, 1989; Fujii, 2005)．また，計算を容易にするために，未知数の数を観測の自由度にまで減らすよう変換する方法も提案されている（PSAS: Physical Space Analysis Scheme, Cohn et al., 1998 参照）．

変分法では，制御変数の前処理 (付録 4 参照) によって $\mathbf{B}$ を単純化するのも有力な手段である．例えば，評価関数は次のように表せる．

$$J = \mathbf{\Delta x}^T \mathbf{B}^{-1} \mathbf{\Delta x}^T/2 + J^o(\mathbf{\Delta x}) \quad (2.69)$$

ここで，$\mathbf{\Delta x} = \mathbf{x} - \mathbf{x}^b$ であり，J^o には観測誤差に関する項やその他の付加的な拘束条件が含まれる．さて，$\mathbf{UU}^* = \mathbf{B}$ を満たすような $\mathbf{U}$ を用いて，$\mathbf{\Delta x} = \mathbf{Uv}$ と変換すると，評価関数は

$$J = \mathbf{v}^*\mathbf{v}/2 + J^o(\mathbf{Uv}) \quad (2.70)$$

となり，$\mathbf{B}^{-1}$ が消去できる[*13]．それゆえ，直接 $\mathbf{B}$ を求める代わりに，適当な

[*12] これは重力波など短周期の物理モードを除去することと等しい．

[*13] (2.69) 式の右辺第 1 項のモデル変数の数は，一般に第 2 項の観測等による拘束条件の数より大きいので，右辺では第 1 項が卓越する．よって，J のヘッセ行列は $\mathbf{B}^{-1}$ で近似することができるので，付録 A4 で示されるように，有効な前処理と言える．

U を設定して評価関数の計算に (2.70) 式を用いる．こうすれば，**B** の逆行列計算が回避できるので，評価関数やその勾配の計算が容易になる．

さて，全球の大気大循環モデルでは，**U** の与え方として，制御変数を波数成分へ変換する方法がしばしば用いられいる (Derber and Bouttier, 1999 など)．それを紹介しよう．簡単化のため，単一の変数の水平 2 次元問題について考えてみる．波数空間から物理空間への変換行列 **F** を用いて，$\mathbf{\Delta x} = \mathbf{Fu}$ と表されるとすると（ここで **u** は波数成分を要素とするベクトル），**B** は次のようになる．

$$\mathbf{B} = \langle \mathbf{xx}^T \rangle = \mathbf{F} \langle \mathbf{uu}^* \rangle \mathbf{F}^* = \mathbf{F}\mathbf{B}_w \mathbf{F}^* \tag{2.71}$$

ここで，$\mathbf{B}_w$ は波数空間における背景誤差共分散行列である．モデルが線形の場合，異なる波数成分は独立に変動するので，相関はないとみなすことができる．これはモデルの非線形性が強くない限り近似的に成り立つ．そこで，波数成分の標準誤差を対角成分とする対角行列 $\mathbf{\Lambda}^2$ を用いて，$\mathbf{B}_w = \mathbf{\Lambda}^2$ とすると，

$$\mathbf{U} = \mathbf{F}\mathbf{\Lambda} \tag{2.72}$$

と定義できる．ここで，$\mathbf{\Lambda}$ はモデルシミュレーションなどから決定する．

空間 3 次元の変数や複数の変数（密度と流速など）について解析を行う場合には，各水平格子点における鉛直プロファイルを鉛直物理モードに分解してしまえば，それぞれのモードはほぼ独立とみなせるので，それらの誤差の相関は無視することができる．従って，各物理モードに上記同様，水平 2 次元の背景誤差共分散行列を設定すればよい．このとき，$\mathbf{\Delta x}$ は大きな波数の成分や重力波などの短周期の物理モードの成分を持たないと考えて，標準誤差を 0 に設定すれば，物理モードや波数成分から元の変数へ変換する際にこれらの成分を除去できる．実用的には，十分に再現できない大きな波数成分や短周期の物理モードは，除去してしまう方が賢明である．また，それは制御変数の数を減らすことにもつながるので，降下法の収束を速め，データ容量の節約にもなる．

さて，波数成分への変換が困難な場合は，拡散方程式を表す演算子を用いることが多い[*14] (Weaver and Courtier, 2001)．この場合，拡散方程式をあらわ

[*14] これは単一の解析変数についての方法である．地衡流バランスや水温と塩分の関係などを満たすようにするためには他の方法と組み合わせる必要がある．

す演算子を $\mathbf{C}$ とすると

$$\mathbf{U} = \mathbf{Z}\mathbf{C}^n \tag{2.73}$$

となる．ここで，$\mathbf{Z}$ は $\mathbf{U}\mathbf{U}^*$ の対角成分をフリーシミュレーションなどから計算した誤差分散に等しくなるようスケーリングするための対角行列である．n は拡散方程式を作用させる回数であり，誤差が十分に伝播するよう設定する必要がある．この方法では，拡散方程式の計算時に陸域など水平境界を考慮できるので，海洋データ同化システムには比較的適した方法であると言える．この他，$\mathbf{B}$ の固有モード成分への変換を前処理に用いる方法もある (Fujii and Kamachi, 2003)．

観測誤差共分散行列もやはり簡単に決定することはできない．例えば，対角成分として観測誤差の 2 乗を使えば良いように思われがちであるが，正しくは表現誤差も考慮しなければならない．そのため，観測データの分散を求めて観測誤差の割合を経験的に決め，観測誤差分散として代用する場合もある．また，対角行列とみなす場合も多い．特に変分法では，逆行列の計算を回避するために，このような近似がしばしば用いられる．しかし，近接する観測データに含まれる表現誤差には相関が無視できない場合も多い．そこで，平均化などを用いて近接する観測データをひとまとめに扱うスーパーオブザベーション (Dimego, 1988 など) の手法がよく用いられる．このようにすれば，観測データから意味のある情報を効率的に引き出すことができるので，評価関数の収束を速めることが期待できる．

問題 2.7
(2.65), (2.66) 式を導出せよ．

2.4 データをモデルへどう挿入するのか？

これまで学んだ最適内挿法や 3 次元変分法による解析値を，数値モデルの初期値として用いる際に必要なモデルへの挿入法について紹介しよう．

最適内挿法や 3 次元変分法による解析値は，統計的には最適値であるものの，力学的な整合性を満たしている保障はない．3 次元変分法では，拘束条件に何らかの力学的整合性を課すことはできるが，力学的発展を完全に満たす解

2.4 データをモデルへどう挿入するのか？

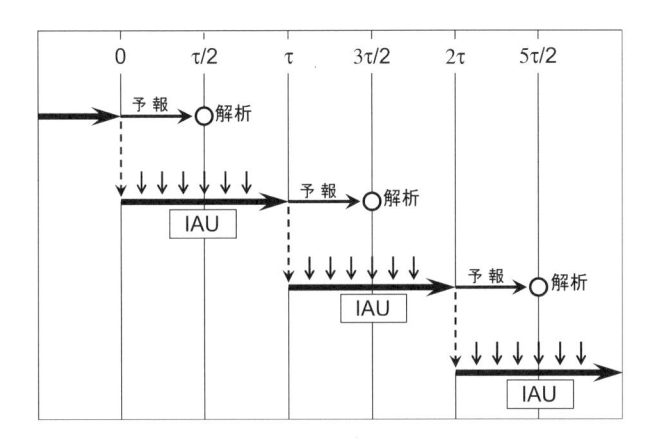

図 2.7 IAU によるデータ同化サイクルの概念図．同化期間を τ として，3 サイクル分を示す．○で示した時刻が解析（analysis）時刻であり，最適内挿法や 3 次元変分法により解析値を求める．

析値を得ることはできない．その場合，解析値をモデルの初期値として用いると，予報場は高周波の重力波ノイズに汚染される（例えば，Ishikawa *et al.*, 2001）．そのため，モデルの力学を満足しない解析値をモデル場に反映させるために，様々な手法が提案されている．比較的簡便な手法としては，ナッジング（nudging）法 (Hoke and Anthes, 1976; Davies and Turner, 1977) や Incremental Analysis Update (IAU; Bloom *et al.*, 1996) が挙げられる．大気モデルではフーリエ変換が行えるという特性を利用して，初期条件の場から重力波モードを取り除く Nonlinear Normal Mode Initialization (NNMI; Machenhauer, 1977; Baer and Tribbia, 1977) という初期化手法が広く用いられている．また，モデルの時間発展に対して適当な重み付き平均を施すデジタルフィルター (Lynch and Huang, 1992) も高周波成分の除去に有効な手法として知られている．

以下では，Bloom *et al.* (1996) を参考にして，ナッジングと IAU の手法およびフィルター特性について解説する．他の手法についてはそれぞれの参考文献を参照されたい．

まず，次のような線形の系を考えよう．

$$\frac{d\mathbf{x}}{dt} = \mathbf{M}\mathbf{x} \tag{2.74}$$

$\mathbf{x}$ は n 次元状態ベクトルであり，その時間発展は定常な線形演算子 $\mathbf{M}$ により記述できるとする．この線形モデルに対して，解析値 $\mathbf{x}^a$ をナッジングにより同化する場合，モデルの時間発展は次のように記述できる．

$$\frac{d\mathbf{x}(t)}{dt} = \mathbf{M}\mathbf{x} + \frac{1}{\tau_N}\left[\mathbf{x}^a - \mathbf{x}(t)\right] \tag{2.75}$$

右辺第 2 項がナッジングによる緩和項である．τ_N は緩和時間を表し，これが短いほど修正は強くなる．

一方，IAU による同化は次の手順で行われる．ここでは，時刻 $t = 0$ から τ までが同化期間であるとする．

(i) 時刻 $t = 0$ から $\tau/2$ まで，(2.74) 式のモデル積分を行う．
(ii) 時刻 $t = \tau/2$ におけるモデル結果 $\mathbf{x}(\tau/2)$ を第 1 推定値として，最適内挿法や 3 次元変分法により解析値 $\mathbf{x}^a$ を求める．
(iii) 解析インクリメントを同化期間のステップ数で割り，それを IAU における修正量とする．
(iv) 再び，時刻 $t = 0$ に戻り，修正量を加えながら時刻 $t = \tau$ までモデルを積分する．

時刻 $t = \tau$ 以降も (i)〜(iv) の手順を繰り返せば，重力波ノイズによる予報場の汚染を軽減できる．この一連のプロセスを IAU による同化サイクルと呼ぶ (図 2.7)．通常，手順 (ii) では，$t = 0 \sim \tau$，つまり同化期間内の観測データを用いて，時刻 $t = \tau/2$ における解析値を求める．従って，解析値 $\mathbf{x}^a$ は同化期間内の平均的な場と考えることができる．また，手順 (iv) におけるモデルの時間発展は次のように表すことができる．

$$\frac{d\mathbf{x}(t)}{dt} = \mathbf{M}\mathbf{x} + \frac{1}{\tau}\Delta\mathbf{x}^a \tag{2.76}$$

$$\Delta\mathbf{x}^a \equiv \mathbf{x}^a - \mathbf{x}(\tau/2) \tag{2.77}$$

ナッジング法と同様に右辺第 2 項が IAU による修正項を表す．ただし，ナッジング法では修正量がモデルの時間発展に応じて変化するのに対し，IAU では同一サイクルの間，一定の修正量を与え続けるという違いがあり，この相違により後述するフィルター特性の差が生じる．また，IAU では，手順 (iv) に

2.4 データをモデルへどう挿入するのか？

明示されているように，解析後に半期間 ($\tau/2$) 戻ってから再びモデル積分を行うので，シミュレーションに比べて計算量は 1.5 倍に増える．IAU は現在，目的に応じて様々に改良・使用されている．

ナッジング法と IAU のフィルター特性を周波数と位相に注目して調べてみよう．それには，モデルで再現される現象をスケールごとに分けて考えるのが簡便かつ有益なアプローチである．まず，$\mathbf{M}$ の固有値および固有ベクトルを $\phi_l, \mathbf{e}_l$ として，(2.74) 式をモード分解しよう．なお，ϕ_l および $\mathbf{e}_l$ の要素は複素数であることに注意されたい．

$$\frac{dx_l(t)}{dt} = \phi_l x_l(t) \qquad (l = 1, 2, \cdots, n) \tag{2.78}$$

ここで，$\mathbf{x}(t) = \sum_{i=1}^{n} x_i(t) \mathbf{e}_i$ である．同化期間を時刻 $t = 0$ から τ までとし，$t = 0$ における初期値を $\mathbf{x}_0$，ならびに $t = \tau/2$ における解析値を $\mathbf{x}^a = \mathbf{x}(\tau/2) + \Delta \mathbf{x}^a$ とする．また，初期値 $\mathbf{x}_0$ と解析インクリメント Δx^a をそれぞれ，$\mathbf{x}_0 = \sum_{i=1}^{n} b_i \mathbf{e}_i$，$\Delta \mathbf{x}^a = \sum_{i=1}^{n} d_i \mathbf{e}_i$ のようにモード分解しておく．

さらに，時刻 $t = \tau/2$ におけるモデル結果をそのまま解析値 $\mathbf{x}^a$ と置き換える，いわゆる間欠同化（intermittent assimilation）によって，時刻 $t = \tau$ までモデルを積分すると，その推定値 x_l^{INT} は以下のようになる．

$$x_l^{INT} = e^{\phi_l \tau} b_l + e^{\phi_l \tau/2} d_l \tag{2.79}$$

右辺第 1 項は初期の場が時間発展した結果であり，第 2 項が同化による修正項を表している．最初に述べたように，最適内挿法や 3 次元変分法等による解析値を同化すると，右辺第 2 項の修正項には高周波のノイズが含まれると予想される．

このような高周波ノイズはナッジング法や IAU のフィルター作用によって除去できるであろうか．2.3.3 節で述べたように，よりスケールの大きな低周波の変動については，一般的に解析値の信頼性は高いので，なるべくモデル結果に反映されることが望ましい．また，右辺第 1 項の初期値が時間発展した場は，当然そのまま保持されるべきである．

そこでまず，ナッジング法による同化結果について考えてみる．IAU と同条件にするために，時刻 $t = \tau/2$ における解析値 $\mathbf{x}^a$ を，時刻 $t = 0$ から τ まで同化する．このとき緩和時間を τ_N とすれば，各モード $x_l(t)$ の時間発展は

次式で記述できる．

$$\frac{dx_l(t)}{dt} = \tilde{\phi}_l x_l(t) + \frac{1}{\tau_N}\left(b_l e^{\phi_l \tau/2} + d_l\right) \quad (2.80)$$

ここで，$\tilde{\phi}_l = \phi_l - 1/\tau_N$ である．このとき，時刻 $t = \tau$ におけるナッジング法の推定値 x_l^{NUD} は次のようになる．

$$x_l^{NUD} = \left[1 + \frac{e^{\phi_l \tau/2}\left(1 - e^{-\tilde{\phi}_l \tau}\right)}{\tilde{\phi}_l \tau_N}\right] e^{\tilde{\phi}_l \tau} b_l + \frac{e^{\tilde{\phi}_l \tau} - 1}{\tilde{\phi}_l \tau_N} d_l \quad (2.81)$$

同様に，IAU におけるモード $x_l(t)$ の時間発展は次式で記述できる．

$$\frac{dx_l(t)}{dt} = \phi_l x_l(t) + \frac{1}{\tau} d_l \quad (2.82)$$

これより，時刻 $t = \tau$ における IAU の推定値 x_l^{IAU} は次のようになる．

$$x_l^{IAU} = e^{\phi_l \tau} b_l + \frac{e^{\phi_l \tau} - 1}{\phi_l \tau} d_l \quad (2.83)$$

(2.81) 式と (2.83) 式の右辺第 1 項は時刻 $t = 0$ における初期の場の時間発展（以下，背景項）を表し，第 2 項は各同化手法における修正項を表している．(2.81) 式と (2.83) 式の右辺第 1 項を (2.79) 式と比較すると，ナッジング法では背景項にも修正が及んでいる [*15] のに対し，IAU ではモデルの初期の場の時間発展はそのまま保持されている．

次に，修正項の特性を詳しく調べるために，間欠同化の結果とナッジング法および IAU による同化修正項の比をそれぞれ応答関数 R_i^{NUD}, R_i^{IAU} として定義する．

$$R_i^{NUD}(\phi_l, \tau) = \frac{re^{-r/2}\sinh\left(\tilde{\phi}_l \tau/2\right)}{\tilde{\phi}_l \tau/2} \quad (2.84)$$

$$R_i^{IAU}(\phi_l, \tau) = \frac{\sinh(\phi_l \tau/2)}{\phi_l \tau/2} \quad (2.85)$$

ここで，$r = \tau/\tau_N$ である．ϕ_l は複素数なので，$\phi_l \equiv \sigma_l + i\omega_l$ と書くことができる．σ_l はモード l の成長率，ω_l は周波数を表す．また，応答関数 R は振幅

[*15] 修正項と同様にして応答関数を定義することにより，背景項についてもフィルター特性を調べることができる（問題 2.8 参照）．

ρ と位相 θ を用いて，$R \equiv \rho e^{i\theta}$ と書ける．応答関数の振幅 ρ と位相 θ を，現象の周期 $2\pi/\omega$ の関数として図示したのが図 2.8 である．なお，現象は成長率 $\sigma_l = 0$ の中立モードとしている．図から，IAU では周期が同化期間 τ よりも短い高周波成分を効果的に除去していることが分かる．一方，ナッジング法では低周波成分についても振幅が減衰し，位相が遅れる傾向が見られる．

このように，線形のシステムに対して，ナッジング法よりも IAU の方がフィルター特性に優れていると言える．しかし，非線形性の強い現象に対しては，ここでの議論は成立せず，計算負荷の少ないナッジング法の方が利点の多い場合も考えられる．従って，対象とする現象や目的に応じて手法を選別する必要がある．

問題 2.8

ナッジング法の背景項について，修正項で行ったように応答関数を定義し，位相・周波数特性について議論せよ．

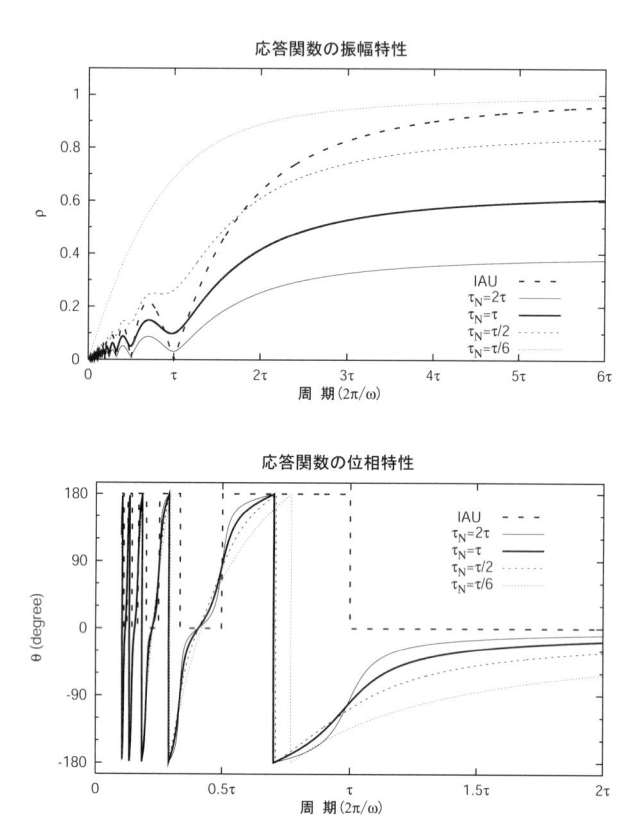

図 2.8 同化修正項の周波数・位相特性.

Column

リニアモーターカーの磁気シールド設計

本コラムでは，データ同化の基本技法である最適化が最近どのように発展し，また実際問題の解決にどのように利用されているのかを紹介しよう．近年，凸集合上で線形関数や凸2次関数を最小化する凸最適化の研究が進み，諸分野への応用が着実に広がっている (Boyd and Vandenberghe, 2004)．凸最適化の利点としては，最適化モデルとしての記述力がより高く，また理論・実用両方の意味で大域的最適解を効率よく求められることなどが挙げられる．現在日本で開発が進められている磁気浮上式列車（リニアモーターカー）の磁気シールドの設計（図コラム 2.1 参照）には，以下のような形で凸最適化が活用されている (Sasakawa and Tsuchiya, 2003; 土谷・笹川, 2005)．

磁気浮上式列車は超電導磁石によって浮上・推進する．超電導磁石は強力な磁場を発生するので，車体を強磁性体 (たとえば純鉄) からなるシールドで覆い，車内の乗客や機器を強力な磁場から遮蔽する必要がある．一方，経済性を考えると車体はできるだけ軽く作りたい．そこで，磁場を考慮してシールドの厚みを場所によって調整し，磁場が車内に洩れないという条件の下でシールドの重さを最小化するという最適設計問題を解くことが必要となる．

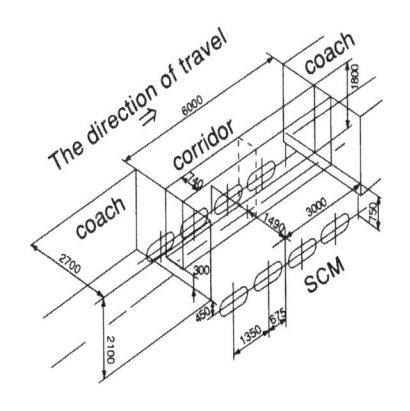

図コラム 2.1 磁気浮上式列車と超電導磁石の配置 (単位:ミリ).

シールド内の磁束の流れは近似的に車体表面上の 2 次元ベクトル場 $\vec{F}$ で表せる．外部からシールドに流入/流出する磁束の流れを $\vec{B}$ とすると，磁束の流れの保存則が成立し，さらに磁束の流れが $\vec{F}$ であるような場所では，少なく

Column

とも $\|\vec{F}\|$ に比例するだけの厚みが必要となるというモデリングができる．このようにして，シールドの重量 (体積に比例する) を最小化するよう厚みを設計する問題は

$$\left.\begin{array}{ll} 目的： & \int \|\vec{F}\| dS \to 最小化 \text{ (面積分はシールド表面上でとる)} \\ 条件： & \mathrm{div}\vec{F} = \vec{B} \end{array}\right\}$$

という凸最適化問題に定式化できる．ここで $\vec{B}$ は車体の形状および超電動磁石の仕様と配置によって定まり，静磁場問題を解いてあらかじめ与えられる．この問題を有限要素法によって離散化すると，2000 変数程度の最適化問題が得られるが，これはパソコンを使って 1 秒以下で厳密に解くことができ，さらにモデルの不確定性を考慮したさまざまなシナリオに対応して 1 万回程度解いて，頑健なシールド設計も可能である．このモデルは実際ともよく適合し，超電導磁石の配置の変更によるシールド軽量化の検討に役立っている．

データ同化分野の最適化問題は非線形でしかも百万変数以上の巨大なものである．この最適化問題に対し，共役勾配法や準ニュートン法などの最適化法が不可欠なものとして活用されている．また，データ同化のアジョイント法は，計算の分野でも高速自動微分法として同時期に提案され，現在では広く知られている手法である．80 年代後半には，自動微分法のワークショップでデータ同化の研究者が発表するなど両者の交流があったようである．

データ同化に現れる物理量や観測量には非負性や正定値性などの制約がある．これらの制約を無理なく扱うために，データ同化の研究者と計算分野の研究者が，ここで紹介したような凸最適化の最新の成果なども活用するべく，さらに新たな共同研究を積み重ねていくことができればと期待している．

CHAPTER 3 データの入手につれて逐次的に同化するカルマンフィルター・スムーザー

　本章では，制御工学を始めとする多くの分野で利用され，連続的最適同化手法の代表ともいえるカルマンフィルターおよびそれと対となって使用される最適スムーザーについて述べる．具体的には，3.1 節のカルマンフィルターの歴史的な背景も含めた導入部に続いて，3.2 節で予報誤差の時間発展に特色のあるカルマンフィルターの導出と工夫をこらした各種手法について紹介する．3.3 節では，カルマンフィルターと対である最適スムーザーについての定式化を紹介する．その後 3.4 節で，最近利用が増えている多数の実現値のアンサンブルを利用する手法について紹介する．最後に大規模な大気や海洋の変動に対する近似手法や事後評価方法，さらには非線形問題の処理方法など，実践的な解法を紹介する．

3.1　はじめに

　Kalman (1960) や Kalman and Bucy (1961) によって発表された最適制御理論であるカルマンフィルター (Kalman filter) は，月探査船の軌道制御に使用され，その有用性が広く認知されるようになった．その後，カルマンフィルターから派生した種々の最適スムーザーも含め，計算機の発展と共に応用範囲が広まり，現在では宇宙工学，制御工学，通信工学，さらには土木工学，統計

学，経済学などの分野でも利用されるようになっている（コラム参照）．地球科学の分野では，天気予報や海況予報に最適な予報モデルの初期値化や，時空間的に整合性のある解析データセットを作成する等の目的で，フィルター・スムーザー解法が導入され始めている．

カルマンフィルターに関する計算過程は 2 つに大別できる．一方の過程は観測データが得られた時刻に，線形最小分散推定の理論（1 章）に基いて観測データや数値モデルの結果より高精度な解析値を計算する部分である．もう一方はリカッチ方程式に基いて予報誤差の時間変化を計算する部分である．これらの作業を時間順に逐次的 (連続的) に行うことから，カルマンフィルターは逐次法あるいは連続法 (sequential method) の代表例とみなされている．観測データが得られる度に最適推定値 (解析値) を見積もるため，同化期間内の全ての観測データを記憶しておく必要はなく，連続的な予報計算に適している．逆に，フィルター手法では，事後に得られた観測情報が過去の解析値に反映されないため，時空間的に一貫性のある再解析データセットを作るという目的には不利である．新しい観測情報を過去の解析値に反映させるには，時間を遡って同化を実行するスムーザー手法が必要となる．

カルマンフィルターを実際の数値モデルに適用する際に問題となるのが，その膨大な演算量である．例えば，海洋大循環モデルの各格子点における予報変数の総計を $O(10^8)$ と仮定すると，予報誤差共分散行列には $O(10^{16})$ の記憶容量が必要となる．さらにその時間変化 (行列積) を得るには $O(10^{24})$ の演算回数が必要となり，カルマンフィルターを理論通りに適用することは現時点の最高性能の計算機でも実際問題として不可能である．そのため，カルマンフィルターを実際の数値モデルに適用するために様々な近似法が考案されている．

この節では，まず始めに，カルマンフィルターとその派生的なフィルターの導出を行い，時間後方フィルター（スムーザー）や非線形問題に対応するためのアンサンブル手法にも簡単に触れる．さらに，カルマンフィルター・スムーザーを大規模な数値モデルに適用するために不可欠な近似方法や各種誤差の推定と検証方法を紹介する．表 3.1 に代表的な手法の特徴をまとめる．

表 3.1　各種フィルタリング手法の分類

解法	線形性		正規性		計算負荷
	力学モデル	観測	力学モデル	観測	
カルマンフィルター (KF)	線形	線形	正規	正規	小
拡張カルマンフィルター (EKF)	線形	線形	正規	正規	中
アンサンブルカルマンフィルター (EnKF)	非線形	線形	非正規	正規	大
粒子フィルター (PF)	非線形	非線形	非正規	非正規	大

3.2　カルマンフィルター
3.2.1　モデル (力学的時間発展)

時空間的に離散化された線形力学モデルを次のように定義する.

$$\mathbf{x}_t^f = \mathbf{M}_{t-1}\mathbf{x}_{t-1}^a + \mathbf{G}_{t-1}\mathbf{w}_{t-1} \tag{3.1}$$

この式は，強制力（境界条件など）$\mathbf{w}_{t-1}$ の影響下で，時間ステップ $t-1$ から次の時間ステップ t へのモデル状態 $\mathbf{x}$ の変化を表している. $\mathbf{x}, \mathbf{w}$ はそれぞれ状態ベクトル (state vector) および 外力ベクトル (forcing vector) である. ここで，$\mathbf{M}$ は状態遷移行列 (state transition matrix), $\mathbf{G}$ は外力行列 (forcing matrix) を表し，太字の小文字と大文字はそれぞれベクトルと行列を表している. さらに，上付き符号 f は時刻 t におけるデータ同化以前の状態量を，a は同化（観測更新）後の状態量を示し，予報値 (forecasted estimates) および 解析値 (analyzed estimates) と呼ばれる場合もある. また，外力ベクトル $\mathbf{w}$ はモデルの境界条件に相当している.

数値モデルの時間積分（時間進行）の例として，$\mathbf{M} = \mathbf{M}_t$, $\mathbf{G} = \mathbf{G}_t$ のような，時間的に変化しない線形力学システム系での質点 m の強制振動 (減衰項付

き) を考えてみよう．この場合，支配方程式は，

$$\frac{dx}{dt} = v \tag{3.2}$$

$$m\frac{dv}{dt} = -kx - rv + w \tag{3.3}$$

のように表される．ここで，x は質点の位置，v はその速度，k は振動係数，r は減衰係数，w は強制力（外力）である．前方差分して (3.1) 式に即した行列表記にすると，

$$\begin{pmatrix} x_n \\ v_n \end{pmatrix} = \begin{pmatrix} 1 & \Delta t \\ -k\Delta t/m & 1 - r\Delta t/m \end{pmatrix} \begin{pmatrix} x_{n-1} \\ v_{n-1} \end{pmatrix} + \begin{pmatrix} 0 \\ \Delta t/m \end{pmatrix} w_{n-1} \tag{3.4}$$

となる．簡単化のため，本章では元の微分形（連続系）ではなく，数値解法に適した差分形（離散系）に特化してカルマンフィルターを導出する（同時に，離散化された時間インデックスも本章では n ではなく t で表記する点に注意されたい）．この例の予報変数は x と v の 2 つなので簡単に行列に表記できたが，海洋モデルに適用する場合には，各格子点の全ての予報変数の時間発展を記述しなければならず，状態遷移行列 **M** や外力行列 **G** の定義は容易ではない．このようなシステム行列を数値的に構築する方法は 3.5 節で紹介する．

問題 3.1
(3.2) 式と (3.3) 式を前方差分して (3.4) 式を導け．
問題 3.2
(3.4) 式において，各パラメーターを $m = 1.0$, $k = 0.5$, $r = 0.75$, $\Delta t = 1.0$ とすると，状態遷移行列と外力行列は以下のように表記できることを示せ．

$$\mathbf{M} = \begin{pmatrix} 1 & 1 \\ -0.5 & 0.25 \end{pmatrix}, \quad \mathbf{G} = \begin{pmatrix} 0 \\ 1 \end{pmatrix}$$

次に，$x_0 = 5.0$ および $v_0 = 0.0$ を初期値とし，強制力を $w_t = \sin(2\pi t/10)$ として，計算言語（FORTRAN など）を用いて，$t = 1, 2, \cdots, 20$ の数値解を求めよ．（図 3.1 のような結果になるはずである．）

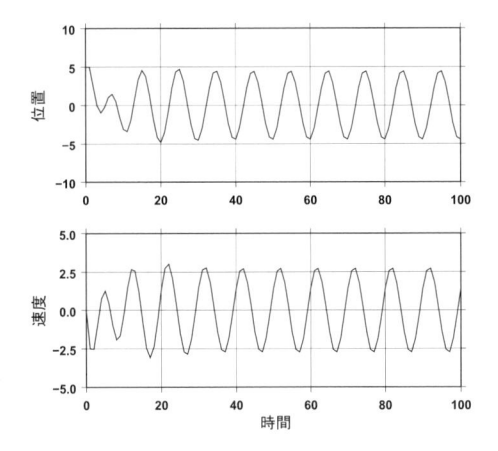

図 3.1 質点の強制振動における位置 x と速度 v の挙動.

3.2.2 カルマンフィルターの強みである予報誤差の時間発展

ある時間ステップ t における同化前と同化後の状態ベクトル $\mathbf{x}_t^f$, $\mathbf{x}_t^a$ と，真値 $\mathbf{x}_t^{\text{true}}$ との関係は，

$$\begin{aligned}\mathbf{x}_t^f &= \mathbf{x}_t^{\text{true}} + \mathbf{p}_t^f \\ \mathbf{x}_t^a &= \mathbf{x}_t^{\text{true}} + \mathbf{p}_t^a\end{aligned} \tag{3.5}$$

のように，それぞれの誤差 $\mathbf{p}_t^f$, $\mathbf{p}_t^a$ を用いて表すことができる．予報誤差共分散行列，解析誤差共分散はそれぞれ，

$$\begin{aligned}\mathbf{P}_t^f &= \left\langle \mathbf{p}_t^f \mathbf{p}_t^{fT} \right\rangle = \left\langle (\mathbf{x}_t^f - \mathbf{x}_t^{\text{true}})(\mathbf{x}_t^f - \mathbf{x}_t^{\text{true}})^T \right\rangle \\ \mathbf{P}_t^a &= \left\langle \mathbf{p}_t^a \mathbf{p}_t^{aT} \right\rangle = \left\langle (\mathbf{x}_t^a - \mathbf{x}_t^{\text{true}})(\mathbf{x}_t^a - \mathbf{x}_t^{\text{true}})^T \right\rangle\end{aligned} \tag{3.6}$$

のように与えられる．

真値の時間発展は (3.1) 式と同様に，

$$\mathbf{x}_t^{\text{true}} = \mathbf{M}\mathbf{x}_{t-1}^{\text{true}} + \mathbf{G}\mathbf{w}_{t-1} + \mathbf{\Gamma}\mathbf{q}_{t-1} \tag{3.7}$$

となる．ここで新しく加わった項 $\mathbf{\Gamma}\mathbf{q}_{t-1}$ は，時間発展に伴い混入したシステムノイズ（system noise, process noise）と呼ばれる誤差である．システムノ

イズに含まれる誤差は，外力の誤差，パラメーターの誤差，差分誤差など，様々な要因が考えられる．

さて，(3.1), (3.5), (3.7) 式を用いると，予報誤差共分散の時間発展を表すリヤプノフ方程式 (Lyapunov equation) が得られる．

$$\mathbf{P}_t^f = \mathbf{M}\mathbf{P}_{t-1}^a\mathbf{M}^T + \mathbf{\Gamma}\mathbf{Q}_{t-1}\mathbf{\Gamma}^T \tag{3.8}$$

ここで，システムノイズ $\mathbf{q}_t$ は時間的に無相関（白色誤差）なので（カルマンフィルターの重要な仮定），モデルの解析誤差 $\mathbf{p}_t^a$ とも無相関とみなした．なお，$\mathbf{Q}_t = \langle \mathbf{q}_t\mathbf{q}_t^T \rangle$ はシステムノイズの共分散行列である．他の文献では，(3.8) 式の右辺第 2 項 $\mathbf{\Gamma}\mathbf{Q}_{t-1}\mathbf{\Gamma}^T$ をまとめて $\mathbf{Q}_{t-1}$ と表記されていることもある．

リヤプノフ方程式 (3.8) は，同化が全く行われない場合での（つまり，$\mathbf{P}_{t-1}^a = \mathbf{P}_{t-1}^f$ のとき），モデルシミュレーションの予報誤差共分散行列（背景誤差共分散とみなせる）の時間発展を表している．また，(3.8) 式でシステムノイズ項（右辺第 2 項）の入力を省略し，代わって右辺第 1 項をスケール倍するという共分散膨張 (covariance inflation) と呼ばれる近似解法が利用されることもある．

問題 3.3
問題 3.2 で与えた初期値 x_0 と強制力 w_t が不正確で，それぞれ予想（期待）される誤差分散が 1.0, 0.25 であったとすると，初期誤差とシステムノイズの共分散行列は，以下のように表せることを示せ．

$$\mathbf{P}_0 = \begin{pmatrix} 1 & 0 \\ 0 & 0 \end{pmatrix}, \quad \mathbf{Q}_t = \begin{pmatrix} 0.25 \end{pmatrix}$$

システムノイズは強制力にのみ依存すると仮定し，$\mathbf{\Gamma} = \mathbf{G}$ とする．計算言語を用いて，リヤプノフ方程式 (3.8) を $t = 1, 2, \cdots, 20$ まで時間積分せよ．

3.2.3 カルマンフィルターの導出

時間 t における観測値（観測ベクトル）は，

$$\mathbf{y}_t = \mathbf{H}_t\mathbf{x}_t^{\text{true}} + \mathbf{r}_t \tag{3.9}$$

と表すことができる．$\mathbf{H}$ は観測行列 (observation matrix)，$\mathbf{r}$ は観測誤差ベクトルである．例えば，質点の強制振動において，その位置のみを計測する場

合は,

$$y_t = \begin{pmatrix} 1 & 0 \end{pmatrix} \begin{pmatrix} x_t^{\text{true}} \\ v_t^{\text{true}} \end{pmatrix} + r_t \tag{3.10}$$

のように行列表記できる. 観測行列 $\mathbf{H}$ は 2.1 節の最適内挿法で述べたように, 多くの場合はモデル格子点から観測点への空間内挿を表す行列であるが, さらに, モデル状態変数から観測変数に変換を行う役割も担うこともある.

同化後の最適推定値 (または, 解析値) $\mathbf{x}_t^a$ は, 1 章の線形最小分散推定理論に基づき, 次のように力学 (数値モデル) から得た $\mathbf{x}_t^f$ と観測値 $\mathbf{y}_t$ との最適な加重平均で求められる.

$$\mathbf{x}_t^a = \mathbf{x}_t^f + \mathbf{K}_t(\mathbf{y}_t - \mathbf{H}_t \mathbf{x}_t^f) \tag{3.11}$$

ここで, $\mathbf{K}_t$ は重み行列である. 右辺第 1 項は予報値 (predictior), 第 2 項は補正値 (corrector) で, そのうち観測とモデルの差である $(\mathbf{y}_t - \mathbf{H}_t \mathbf{x}_t^f)$ はイノベーション (innovation) と呼ばれている. 最適加重平均を与える行列 $\mathbf{K}_t$ は, (2.13) 式と同様に,

$$\mathbf{K}_t = \mathbf{P}_t^f \mathbf{H}_t^T (\mathbf{R}_t + \mathbf{H}_t \mathbf{P}_t^f \mathbf{H}_t^T)^{-1} \tag{3.12}$$

となる. カルマンフィルター法では, この行列 $\mathbf{K}_t$ を特にカルマンゲイン (Kalman gain) と呼ぶ. (2.16) 式の推定誤差 (解析誤差共分散行列) の関係式は, カルマンフィルターでは

$$\mathbf{P}_t^a = (\mathbf{I} - \mathbf{K}_t \mathbf{H}_t) \mathbf{P}_t^f \tag{3.13}$$

となる ($\mathbf{I}$ は単位行列). この関係式を使えばカルマンゲインは簡単に,

$$\mathbf{K}_t = \mathbf{P}_t^a \mathbf{H}_t^T \mathbf{R}_t^{-1} \tag{3.14}$$

と表示できる.

予報誤差の 3 式, すなわち, (3.8), (3.12), (3.13) 式は以下のように 1 つにまとめることができる.

$$\mathbf{P}_t^f = \mathbf{M}\{\mathbf{P}_{t-1}^f - \mathbf{P}_{t-1}^f \mathbf{H}_{t-1}^T (\mathbf{R}_{t-1} + \mathbf{H}_{t-1} \mathbf{P}_{t-1}^f \mathbf{H}_{t-1}^T)^{-1} \mathbf{H}_{t-1} \mathbf{P}_{t-1}^f\} \mathbf{M}^T + \mathbf{\Gamma} \mathbf{Q}_{t-1} \mathbf{\Gamma}^T \tag{3.15}$$

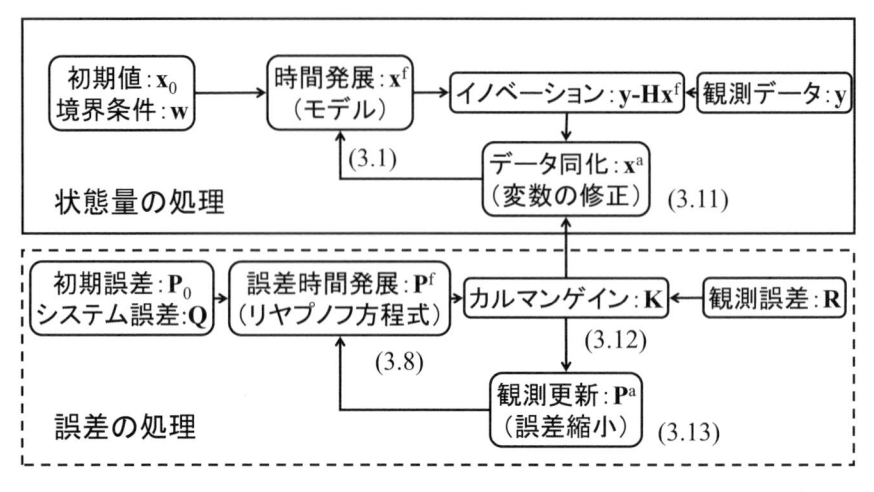

基礎編 3 章　データの入手につれて逐次的に同化するカルマンフィルター・スムーザー

```
状態量の処理
┌─────────────────────────────────────────────────────────┐
│ 初期値:x₀        時間発展:xᶠ     イノベーション:y-Hxᶠ   観測データ:y │
│ 境界条件:w  →   （モデル）    →                    ←             │
│                    ↑(3.1)           ↓                              │
│                   データ同化:xᵃ                                    │
│                  （変数の修正） (3.11)                             │
└─────────────────────────────────────────────────────────┘

誤差の処理
┌─────────────────────────────────────────────────────────┐
│ 初期誤差:P₀    誤差時間発展:Pᶠ   カルマンゲイン:K    観測誤差:R │
│ システム誤差:Q （リヤプノフ方程式）                   ←        │
│                    (3.8)         (3.12)                        │
│                                    ↓                           │
│                            観測更新:Pᵃ                         │
│                           （誤差縮小）(3.13)                   │
└─────────────────────────────────────────────────────────┘
```

図 3.2　カルマンフィルターによる同化の模式図．

　この式はリカッチ方程式 (Riccati equation) と呼ばれ，データ同化が行われた場合の予報誤差共分散行列の時間発展を表している．リカッチ方程式 (3.15) を踏まえると，数値モデルの状態量を直接用いずとも，誤差の時間発展を誤差の量だけで記述できることがわかる．

　(3.15) 式を (3.12) 式に代入し，(3.1) 式と (3.11) 式によってカルマンフィルターによる逐次的な最適化が行える．結局，ある時刻 t のカルマンフィルターによる最適推定の方法は，2.1 節の最適内挿法と本質的に変わらない．状態ベクトルの修正については (3.11) 式と (2.4) 式は同一の式であり，同化による誤差共分散行列の更新についても，(3.13) 式と (2.16) 式が一致している．カルマンフィルターと最適内挿法の違いは，リヤプノフ方程式 (3.8) あるいはリカッチ方程式 (3.15) によって，誤差の力学的な時間変化を記述するかどうかにつき．つまり，カルマンフィルターではモデルの力学に従った誤差共分散行列 $\mathbf{P}^f$ を用いてカルマンゲイン $\mathbf{K}$ を求めるのに対し，最適内挿法は統計的・経験的仮定から求めた背景誤差共分散行列 $\mathbf{B}$ を用いて，重み行列 $\mathbf{W}$ を求めている．この差がカルマンフィルターと最適内挿法の決定的な違いである．

　図 3.2 に，カルマンフィルターによる同化の実行手順，およびモデル予報変数と予報誤差の時間発展との関係をフローチャート的に示した．カルマンフィルターによる同化の心臓部であるカルマンゲインが，予報誤差共分散行列 $\mathbf{P}^f_t$

3.2 カルマンフィルター

と観測誤差共分散行列 $\mathbf{R}_t$ から導出される様子が分かるだろう．

問題 3.4
(3.12) 式から (3.14) 式を導け．

問題 3.5
(1) データ同化の時間間隔はモデルの時間ステップより長い場合が多い．そのような場合，状態遷移行列や外力行列も同化間隔に合わせて作成するほうが経済的である．データ同化の時間間隔を $2\Delta t$ と仮定して，$\mathbf{M}_{2\Delta t}$, $\mathbf{G}_{2\Delta t}$ を求めよ．
(2) 計算言語を用いて，(1) で求めた $2\Delta t$ のリヤプノフ方程式を $t = 2, 4, \cdots, 20$ まで時間積分せよ．その後，問題 3.3 の結果と比較し，なぜ結果が一致しないかを考察せよ．

問題 3.6
問題 3.2, 3.3, 3.5 の条件下の質点の強制振動 (3.4) 式の誤差共分散の時間変化は，リヤプノフ方程式 (3.8) とリカッチ方程式 (3.15) を用いて計算できる．観測誤差の期待値を $\mathbf{R} = 1.0$，システムノイズの相関時間を $2\Delta t$ としたときの両式による時間発展の結果は図 3.3 に示されている．図 3.3 から，リカッチ方程式から求めた誤差が同化の度に，リヤプノフ方程式から求めた誤差と乖離していく，つまり，リカッチ方程式から求めた誤差はデータ同化によって推定精度が向上し，リヤプノフ方程式の結果よりも誤差を小さくなっていく様子を確かめよ．

補遺：カルマンフィルターの力学的整合性
　最適な線形推定値を与えるカルマンフィルターであるが，力学的に完全な整合性が認められているわけではない．例えば，同化ステップ毎に状態ベクトルが修正された，いわゆるノコギリ型の推定結果は，現実的な時間変化からほど遠い．また，システムを制御する外力項に対して，現実には未だ修正されていない．カルマンフィルターの最適性は，あくまでも現況解析 (nowcast) や予報初期値 (initialization) に対し保証されるのみで，首尾一貫した力学状態を得るには 3.3 節の最適スムーザー手法を用いねばならない．

3.2.4　非線形モデルで使用できる拡張カルマンフィルター

　ここまでは線形のシステム (3.1) 式に対する最適推定値を求めたが，海洋循環モデルは一般に非線形項を含んでいる．そこで，非線形モデルでもある程度の推定ができるよう，カルマンフィルターの応用法について紹介しよう (Gelb,

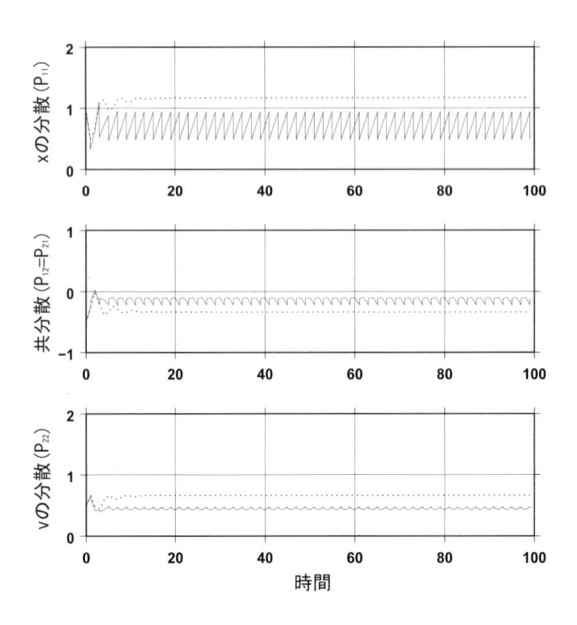

図 3.3 質点の強制振動における推定誤差の挙動. 破線: リヤプノフ方程式（データ同化なし），実線: リカッチ方程式（データ同化あり).

1974).

非線形力学モデルを次のように定義する.

$$\mathbf{x}_t^f = M(\mathbf{x}_{t-1}^a) + \mathbf{G}\mathbf{w}_{t-1} \tag{3.16}$$

M は (2.51) 式と同様，離散系で非線形項を含んだ状態遷移演算子である．さらに，真の状態を次のように仮定する.

$$\mathbf{x}_t^{\text{true}} = M(\mathbf{x}_{t-1}^{\text{true}}) + \mathbf{G}\mathbf{w}_{t-1} + \mathbf{\Gamma}\mathbf{q}_{t-1} \tag{3.17}$$

(3.5) 式をふまえて，(3.16) 式と (3.17) 式の差をとると,

$$\mathbf{p}_t^f = M(\mathbf{x}_{t-1}^a) - M(\mathbf{x}_{t-1}^{\text{true}}) - \mathbf{\Gamma}\mathbf{q}_{t-1} \tag{3.18}$$

$M(\mathbf{x}_t^a)$ を $\mathbf{x}_t^{\text{true}}$ の近傍でテーラー展開すると,

$$\begin{aligned} M(\mathbf{x}_t^a) = \\ M(\mathbf{x}_t^{\text{true}}) + \frac{\partial M(\mathbf{x}_t^{\text{true}})}{\partial \mathbf{x}_t^{\text{true}}}(\mathbf{x}_t^a - \mathbf{x}_t^{\text{true}}) + \frac{1}{2}\frac{\partial^2 M(\mathbf{x}_t^{\text{true}})}{\partial (\mathbf{x}_t^{\text{true}})^2}(\mathbf{x}_t^a - \mathbf{x}_t^{\text{true}})^2 + \cdots \end{aligned} \tag{3.19}$$

上式を (3.18) 式に代入し高次の項を無視すると，

$$\mathbf{p}_t^f \approx \frac{\partial M(\mathbf{x}_t^{\text{true}})}{\partial \mathbf{x}_t^{\text{true}}} \mathbf{p}_{t-1}^a - \mathbf{\Gamma} \mathbf{q}_{t-1} \quad (3.20)$$

と近似できる．ここで，$\partial M(\mathbf{x}_t^{\text{true}})/\partial \mathbf{x}_t^{\text{true}} = \mathbf{M}$ と表せば，前節の線形システムと同様に非線形の問題を取り扱うことが可能となる．この場合，観測データの取り込みに関しても，非線形演算子 $H(\mathbf{x}_t)$ を基準値（平均値など）の周りで線形化することが多い．

以上のようなカルマンフィルターの定式をほとんど変更することなく，非線形問題の線形摂動を計算する近似手法を，拡張カルマンフィルター (extended Kalman filter) と呼んでいる．拡張カルマンフィルターでは非線形項を一次近似しているため（高次の項を無視しているため），線形不安定が生じる可能性があり注意が必要である．

3.2.5 より幅広く推定できる適応フィルター

カルマンフィルターを拡張した適応フィルター (adaptive filter) により，モデルのパラメーターやバイアスなどの時間不変量も推定できる．方法は単純で，

$$\mathbf{z}_t = \begin{pmatrix} \mathbf{x}_t \\ \mathbf{b} \end{pmatrix} \quad (3.21)$$

のように，推定したい定数（バイアス項）$\mathbf{b}$ を状態変数に加えるだけである．

当然，各システム行列にも同様の変更が必要である．例えば適応フィルターでの遷移行列は

$$\mathbf{M}_B = \begin{pmatrix} \mathbf{M} & \mathbf{0} \\ \mathbf{0} & \mathbf{I} \end{pmatrix} \quad (3.22)$$

となる．対応する各行列も $\mathbf{b}$ の分だけ拡張すれば，一連のカルマンフィルターの定式をそのまま利用できる．ただし，時間変化しない定数の推定問題なので，通常は初期誤差のみを与え，システムノイズは加えない．このようにすれば，データ同化の度にパラメーターやバイアスの誤差が小さくなる（精度が向上する）と期待できる．

しかし，(3.22) 式のように，非対角成分がゼロの大きな遷移行列を定義するのは計算効率上無駄が多い．そこで，Friedland (1969; 1978) は分離フィル

ター (separate-bias filter, two-stage filter) を提案した．この説によれば，状態遷移行列 $\mathbf{M}$ による力学発展部分と，追加したバイアス推定部分を分離して計算しても，適応フィルターと等価な結果が得られることが証明できるので，パラメーターやバイアスの推定には適応フィルターよりも簡便である．Dee and Da Silva (1998) のバイアス推定方法も分離フィルターの一種である．

繰り返すが，以上で紹介したカルマンフィルターとその派生解法は，線形問題の最適解を保証するのみで，たとえ力学系が線形であっても，推定しようとする時間不変量 $\mathbf{b}$ と時間変動する支配変数 $\mathbf{x}$ との関係が非線形であれば，適応フィルター（分離フィルター）の解は信頼できない点に注意すべきである．

3.2.6　うまく仮定すると計算量を減らせる定常カルマンフィルター

データが時空間的に一定間隔で入力され，すべてのシステム行列や誤差共分散が定常とみなせるとき，誤差共分散行列 $\mathbf{P}_t$ もまた一定値に収束することが知られている（図 3.3 はその例である）．このような場合，定常な行列 $\mathbf{P}$ を事前に計算しておくと，同化の度に計算する必要はなくなる．

Anderson and Moore (1979) はリカッチ方程式 (3.15) の定常解を加速度的に早く求めることができる倍化法 (doubling algorithm) を提案した．倍化法を用いれば，時刻 t における予報誤差共分散 $\mathbf{P}_t^f$ から，時刻 $2t$ における誤差共分散 $\mathbf{P}_{2t}^f$ を直接求めることができる．すなわち，

$$\begin{aligned}\mathbf{\Phi}_1 &= \mathbf{M}^T \\ \mathbf{\Psi}_1 &= \mathbf{H}^T \mathbf{R}^{-1} \mathbf{H} \\ \mathbf{\Theta}_1 &= \mathbf{\Gamma} \mathbf{Q} \mathbf{\Gamma}^T\end{aligned} \tag{3.23}$$

を初期値として，

$$\begin{aligned}\mathbf{\Phi}_{n+1} &= \mathbf{\Phi}_n (\mathbf{I} + \mathbf{\Psi}_n \mathbf{\Theta}_n)^{-1} \mathbf{\Phi}_n \\ \mathbf{\Psi}_{n+1} &= \mathbf{\Psi}_n + \mathbf{\Phi}_n (\mathbf{I} + \mathbf{\Psi}_n \mathbf{\Theta}_n)^{-1} \mathbf{\Psi}_n \mathbf{\Phi}_n^T \\ \mathbf{\Theta}_{n+1} &= \mathbf{\Theta}_n + \mathbf{\Phi}_n^T \mathbf{\Theta}_n (\mathbf{I} + \mathbf{\Psi}_n \mathbf{\Theta}_n)^{-1} \mathbf{\Phi}_n\end{aligned} \tag{3.24}$$

を繰り返し，$\mathbf{\Theta}_{n+1} \approx \mathbf{\Theta}_n$ となったところで計算を終了する．ここで，

$$\mathbf{P}_{t=2^n}^f = \mathbf{\Theta}_n \tag{3.25}$$

である．しかし，後述する可制御性 (controllability) や可観測性 (observability) に問題があると収束値は得られない．シミュレーション（非同化）の場合

の誤差共分散 $\mathbf{B}$ についても，同様に倍化法を利用してその漸近解を得ることができる．($\mathbf{\Psi}_n = 0$ とする．)

結局，誤差共分散が定常になると，カルマンゲインも定常 ($\mathbf{K} \approx \mathbf{K}_t$) になり，経済的なデータ同化が可能となる．以上の定常なゲイン行列による同化解法は実はウィナーフィルター (Wiener filter) に帰着する (Wiener, 1949)．ウィナーフィルターとは定常な連続系 (continuous system) あるいは微分形に対して最適な推定値を与える解法であり，離散系 (discrete system) あるいは差分形の解法も Kolmogorov (1941) によって提出されている．歴史的には，カルマンフィルターはこうした 1940 年代の定常フィルターを発展させ，非定常システムでも最適解を与えることができるように改良したフィルターであると言える．

なお，定常近似したゲイン行列は，結果的に最適内挿法（2.3 節）に類似する場合がある．しかし，両者には力学の取り扱いにおいて決定的な差異がある．最適内挿法では主観的に物理関係を仮定する（地衡流の関係など）のに対し，カルマンフィルターではあくまでも誤差伝搬の方程式に従って共分散行列を決定するので，入力と消散のエネルギー収支がバランスした力学的定常状態が求められ，最適内挿法よりも正確なゲイン行列を一般に得ることができる．その実例を 7 章で示す．

カルマンフィルターには，可制御性 (controllability) と可観測性 (observability) という重要な概念がある．可制御性とは，ある期間のシステムノイズ $\mathbf{q}$ を加減すれば，その後の状態ベクトル $\mathbf{x}$ をいかようにも調節できることである．可観測性も同様に，ある期間に観測データが存在すれば，その後の状態 $\mathbf{x}$ を知ることができることを意味する．可制御性と可観測性はカルマンフィルターが安定に作動するための必須条件である (片山，2000 など)．

しかし，可制御性と可観測性を厳密に調査するのは煩雑なので，(3.11) 式を (3.1) 式に代入して，観測データや外力を省略して得られる

$$\mathbf{x}_t^f = \mathbf{M}(\mathbf{I} - \mathbf{KH})\mathbf{x}_{t-1}^f \tag{3.26}$$

の安定性を確認するのが簡便である．すなわち，$\mathbf{M}(\mathbf{I} - \mathbf{KH})$ の固有値を調査し，$0 \sim 1$ の範囲内であれば，そのシステムは安定に動作するとみなせるが，1 を超える固有値が存在すると，状態量や誤差は加速度的に増大し，システムは不安定になる．

3.3 時間を遡るスムーザー

カルマンフィルターは時間前方フィルター (forward filter)，つまり連続法（逐次法）の中で最良の解を与える同化手法であるが，力学的に一貫性のある時系列解を得るためには時間後方フィルター (backward filter)，つまりスムーザーの助けが必要である．スムーザーは時刻 t 以前だけでなく，t 以後に得られた観測情報も用いて，t における最適な状態を推定する手法である (図 3.4)．フィルターより多くの観測データを使用することから，スムーザーの精度はフィルターの精度よりも一般に向上する．

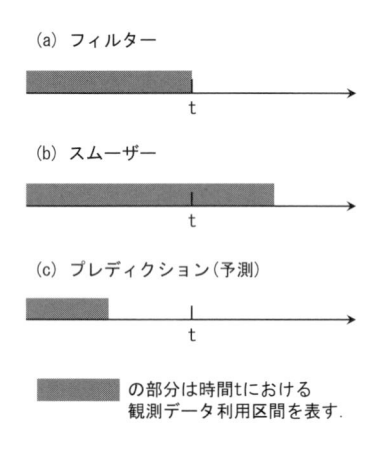

図 3.4 時刻 t における各種推定問題．(a) フィルター，(b) スムーザー，(c) 予測（プレディクション）

線形モデルに対する最適スムーザーは，固定点，固定ラグ，固定区間の 3 種類のスムーザーに分類することができる (図 3.5)．固定点スムーザーはある時刻の状態のみを推定対象とするスムーザーであり，ある期間の状態変化を推定する固定ラグや固定区間スムーザーは，固定点スムーザーをより一般化した解法であると言える．

本節ではそれぞれの代表的な解法を紹介する．なお，一連の最適スムーザーを考案したのは Rudolf E. Kalman 博士ではなく後世の研究者なので，スムーザー解法を一般的にカルマンスムーザーと呼ぶのは実は適切ではない．しか

3.3 時間を遡るスムーザー

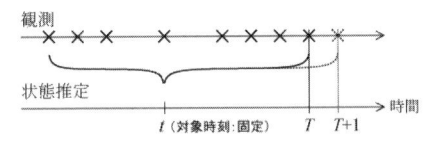

(a) 固定点スムーザー
観測
状態推定
t (対象時刻:固定)　T　$T+1$　時間

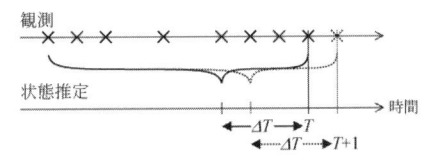

(b) 固定ラグスムーザー
観測
状態推定
$\Delta T \to T$
$\Delta T \dashrightarrow T+1$
時間

(c) 固定区間スムーザー
観測
状態推定
$0 \longleftarrow t \longrightarrow T$ (期間一定)
時間

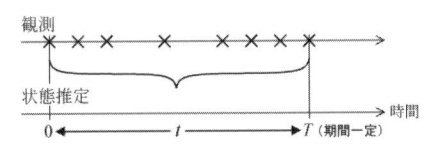

図 3.5　最適スムーザーの違い．(a) 固定点スムーザー，(b) 固定ラグスムーザー，(c) 固定区間スムーザー．点線は逐次処理（次ステップ）を表す．

し，一部のスムーザーはカルマンフィルターの発展形と位置づけ，カルマンスムーザーと呼ばれている．

3.3.1 固定点スムーザー

固定点スムーザー (fixed-point smoother) は一定期間 ($t = 1 \sim T$) の観測を用いて，期間内のある特定の時刻 t ($1 \leq t \leq T$) の最適な状態を推定する方法である (図 3.5a)．つまり，対象とする時刻が限られている場合に有効な手法である．4 章で紹介する（強拘束の）アジョイント法は多くの場合，反復解法によって初期状態を推定する一種の固定点スムーザーであるということもできる．

入力情報が徐々に増え，観測データの最終時刻 T ($T \geq t$) が変化するとい

う，より一般的な場合でも，

$$\mathbf{x}_{t|T}^a = \mathbf{x}_{t|T-1}^a + \mathbf{K}_{t|T}^a \left(\mathbf{y}_T - \mathbf{H}_T \mathbf{x}_T^f\right) \tag{3.27}$$

$$\mathbf{K}_{t|T}^a = \mathbf{\Omega}_{t|T-1} \mathbf{H}_T^T (\mathbf{R}_T + \mathbf{H}_T \mathbf{P}_T^f \mathbf{H}_T^T)^{-1} \tag{3.28}$$

$$\mathbf{\Omega}_{t|T} = \mathbf{\Omega}_{t|T-1} \left(\mathbf{I} - \mathbf{K}_T \mathbf{H}_T\right)^T \mathbf{M}_T^T \tag{3.29}$$

$$\mathbf{P}_{t|T}^a = \mathbf{P}_{t|T-1}^a - \mathbf{\Omega}_{T|T-1} \mathbf{H}_T^T (\mathbf{K}_{t|T}^a)^T \tag{3.30}$$

を逐次処理すれば最適解が得られる．ここで，T は観測データの入力時刻 ($T \geq t$) を示す．例えば下付きの $t|T$ は，時刻 T までの観測データを反映した時刻 t の推定値を意味する．繰り返し計算の初期値には前方フィルターの予報値を利用する．

$$\mathbf{x}_{t|t-1}^a = \mathbf{x}_t^f \tag{3.31}$$

$$\mathbf{\Omega}_{t|t-1} = \mathbf{P}_t^f \tag{3.32}$$

紙面の制約上，上式の導出は割愛するが，前方フィルター（カルマンフィルター）と類似した逐次法によって，固定時刻 t の状態推定精度を向上できる点に留意してほしい．固定点スムーザーは固定ラグスムーザーや固定区間スムーザーの特殊例として得ることもでき，逆に固定点スムーザーを一般化することで固定ラグ・区間スムーザーを導出することもできるので，余力のある読者は挑戦されたい．

3.3.2 固定ラグスムーザー

固定ラグスムーザー (fixed-lag smoother) は，観測が得られた時刻から一定間隔を空けた過去の時刻における最適な状態を推定する方法である（図3.5b）．例えば，人は会話の内容を認識するとき，ある程度まとまった情報を得て相手の話を理解する．つまり，連続的に入力される情報を解釈するために，一定の時間差（ラグ）を必要とするわけである．

入力情報の最終時刻を T，推定対象期間を $t = T-1, \cdots, T-\Delta T$（$\Delta T$ はラグの大きさ）とすると，固定ラグスムーザーは下記のように表記できる (Cohn, 1994)．

$$\mathbf{x}^a_{t|T} = \mathbf{x}^a_{t|T-1} + \mathbf{S}_t \left(\mathbf{y}_T - \mathbf{H}_T \mathbf{x}^f_T \right) \tag{3.33}$$

$$\mathbf{S}_t = \mathbf{P}^{af}_{t|T-1} \mathbf{H}_T^T \left(\mathbf{R}_T + \mathbf{H}_T \mathbf{P}^f_T \mathbf{H}_T^T \right)^{-1} \tag{3.34}$$

$$\mathbf{P}^{af}_{t|T-1} = \mathbf{P}^{aa}_{t-1|T-1} \mathbf{M}^T_{T-1} \tag{3.35}$$

$$\mathbf{P}^a_{t|T} = \mathbf{P}^a_{t|T-1} - \mathbf{P}^{af}_{t|T-1} \mathbf{H}_T^T \mathbf{S}_t^T \tag{3.36}$$

$$\mathbf{P}^{aa}_{t|T} = \mathbf{P}^{af}_{t|T-1} - \mathbf{P}^{af}_{t|T-1} \mathbf{H}_T^T \mathbf{K}_T^T \tag{3.37}$$

ここで，$\mathbf{P}^{af}_{t|T}$，$\mathbf{P}^{aa}_{t|T}$ は，推定対象時刻 t における解析誤差と，最終時刻 T における予報誤差あるいは解析誤差との相互共分散行列 (cross-covariance matrix)

$$\mathbf{P}^{af}_{t|T} = \left\langle \left(\mathbf{x}^{\text{true}}_t - \mathbf{x}^a_{t|T-1} \right) \left(\mathbf{x}^{\text{true}}_T - \mathbf{x}^f_T \right)^T \right\rangle \tag{3.38}$$

$$\mathbf{P}^{aa}_{t|T} = \left\langle \left(\mathbf{x}^{\text{true}}_t - \mathbf{x}^a_{t|T-1} \right) \left(\mathbf{x}^{\text{true}}_T - \mathbf{x}^a_T \right)^T \right\rangle \tag{3.39}$$

である．$\mathbf{S}$ をラグスムーザーのスムザーゲイン行列 (smoother gain matrix) と呼ぶ．上式から明らかなように，固定ラグスムーザーもカルマンフィルターと類似した時間発展と同化を逐次的に処理する解法である．ただし，(3.36) 式からわかるように，未来の観測値が増える度に過去の特定の時刻 t における推定誤差が単調減少する点が，カルマンフィルターと明確に異なる．

3.3.3 固定区間スムーザー

固定区間スムーザー (fixed-interval smoother) は，ある決められた期間内における全ての観測値を用いて，この期間内における最適な状態を推定する方法である (図 3.5c)．強拘束のアジョイント法はシステムノイズを 0 としたときの固定区間スムーザーであり，また，弱拘束のアジョイント法はシステムノイズを考慮したときの固定区間スムーザーである．そのため，同化手法の性能比較として，カルマンフィルターとアジョイント法を比較している文献が見受けられるが，本来なら固定区間スムーザーとアジョイント法の結果を比較するのが正しい．

固定区間スムーザーの代表である RTS スムーザー (Rauch *et al.*, 1965) を導出してみよう．固定区間スムーザーの場合は，解析の最終時刻 T を固定す

る．時刻 t から T までの (3.27) 式の総和をとると，

$$\begin{aligned}
\mathbf{x}_{t|T}^a &= \mathbf{x}_t^a + \sum_{n=t+1}^{T} \mathbf{K}_{t|n}^a \left(\mathbf{y}_n - \mathbf{H}_n \mathbf{x}_n^f\right) \\
&= \mathbf{x}_t^a + \sum_{n=t+1}^{T} \mathbf{P}_t^f \mathbf{N}_{t|n}^T (\mathbf{R}_n + \mathbf{H}_n \mathbf{P}_n^f \mathbf{H}_n^T)^{-1} \left(\mathbf{y}_n - \mathbf{H}_n \mathbf{x}_n^f\right) \quad (3.40) \\
&= \mathbf{x}_t^f + \sum_{n=t}^{T} \mathbf{P}_t^f \mathbf{N}_{t|n}^T (\mathbf{R}_n + \mathbf{H}_n \mathbf{P}_n^f \mathbf{H}_n^T)^{-1} \left(\mathbf{y}_n - \mathbf{H}_n \mathbf{x}_n^f\right) \quad (3.41)
\end{aligned}$$

となる．ここで，

$$\begin{aligned}
\mathbf{N}_{t|n} = \mathbf{H}_n &\times \mathbf{M}_{n-1}(\mathbf{I} - \mathbf{K}_{n-1}\mathbf{H}_{n-1}) \\
&\times \mathbf{M}_{n-2}(\mathbf{I} - \mathbf{K}_{n-2}\mathbf{H}_{n-2}) \\
&\cdots \\
&\times \mathbf{M}_t(\mathbf{I} - \mathbf{K}_t \mathbf{H}_t) \quad (3.42)
\end{aligned}$$

である．

(3.41) 式の t を $t-1$ に置きかえると，

$$\begin{aligned}
\mathbf{x}_{t-1|T}^a &= \mathbf{x}_{t-1}^a + \sum_{n=t}^{T} \mathbf{P}_{t-1}^f \mathbf{N}_{t-1|n}^T (\mathbf{R}_n + \mathbf{H}_n \mathbf{P}_n^f \mathbf{H}_n^T)^{-1} \left(\mathbf{y}_n - \mathbf{H}_n \mathbf{x}_n^f\right) \\
&= \mathbf{x}_{t-1}^a + \mathbf{P}_{t-1}^a \mathbf{M}_{t-1}^T (\mathbf{P}_t^f)^{-1} \sum_{n=t}^{T} \mathbf{P}_t^f \mathbf{N}_{t|n}^T (\mathbf{R}_n + \mathbf{H}_n \mathbf{P}_n^f \mathbf{H}_n^T)^{-1} \left(\mathbf{y}_n - \mathbf{H}_n \mathbf{x}_n^f\right) \\
&= \mathbf{x}_{t-1}^a + \mathbf{P}_{t-1}^a \mathbf{M}_{t-1}^T (\mathbf{P}_t^f)^{-1} \left(\mathbf{x}_{t|T}^a - \mathbf{x}_t^f\right) \quad (3.43)
\end{aligned}$$

以上では，式の展開途中で (3.13) 式を用いた．この (3.43) 式が RTS 固定区間スムーザーを表す式である．誤差共分散行列も同様に，

$$\mathbf{P}_{t-1|T}^a = \mathbf{P}_{t-1}^a + \mathbf{S}_{t-1} \left(\mathbf{P}_{t|T}^a - \mathbf{P}_t^f\right) \mathbf{S}_{t-1}^T \quad (3.44)$$

$$\mathbf{S}_{t-1} = \mathbf{P}_{t-1}^a \mathbf{M}_{t-1}^T (\mathbf{P}_t^f)^{-1} \quad (3.45)$$

のように与えられる．$\mathbf{S}$ は固定区間スムーザーのスムーザーゲイン行列 (smoother gain matrix) である．

RTS スムーザーは，まず $t=1$ から $t=T$ の固定期間でカルマンフィルターを適用した後，(3.43) 式と (3.44) 式を繰り返して時間を遡る逆方向のフィル

ター (backward filter) であると言える．すでに観測の情報は前方フィルターの推定値 (filtered estimate) $\mathbf{x}_{t-1}^a$ に含まれているので，この後方スムーザーの計算では改めて観測データを入力しない点に注意されたい．

さらに (3.11) 式を (3.43) 式へ代入すると，

$$\mathbf{x}_{t-1|T}^a - \mathbf{x}_{t-1}^f = \mathbf{S}_{t-1}\left(\mathbf{x}_{t|T}^a - \mathbf{x}_t^f\right) + \mathbf{K}_{t-1}\left(\mathbf{y}_{t-1} - \mathbf{H}\mathbf{x}_{t-1}^f\right) \quad (3.46)$$

$\mathbf{u}_t = \mathbf{x}_{t|T}^a - \mathbf{x}_t^f, \Delta\mathbf{x}_t = \mathbf{K}_t\left(\mathbf{y}_t - \mathbf{H}\mathbf{x}_t^f\right)$ と定義すれば，

$$\mathbf{u}_{t-1} = \mathbf{S}_{t-1}\mathbf{u}_t + \Delta\mathbf{x}_{t-1} \quad (3.47)$$

と変形できる．従って，前方フィルターを実行する際，フィルター推定値 $\mathbf{x}_t$ を保存しておく代わりに，インクリメント $\Delta\mathbf{x}_t$ を保存しておいても，RTS スムーザーを実行できる．

なお，(3.45) 式中の逆行列計算 $(\mathbf{P}_t^f)^{-1}$ は数値不安定を引き起こしやすいので，Mayne-Fraser (1966, 1969) の解法等のより安定なアルゴリズムが考案されている．

問題 3.7
(3.44) 式を導出せよ．

3.3.4 定常スムーザー

前方フィルター (forward filter) の場合と同様，各システム行列 $\mathbf{M}$, $\mathbf{G}$, $\mathbf{\Gamma}$, $\mathbf{H}$ が定常ならば，各種最適スムーザーの誤差共分散やゲイン行列も一定値に収束する．つまり，$t, T \to \infty$ のとき，

$$\mathbf{P}_t^f \to \mathbf{P}^f \quad (3.48)$$
$$\mathbf{P}_t^a \to \mathbf{P}^a \quad (3.49)$$

なので，例えば RTS スムーザーのスムーザーゲイン $\mathbf{S}_t$ は，

$$\mathbf{S}_t \to \mathbf{P}^a \mathbf{M}^T (\mathbf{P}^f)^{-1} = \mathbf{S} \quad (3.50)$$

となる．従って，スムーザーの漸近定常誤差共分散行列を計算する際にも，倍化法が威力を発揮するので利用するとよい．

3.3.5 外力の推定

予報モデルのシステムノイズ $\mathbf{q}_t$ を外力の形で与えていれば (つまり，$\boldsymbol{\Gamma} = \mathbf{G}$ のとき)，最適スムーザーによって (逆問題の解として) より正確な外力の推定ができる．外力以外の形 ($\boldsymbol{\Gamma} \neq \mathbf{G}$) ならば，それに則した形式で $\mathbf{q}_t$ が推定できる．制御問題など，場合によっては状態ベクトル $\mathbf{x}$ の推定以上に，この外力ベクトル $\mathbf{w}_t$ (あるいは $\mathbf{q}_t$) の修正が対象となる場合も多い．海洋モデルでは，外力としての境界条件を修正する問題が代表的である．

RTSスムーザーによる外力の推定は，例えば以下の式により計算できる (Bryson and Ho, 1975)．

$$\mathbf{q}^a_{t-1|T} = \mathbf{q}_{t-1} + \mathbf{T}_{t-1}\left(\mathbf{x}^a_{t|T} - \mathbf{x}^f_t\right) \tag{3.51}$$

$$\mathbf{Q}^a_{t-1|T} = \mathbf{Q}_{t-1} + \mathbf{T}_{t-1}\left(\mathbf{P}^a_{t|T} - \mathbf{P}^f_t\right)\mathbf{T}^T_{t-1} \tag{3.52}$$

ここで，$\mathbf{T}_{t-1}$ は制御問題に対するスムーザーゲイン行列であり，

$$\mathbf{T}_{t-1} = \mathbf{Q}_{t-1}\boldsymbol{\Gamma}^T_{t-1}(\mathbf{P}^f_t)^{-1} \tag{3.53}$$

と表せる．

線形システムで観測間隔が時空間的に規則的な場合，(3.52) 式と (3.53) 式もまた漸近解を持つことが多い．この場合，$t \to \infty$ のとき，$\mathbf{T}_t \to \mathbf{T}$，$\mathbf{Q}^a_{t|T} \to \mathbf{Q}^a$ となり得るので，事前に定常解を求めてから (3.51) 式を実行する方が経済的である．

3.4 応用能力に長けたアンサンブルカルマンフィルター・スムーザー

3.2節でみたように，真値の時間発展式と観測の方程式が (3.7) 式と (3.9) 式のように与えられるとき，カルマンフィルターを用いて逐次的に最適同化ができる．すなわち，同化前・後の状態ベクトル $\mathbf{x}^f_t, \mathbf{x}^a_t$ ならびに予報および解析誤差共分散行列 $\mathbf{P}^f_t, \mathbf{P}^a_t$ に対して，モデルと予報誤差共分散の時間発展を記述する (3.1) 式および (3.8) 式と，観測データの同化の式 (3.11)-(3.13) 式を逐次的に使用する．これら2組の状態ベクトルと誤差共分散行列は，真値の確率分布が正規分布だとみなした場合の平均値と共分散行列を表している．すなわ

ち，観測値 $\mathbf{y}_{1:t-1} \equiv \{\mathbf{y}_1, \cdots, \mathbf{y}_{t-1}\}$ および $\mathbf{y}_{1:t} \equiv \{\mathbf{y}_1, \cdots, \mathbf{y}_{t-1}, \mathbf{y}_t\}$ のもとでの $\mathbf{x}_t^{\mathrm{true}}$ の確率密度関数はそれぞれ，

$$p\left(\mathbf{x}_t^{\mathrm{true}}|\mathbf{y}_{1:t-1}\right) = \frac{1}{(2\pi)^{n/2}\left|\mathbf{P}_t^f\right|^{1/2}} \exp\left[-\frac{1}{2}\left(\mathbf{x}_t^{\mathrm{true}} - \mathbf{x}_t^f\right)^T \left(\mathbf{P}_t^f\right)^{-1} \left(\mathbf{x}_t^{\mathrm{true}} - \mathbf{x}_t^f\right)\right]$$
(3.54)

$$p\left(\mathbf{x}_t^{\mathrm{true}}|\mathbf{y}_{1:t}\right) = \frac{1}{(2\pi)^{n/2}\left|\mathbf{P}_t^a\right|^{1/2}} \exp\left[-\frac{1}{2}\left(\mathbf{x}_t^{\mathrm{true}} - \mathbf{x}_t^a\right)^T \left(\mathbf{P}_t^a\right)^{-1} \left(\mathbf{x}_t^{\mathrm{true}} - \mathbf{x}_t^a\right)\right]$$
(3.55)

と表せる (n は状態ベクトルの次元)．

以上の関係式は，確率分布に対して一般的に成り立つ等式

$$p\left(\mathbf{x}_t^{\mathrm{true}}|\mathbf{y}_{1:t-1}\right) = \int_{-\infty}^{\infty} p\left(\mathbf{x}_t^{\mathrm{true}}|\mathbf{x}_{t-1}^{\mathrm{true}}, \mathbf{y}_{1:t-1}\right) p\left(\mathbf{x}_{t-1}^{\mathrm{true}}|\mathbf{y}_{1:t-1}\right) d\mathbf{x}_{t-1}^{\mathrm{true}}$$
(3.56)

$$p\left(\mathbf{x}_t^{\mathrm{true}}|\mathbf{y}_{1:t}\right) = \frac{p\left(\mathbf{y}_t|\mathbf{x}_t^{\mathrm{true}}, \mathbf{y}_{1:t-1}\right) p\left(\mathbf{x}_t^{\mathrm{true}}|\mathbf{y}_{t-1}\right)}{p\left(\mathbf{y}_t|\mathbf{y}_{1:t-1}\right)}$$
(3.57)

を，真値の時間発展式および観測の方程式がいずれも (3.7), (3.9) 式のように線形で，かつ誤差 $\mathbf{q}_t, \mathbf{r}_t$ および初期分布 $\mathbf{x}_0^{\mathrm{true}}$ が正規分布に従う場合に適用したものと考えられる (Kitagawa and Gersch, 1996)．従って，これらの仮定 (線形性，正規性) のいずれかが破綻する場合には，真値の確率分布は正規分布ではなくなるため，3.2 節の線形カルマンフィルターのアルゴリズムを使えなくなる．その対処法として考えられたのが，ひとつは非線形モデルを線形近似して扱う拡張カルマンフィルター (3.2.4 節) であり，もうひとつが以下で述べる多数の実現値の集団を利用したアンサンブルカルマンフィルター・アンサンブルカルマンスムーザー (Evensen, 2003) である．

3.4.1 アンサンブルカルマンフィルター

真値の時間発展式に非線形項を含み，入力誤差 (観測誤差・システムノイズ) と初期分布が正規分布に必ずしも従わない場合を考えよう．ただし，観測の方

程式は線形のままとする.

$$\mathbf{x}_t^{\text{true}} = M(\mathbf{x}_{t-1}^{\text{true}}) + \mathbf{G}\mathbf{w}_{t-1} + \mathbf{\Gamma}\mathbf{q}_{t-1} \tag{3.58}$$

$$\mathbf{y}_t = \mathbf{H}_t \mathbf{x}_t^{\text{true}} + \mathbf{r}_t \tag{3.59}$$

アンサンブルカルマンフィルターでは，真値および誤差の実現値を多数 (ここでは L 個とする) 発生させ，正規分布とは限らない確率分布をそれらのヒストグラムで近似的に表現する (図 3.6 を参照).

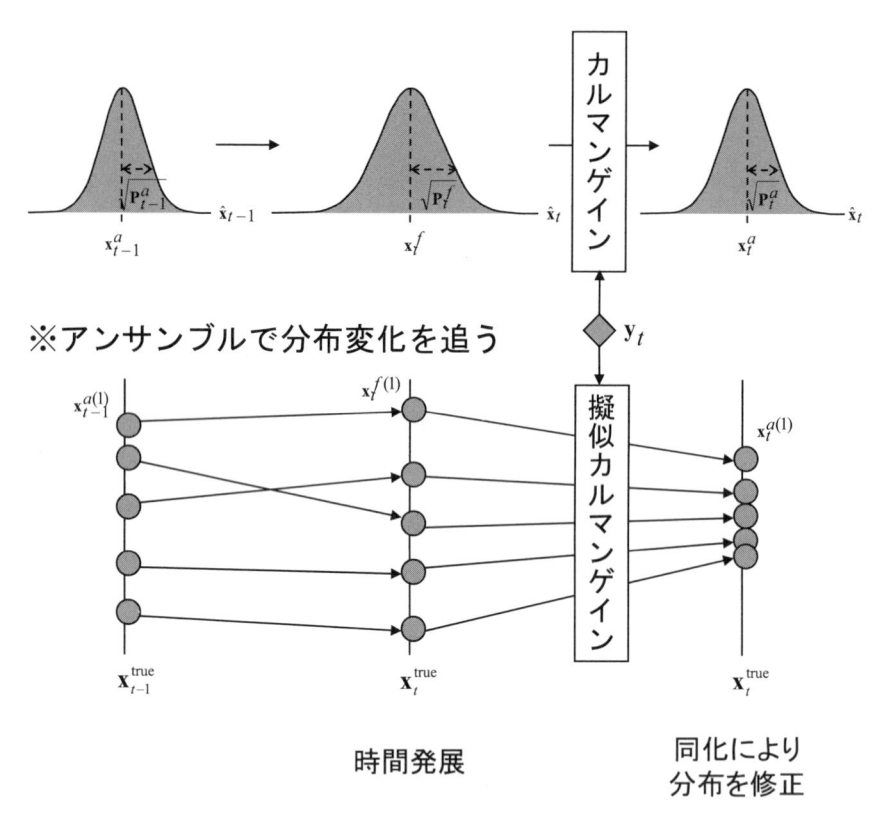

図 3.6　カルマンフィルターとアンサンブルカルマンフィルターの違い.

すなわち，観測値 $\mathbf{y}_{1:t-1}, \mathbf{y}_{1:t}$ のもとでの $\mathbf{x}_t^{\text{true}}$ の予報値および解析値の各実現値を $\mathbf{x}_t^{f(l)}, \mathbf{x}_t^{a(l)}$，システムノイズおよび観測誤差の実現値を $\mathbf{q}_t^{(l)}, \mathbf{r}_t^{(l)}$ (た

だし $l = 1, \cdots, L$) と表記して,

$$p\left(\mathbf{x}_t^{\text{true}}|\mathbf{y}_{1:t-1}\right) \simeq \frac{1}{L}\sum_{l=1}^{L}\delta\left(\mathbf{x}_t^{\text{true}} - \mathbf{x}_t^{f(l)}\right) \quad (3.60)$$

$$p\left(\mathbf{x}_t^{\text{true}}|\mathbf{y}_{1:t}\right) \simeq \frac{1}{L}\sum_{l=1}^{L}\delta\left(\mathbf{x}_t^{\text{true}} - \mathbf{x}_t^{a(l)}\right) \quad (3.61)$$

$$p\left(\mathbf{q}_t\right) \simeq \frac{1}{L}\sum_{l=1}^{L}\delta\left(\mathbf{q}_t - \mathbf{q}_t^{(l)}\right) \quad (3.62)$$

$$p\left(\mathbf{r}_t\right) \simeq \frac{1}{L}\sum_{l=1}^{L}\delta\left(\mathbf{r}_t - \mathbf{r}_t^{(l)}\right) \quad (3.63)$$

と近似する.δ はディラックのデルタ関数である.真値の実現値をまとめたもの ($\left\{\mathbf{x}_t^{f(1)},\cdots,\mathbf{x}_t^{f(L)}\right\}$ や $\left\{\mathbf{x}_t^{a(1)},\cdots,\mathbf{x}_t^{a(L)}\right\}$) をアンサンブルと呼び,個々の実現値 ($\mathbf{x}_t^{f(l)}$ や $\mathbf{x}_t^{a(l)}$) をアンサンブルメンバーという.

時間発展

(3.56) 式の左辺には (3.60) 式,右辺には (3.61) 式と (3.62) 式を用いると,

$$\frac{1}{L}\sum_{l=1}^{L}\delta\left(\mathbf{x}_t^{\text{true}} - \mathbf{x}_t^{f(l)}\right) = \frac{1}{L}\sum_{l=1}^{L}\delta\left(\mathbf{x}_t^{\text{true}} - M(\mathbf{x}_{t-1}^{a}{}^{(l)}) - \mathbf{G}\mathbf{w}_{t-1} - \mathbf{\Gamma}\mathbf{q}_{t-1}^{(l)}\right) \quad (3.64)$$

が得られる.これから,$p\left(\mathbf{x}_t^{\text{true}}|\mathbf{y}_{1:t-1}\right)$ を近似するアンサンブル $\left\{\mathbf{x}_t^{f(l)}\right\}$ を求めるためには,$p\left(\mathbf{x}_{t-1}^{\text{true}}|\mathbf{y}_{1:t-1}\right)$ を構成するアンサンブルメンバー $\mathbf{x}_{t-1}^{a}{}^{(l)}$ ごとにシステムノイズの実現値 $\mathbf{q}_{t-1}^{(l)}$ を発生させ,力学モデルの式 (3.58) 式に代入して,

$$\mathbf{x}_t^{f(l)} = M(\mathbf{x}_{t-1}^{a}{}^{(l)}) + \mathbf{G}\mathbf{w}_{t-1} + \mathbf{\Gamma}\mathbf{q}_{t-1}^{(l)} \quad (l=1,\cdots,L) \quad (3.65)$$

を計算すればよいことがわかる.以下では,アンサンブルの平均値と共分散行

列を次のようにバーをつけて書くこととする．

$$\overline{\mathbf{x}}_t^f = \frac{1}{L}\sum_{l=1}^L \mathbf{x}_t^{f(l)} \tag{3.66}$$

$$\overline{\mathbf{P}}_t^f = \frac{1}{L-1}\sum_{l=1}^L \left(\mathbf{x}_t^{f(l)} - \overline{\mathbf{x}}_t^f\right)\left(\mathbf{x}_t^{f(l)} - \overline{\mathbf{x}}_t^f\right)^T \tag{3.67}$$

<u>問題 3.8</u>
(3.64) 式を導出せよ．

観測データの同化
(3.67) 式で求めた $\overline{\mathbf{P}}_t^f$ を用いてカルマンゲイン (3.12) 式を近似し ($\overline{\mathbf{K}}_t$ とする)，さらに (3.11) 式と同様の式を各メンバー $\mathbf{x}_t^{f(l)}$ に対し適用して，$p(\mathbf{x}_t^{\text{true}}|\mathbf{y}_{1:t})$ を近似するアンサンブルメンバー $\mathbf{x}_t^{a(l)}$ を導出すると，

$$\mathbf{x}_t^{a(l)} = \mathbf{x}_t^{f(l)} + \overline{\mathbf{K}}_t\left(\mathbf{y}_t + \mathbf{r}_t^{(l)} - \mathbf{H}_t\mathbf{x}_t^{f(l)}\right) \quad (l=1,\cdots,L) \tag{3.68}$$

$$\overline{\mathbf{K}}_t = \overline{\mathbf{P}}_t^f \mathbf{H}_t^T \left(\overline{\mathbf{R}}_t + \mathbf{H}_t\overline{\mathbf{P}}_t^f\mathbf{H}_t^T\right)^{-1} \tag{3.69}$$

ここで，$\overline{\mathbf{R}}_t$ は観測誤差の実現値の共分散行列で，

$$\overline{\mathbf{r}}_t = \frac{1}{L}\sum_{l=1}^L \mathbf{r}_t^{(l)} \tag{3.70}$$

$$\overline{\mathbf{R}}_t = \frac{1}{L-1}\sum_{l=1}^L \left(\mathbf{r}_t^{(l)} - \overline{\mathbf{r}}_t\right)\left(\mathbf{r}_t^{(l)} - \overline{\mathbf{r}}_t\right)^T \tag{3.71}$$

である．以上から，非正規分布の観測誤差に対しても，アンサンブル分散 $\overline{\mathbf{R}}_t$ を使って正規分布の場合と同様に取扱えることがわかる．非正規の誤差の例としては，正値しかとらない風速データなどがある．

以上の (3.65), (3.68), (3.69) 式を逐次的に使用して同化を行うのがアンサンブルカルマンフィルターである．同化後のアンサンブル $\left\{\mathbf{x}_t^{a(l)}\right\}$ の平均値 $\overline{\mathbf{x}}_t^a$，共分散行列 $\overline{\mathbf{P}}_t^a$ に対して，$\overline{\mathbf{r}}_t = 0$ の場合，以下の関係式が近似的に成り

立つ．

$$\overline{\mathbf{x}}_t^a = \overline{\mathbf{x}}_t^f + \overline{\mathbf{K}}_t \left(\mathbf{y}_t - \mathbf{H}_t \overline{\mathbf{x}}_t^f \right) \tag{3.72}$$

$$\overline{\mathbf{P}}_t^a = \left(\mathbf{I} - \overline{\mathbf{K}}_t \mathbf{H}_t \right) \overline{\mathbf{P}}_t^f \tag{3.73}$$

この結果は，アンサンブル平均とアンサンブル分散が従来のカルマンフィルターのアルゴリズム (3.11) 式および (3.13) 式を満たすことを明白に示している．

問題 3.9

(3.72), (3.73) 式を導出せよ．

3.4.2 アンサンブルカルマンスムーザー

アンサンブルカルマンスムーザーは，固定ラグスムーザー (3.3.2 節) を，アンサンブルベースのアルゴリズムに書き換えたものである．アンサンブルカルマンフィルターの導出と同様に，観測値 $\mathbf{y}_{1:T}$ のもとでの $\mathbf{x}_t^{\text{true}}$ の確率分布をアンサンブル $\left\{ \mathbf{x}_{t|T}^{a\,(l)} \right\}$ で近似する．すると，(3.34) 式で与えられるスムーザーゲイン $\mathbf{S}_t$ を 2 つのアンサンブル $\left\{ \mathbf{x}_{t|T-1}^{a\,(l)} \right\}, \left\{ \mathbf{x}_T^{f\,(l)} \right\}$ を用いて近似することができる ($\overline{\mathbf{S}}_t$ とする)．

$$\overline{\mathbf{S}}_t = \overline{\mathbf{P}}_{t|T}^{af} \mathbf{H}_T^T \left(\overline{\mathbf{R}}_T + \mathbf{H}_T \overline{\mathbf{P}}_T^f \mathbf{H}_T^T \right)^{-1} \tag{3.74}$$

$$\overline{\mathbf{P}}_{t|T}^{af} = \frac{1}{L-1} \sum_{l=1}^{L} \left(\mathbf{x}_{t|T-1}^{a\,(l)} - \overline{\mathbf{x}}_{t|T-1}^a \right) \left(\mathbf{x}_T^{f\,(l)} - \overline{\mathbf{x}}_T^f \right)^T \tag{3.75}$$

この近似スムーザーゲインを用いて，各メンバーごとに (3.33) 式を適用し，$p(\mathbf{x}_t^{\text{true}}|\mathbf{y}_{1:T})$ を近似する以下のアンサンブル $\left\{ \mathbf{x}_{t|T}^{a\,(l)} \right\}$ が得られる．

$$\mathbf{x}_{t|T}^{a\,(l)} = \mathbf{x}_{t|T-1}^{a\,(l)} + \overline{\mathbf{S}}_t \left(\mathbf{y}_T + \mathbf{r}_T^{(l)} - \mathbf{H}_T \mathbf{x}_T^{f\,(l)} \right) \quad (l = 1, \cdots, L) \tag{3.76}$$

問題 3.10

(3.74), (3.76) 式を用いて (3.33), (3.36) 式が近似的に成り立つことを示せ．

3.5 実用化に向けた事例解説
3.5.1 仮想変位を利用したシステム行列の数値的な作成方法

線形カルマンフィルターを海洋モデルに適用する際にまず問題となるのが，システム行列 (状態遷移行列 $\mathbf{M}$, 外力行列 $\mathbf{G}$, 観測行列 $\mathbf{H}$) の作成方法である．簡単なモデルならこれらの行列を決定できるが，海洋循環モデルのシステム行列を自力で定義することは困難である．Fukumori *et al.* (1993) は，仮想変位の原理を利用してこれらの行列を数値的に作成することを推奨している．以下で，その作成法を紹介する．

海洋循環モデルのコードを一般には見られない行列形式で表記すると，外力を除けば，(3.1) 式と同様に，

$$\mathbf{x}_{t+1} = \mathbf{M}\mathbf{x}_t \tag{3.77}$$

と書ける．$\mathbf{M} = \mathbf{M}\mathbf{I}$ なので，単位行列を単位 (列) ベクトル $\mathbf{i}_n$ に分離して，

$$(\mathbf{m}_1\ \mathbf{m}_2\ \cdots\ \mathbf{m}_n) = \mathbf{M}(\mathbf{i}_1\ \mathbf{i}_2\ \cdots\ \mathbf{i}_n) \tag{3.78}$$

とすると，例えば，第 1 列目の成分は，

$$\begin{pmatrix} m_{11} \\ m_{21} \\ \vdots \\ m_{n1} \end{pmatrix} = \mathbf{M} \begin{pmatrix} 1 \\ 0 \\ \vdots \\ 0 \end{pmatrix} \tag{3.79}$$

と表記できる．これは，モデルの支配変数（状態ベクトル）の 1 番目（のみ）に単位量の摂動を与えた場合の時間発展を示す状態遷移行列 $\mathbf{M}$ の第 1 列目と等価である．この作業をすべての要素について繰り返せば，行列 $\mathbf{M}$ を完成できる．

この作業は，モデルの単位時間ステップではなく，同化の時間間隔で行うことが望ましい．つまり，単位量の摂動を与えた後，決められた同化間隔までモデルを走らせると，一度の線形変換で力学的時間発展を記述できる．

より一般的に表記すれば，行列 $\mathbf{M}$ を構成する n 番目の列ベクトル $\mathbf{m}_n$ は，

$$\mathbf{m}_n \approx M(\overline{\mathbf{x}} + \mathbf{i}_n) - M(\overline{\mathbf{x}}) \tag{3.80}$$

のように既定の場 $\overline{\mathbf{x}}$ (モデルの平均値など) からの一次摂動をとって処理できる. M はモデルの (非線形発展をも含んだ) 力学的時間発展を記述する演算子である (要するにモデル自身). つまり, このシステム行列の作成方法は拡張カルマンフィルターを暗に適用していることに相当している.

他のシステム行列 $\mathbf{G}, \mathbf{H}$ に関しても, 同様に摂動を与える事により数値的に構築できる. このように, モデルの状態が既定の場からの 1 次近似で表現できる場合には, 上記は簡便で安全な行列作成方法と言える.

問題 3.11
(3.2) 式, (3.3) 式を前方差分した結果に仮想変位を与え, 状態遷移行列 $\mathbf{M}$ や外力行列 $\mathbf{G}$ の各列ベクトルが求まることを確認せよ.

3.5.2 行列を小さくして負荷を減らす縮小近似

カルマンフィルターの心臓部である誤差共分散行列は, モデルの自由度の 2 乗の記憶領域を必要とする. 海洋モデルがある程度高解像度になると, その誤差共分散行列の作成は困難である.

そこで, 誤差モデルを縮小 (分割, 局所化) するよう近似して自由度を下げ, カルマンフィルターの計算を行う現実的な解法が提案されている (表 3.2 参照). すなわち, モデルの摂動部分の配列が小さく, K 個のベクトル $\mathbf{x}'_1, \mathbf{x}'_2,$ ..., $\mathbf{x}'_K$ に近似的に圧縮・分割できるならば,

$$\mathbf{x} \approx \sum_{l=1}^{K} \mathbf{C}_k \mathbf{x}'_k + \overline{\mathbf{x}} \tag{3.81}$$

の関係が得られる. ここで, $\mathbf{C}_k$ は縮小化した状態ベクトル $\mathbf{x}'$ を元の状態ベクトル $\mathbf{x}$ に線形変換するための行列, ベクトル $\overline{\mathbf{x}}$ はモデルの基本場 (既定) であり, モデルの時間平均場を用いることが多い. もちろん, 縮小近似を同時に実行することもできる.

誤差共分散行列も同様にして,

$$\mathbf{P} \approx \sum_{k=1}^{K} \mathbf{C}_k \mathbf{P}'_k \mathbf{C}_k^T \tag{3.82}$$

と表せる．カルマンゲイン (3.12) 式は

$$\mathbf{K} \approx \sum_{k=1}^{K} \mathbf{C}_k \mathbf{P}_k'^{f} \mathbf{H}_k'^{T} (\mathbf{H}_k' \mathbf{P}_k'^{f} \mathbf{H}_k'^{T} + \mathbf{R})^{-1} \qquad (3.83)$$

と近似できる．より簡便な表示式である (3.14) 式は，

$$\mathbf{K} \approx \sum_{k=1}^{K} \mathbf{C}_k \mathbf{P}_k'^{a} \mathbf{H}_k'^{T} \mathbf{R}^{-1} \qquad (3.84)$$

と表せる．ここで，$\mathbf{H}_k' = \mathbf{H}\mathbf{C}_k$ である．近似的に得られたゲインを (3.11) 式に使用すれば，誤差計算はすべて縮小近似場で軽快に行え，最後に $\mathbf{C}_k$ により元の状態ベクトルへ修正を反映できる．

縮小近似場における定常誤差共分散行列 $\mathbf{P}_k'$ も，$\mathbf{M}_k' = \mathbf{C}_k^{-I} \mathbf{M} \mathbf{C}_k$, $\mathbf{G}_k' = \mathbf{C}_k^{-I} \mathbf{G}$ などとすれば，リカッチ方程式あるいは倍化法 (3.2.6 節参照) を用いて同様に計算することができる．ここで，$\mathbf{C}_k^{-I}$ は

$$\mathbf{C}_k^{-I} \mathbf{C}_k = \mathbf{I} \qquad (3.85)$$

($\mathbf{I}$ は単位行列) を満たす一般逆行列 (pseudo inverse matrix) である．

縮小近似では，カルマンフィルターを近似的に解くため，同化結果の最適性は保証されず，その精度は (3.81) 式の近似がどれだけ正確に成り立つかに依存する．注目する物理現象の対象領域内での相対的独立性と時空間スケールを考慮して，カルマンフィルターの計算が実行できる程度に，注意深く縮小モデルを定義する必要がある．例えば，数値差分モデルでは解像できないスケール (subgrid scale) 以下の誤差を無視するなら，$\mathbf{x}'$ はモデル格子間隔の数倍程度で十分ということになる．線形変換行列 $\mathbf{C}_k$ としては，線形補間，スプライン補間，最適内挿法等が候補として挙げられる．

注意すべきは，縮小近似はカルマンフィルターによる誤差の修正時にのみ使用され，モデルの時間発展自体には何の近似も行わないことである．つまり，ある一定のスケールを境に，それ以上スケールの現象の誤差はカルマンフィルターにより修正されるが，それ以下のスケールの現象は同化の対象外で誤差は修正されない．

表 3.2 大規模データ同化における縮小近似の例

手法名	誤差近似方法	著者
reduced-order(RO) Kalman filter	計算格子をモデル格子より粗く定義	Fukumori(1995)
reduced rank square root (RRSQRT) filter	固有ベクトルの上位モードを選択	Verlaan and Heemink(1995)
singular evolutive extended Kalman(SEEK) filter	特異値の上位モードを選択	Pham et al.(1998)
partitioned Kalman filter	計算領域を複数個に分割	Fukumori(2001a)
error subspace statistical estimation(ESSE)	主成分分析の上位モードを選択し非線形（アンサンブル）計算	Lermusiaux and Robinson (1999)
local ensemble transform Kalman filter(LETKF)	分割局所的に非線形（アンサンブル）計算	Hunt et al.(2007)

3.5.3 結果の品質を判断する適合検査（事後検査）

カルマンフィルターの推定精度は，入力条件である誤差共分散行列 $\mathbf{Q}$, $\mathbf{R}$, あるいは初期誤差 $\mathbf{P}_0$ に依存する．こうした先験的誤差共分散を適切に与えることが，同化を成功させる秘訣である．

ここでは，観測とシステムそれぞれの誤差共分散を推定する方法（2.3.2 節，コバリアンス・マッチング）に加えて，カルマンフィルターによるデータ同化が適切に行われたかどうかを事後確認する検査法を紹介しよう．カルマンフィルターの導出の際と同様に，真値と観測値の関係は (3.9) 式で表され，モデル値 (状態ベクトル) は同化の前後で (3.5) 式を満たすという仮定を再び使用する．この場合，同化前は (2.59) 式と同様に

$$\langle (\mathbf{y}_t - \mathbf{H}_t \mathbf{x}_t^f)(\mathbf{y}_t - \mathbf{H}_t \mathbf{x}_t^f)^T \rangle = \langle (\mathbf{r} - \mathbf{H}\mathbf{p}^f)(\mathbf{r} - \mathbf{H}\mathbf{p}^f)^T \rangle$$
$$= \mathbf{R} + \mathbf{H}\mathbf{P}^f \mathbf{H}^T \quad (3.86)$$

の関係が成り立つはずである．同化後については，

$$\langle (\mathbf{y}_t - \mathbf{H}_t \mathbf{x}_t^a)(\mathbf{y}_t - \mathbf{H}_t \mathbf{x}_t^a)^T \rangle = \langle (\mathbf{r} - \mathbf{H}\mathbf{p}^a)(\mathbf{r} - \mathbf{H}\mathbf{p}^a)^T \rangle$$
$$= \mathbf{R} - \mathbf{H}\mathbf{P}^a \mathbf{H}^T \quad (3.87)$$

が満たされるべき条件となる．

適合検査 (consistency check) とは，同化の前後で (3.86) 式と (3.87) 式がそれぞれ成り立っているかどうかをチェックすることである．等式が（ほぼ）成立していれば同化は（ほぼ）最適に行われたとみなすことができ，不成立ならば当初与えた観測誤差およびシステムノイズの共分散行列 $\mathbf{R}$, $\mathbf{Q}$ などを補正する必要がある．

問題 3.12
(3.87) 式を導出せよ．その際，同化前は観測誤差 $\mathbf{r}$ と予報誤差 $\mathbf{p}^f$ に相関はないと仮定してよいが，同化後の解析誤差 $\mathbf{p}^a$ では相関が生じる（$\langle \mathbf{r}(\mathbf{p}^a)^T \rangle \neq 0$）点に注意せよ．(3.5) 式を (3.11) 式へ代入して得られる

$$\mathbf{p}_t^a = \mathbf{p}_t^f + \mathbf{K}_t(\mathbf{r}_t - \mathbf{H}_t \mathbf{p}_t^f) \tag{3.88}$$

を用いるとよい．

さらにカルマンフィルターの詳細を探求したい方々へ

線形フィルター・スムーザーは Anderson and Moore (1979) や片山 (2000) の教科書によくまとめられている．非線形フィルタリング・スムージングについては Kitagawa and Gersch (1996) を参照するとよい．

Column

生命保険事業とシミュレーション

1. 生命保険の基礎

　生命保険の数理は死亡率と利率による現価計算を基礎とする．現価とは現在価値であり，将来の支払等予測（キャッシュフロー）を利率で割り戻し，現在の価値に換算する．これにより，掛け金（保険料）計算や保険会社が積み立てるべき準備金の算出が可能となる．

　近代的な生命保険は死亡率の導入により始まった．年齢に応じた合理的な掛け金の計算には，将来にわたり使用可能な死亡率表（生命表）が必要となる．ハレー彗星で有名なハレーは早期の生命表の作成も行っていたことが知られている．

　生命保険数学はこの生命表をもとに，死亡がどの時点で，どの程度起こり得るかを考えるため，被保険者の死亡時までの余命を確率変数とし，その人が死亡する確率を分布関数とする．余命を確率変数とするモデルは死亡事象だけでなく，機械の故障や会社の倒産などにも類似性があり（人は必ず死亡するので時間経過とともに確率1に近づく），生存時間分析（survival analysis）として信頼性工学や信用リスク評価などにも応用されている．

2. アクチュアリー，死亡率

　生命保険会社では掛け金や準備金計算などの数理計算は一般にアクチュアリーと呼ばれる専門家が行っている．（わが国ではアクチュアリーは日本アクチュアリー会の会員をいう）生命保険会社で使用する生命表も膨大なデータからアクチュアリーが作成している．

　生命保険の特質としてその長期性がある．20年，30年にわたる保障を契約時から提供し，保険期間満了まで保証する．保険の本質はリスクを広く薄く多人数で公平に負担することにより，リスクを分散・吸収することにあるが，リスク分散は単年度だけでなく長期の時間軸に対しても行われる．

　ご存知のとおりわが国の死亡率は低下傾向が依然続いており，平均寿命も増加している．生命保険の基本的な保障である死亡保障では，死亡率が将来にわたり低下することは，将来の保険金支払いに対して安全な方向へ作用する．一方，年金保険のうち，生存を条件に終身にわたり年金を支払う終身年金のよう

Column

な商品では，死亡率の改善は将来の年金負担が増加することを意味する．このため，年金商品用の死亡率では，現在の死亡率実績を元にするのではなく死亡率改善を取り入れることが求められている．

3. 年金死亡率 ～ 予測

　年金用死亡率には将来の死亡率改善を見込む必要があるが，それをどのように，どの程度見込むかは難しい課題である．短期的な予測であればまだしも，数十年後にまで使用可能な死亡率予測は前提や考え方により大きく異なるであろう．

　死亡率予測に関しては，わが国の生保標準生命表（年金開始後用）のように，死亡率を死因別にそれぞれ過去と同様の改善率で今後も改善する前提で予測する方法もあれば，英国で研究されているように死亡率改善をスプライン関数で近似する方法や，死亡率の改善の動きに暦年変動する部分を組込み，時系列的に推計するLee-Carter方式による方法など，様々な方法がある．さらに，死亡率改善の要因を考察した場合，遺伝子工学など生命医療分野の進歩に伴うガンの抑制など，余命にも大きな変化が今後訪れる可能性もありうる．

平均余命の推移＜男性　６０歳の場合＞
・国民生命表（国民の実績の生命表）
　　１８回（１９９５年）　２０．３０年
　　１９回（２０００年）　２１．４４年
　　２０回（２００５年）　２２．０９年
・生保標準生命表２００７（年金開始後用）
　　　　　　　　　　　２６．９６年

　生命保険事業も高齢化の影響を受け，死亡保障の占率が減少する一方，年金分野や第３分野と呼ばれる介護・医療分野商品の占率が増加している．第３分野商品はそのリスクの種類が入院・手術・介護・障害・重大疾患など様々であり，リスクの長期的な不確実性は増大する．年金と同様に長生きがさらに進むことは，第３分野のリスクの増大も予想される．この年金や第３分野は今後も成長分野として期待されているが，その数理モデルは死亡モデルと明らかに異

なっており，長期的な予測についてはまだまだ研究の余地は大きい．

4. 保険数理の発展

　生命保険会社から見た保険契約のキャッシュフローは，契約が継続する間は掛け金が収入される一方で，死亡や入院，手術などによる支払いがある．また，契約者の意向により途中解約される契約もあり，その他にも様々な要因による将来変動がありえる．このような中で，長期の生命保険事業に対するキャッシュフロー予測と，より精緻なシミュレーションの需要は高まっている．資産・負債を市場価値または市場整合的な価値により，統合的に管理する高度なリスク管理が現在，国際的に研究されている．生命保険のキャッシュフローが複雑であることや，例えば先ほどのような長寿リスクに対する見積もりも必要となるなど課題は多い．また，生命保険事業の長期シミュレーションは，多ければ保有契約は1000万件を超えるものの，様々なキャッシュフローを捉えるにしても，リスク間の相関関係が必ずしも明確ではなく，たとえ相関がわかったとしても，必ずしも将来にわたって一定とは仮定できないと考えられるなど，細部にわたるモデル作りは難しい．そのため，現実的にはその目的に即して，実務的に計算可能なレベルにモデル化する方策を検討することになる．

　データ同化は最尤法などの点推定を活用して，多次元のデータを線形時系列解析する手法とも思われる．海洋のような複雑な事象に対して活用できる手法であり，保険事業の長期シミュレーション課題に対しては，その性格を異にする部分があるが，複雑な事象に対するシミュレーション手法として，その長所を研究し，保険分野への応用を研究課題とするのも面白いかもしれない．

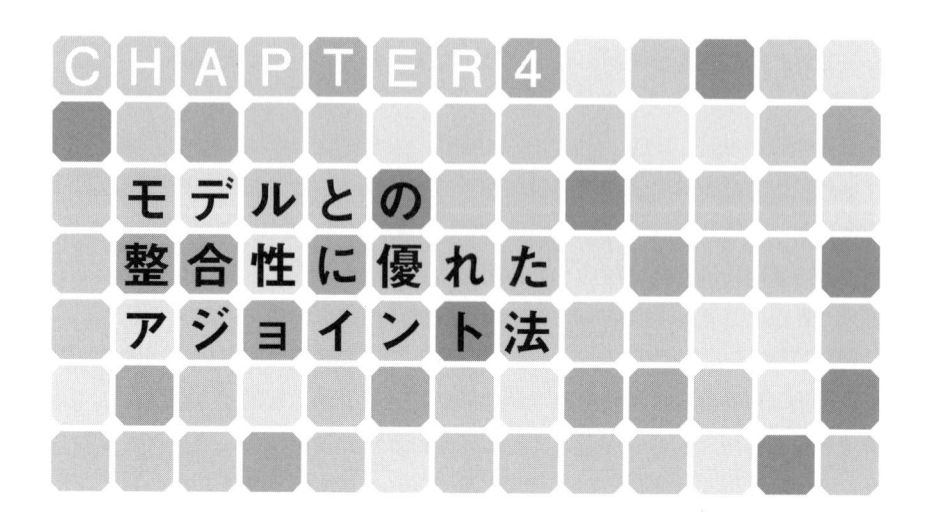

CHAPTER 4 モデルとの整合性に優れたアジョイント法

　前章では，動的な同化手法の一つとして，カルマンフィルター・スムーザーについて解説を行った．本章では，もう一つの代表的な動的同化手法であるアジョイント法とそのベースとなるアジョイントモデルについて解説する．まず 4.1 節では，アジョイント法を概観し，その長所と短所について述べる．次に 4.2 節では，アジョイント法の数学的な導出や物理方程式との関係について解説する．4.3 節では，解析誤差の計算など結果の信頼性を考察する方法について述べ，4.4 節ではアジョイントモデルの応用的な利用法として，モデルでシミュレートされた現象の原因について調べる方法を紹介する．続いて 4.5 節では，前章で解説したカルマンフィルター・スムーザーとアジョイント法との関係について述べ，最後に 4.6 節で，アジョイントモデルの作成方法についてまとめる．なお，アジョイント法を簡単な例題に適応した具体例については次章で，アジョイント法の応用例については 8 章で紹介する．

4.1　アジョイント法の概要

　アジョイント法は 3 次元変分法を 4 次元に拡張したもので，別名 4 次元変分法 (4D-VAR) とも呼ばれる．3 次元変分法は，解析に使う全ての観測データが解析時刻に観測されたものとみなして，その時刻における場の状態を推定する

4.1 アジョイント法の概要

手法であった．アジョイント法では，ある同化期間内の様々な時刻に観測されたデータを使って，それらのデータと最も整合性のとれたモデルの初期値を求める．このとき，最適推定された初期値から計算された場の変動（トラジェクトリー）は，モデルで説明可能なトラジェクトリーとしては観測データと最も整合性があるものとなる．つまり，アジョイント法は動的な同化手法である．また，初期値の代わりに観測データと最も整合性のとれた外力や拡散係数などのパラメーターを推定することもできる．

アジョイント法ではまず，観測データとモデルのトラジェクトリーとのずれ（データミスフィットという）の大きさを表す評価関数を設定する．そして，評価関数の値を最小にするような制御変数（初期値や外力，パラメーターなど）を，データミスフィットが十分に小さくなるまで以下の手順を繰り返して決定する（図 4.1）．

1. 初期値の推定値を用いてモデルの時間積分（時間が進む方向へ積分）を行う．
2. モデルの計算結果と観測データからデータミスフィットを計算する．
3. アジョイントモデルの時間積分（時間軸を遡る方向へ積分）を行い，評価関数の勾配を計算する．
4. 降下法のスキームを使って，勾配の情報から初期値の推定値を修正する．

この手順で重要な点は，降下法の実行に必要な評価関数の勾配をアジョイントモデルを使って求めることで，アジョイント法という呼び名はこのことに由来している．なお，「アジョイント」という言葉の本来の語源は，線形代数の用語である随伴（英語で adjoint）である．後の 4.2.2, 4.2.3 節で示すように，アジョイントモデルの方程式は，予報モデルの方程式の随伴（アジョイント）方程式に対応することから，データ同化の分野では慣用的に 4 次元変分法をアジョイント法と呼んでいる．本書もそれに従う．

さて，上記の手順では，ベースとして用いる予報モデルが初期値等の情報を時間が進む方向に伝播させる役割を果たしているのに対して，アジョイントモデルはデータミスフィットの情報を時間軸を遡る方向へ逆伝播させる役割を果たしている．つまり，アジョイント法は，予報モデルとそのアジョイントモデルを用いて情報を時間軸方向に繰り返し往復させることにより，全ての観測

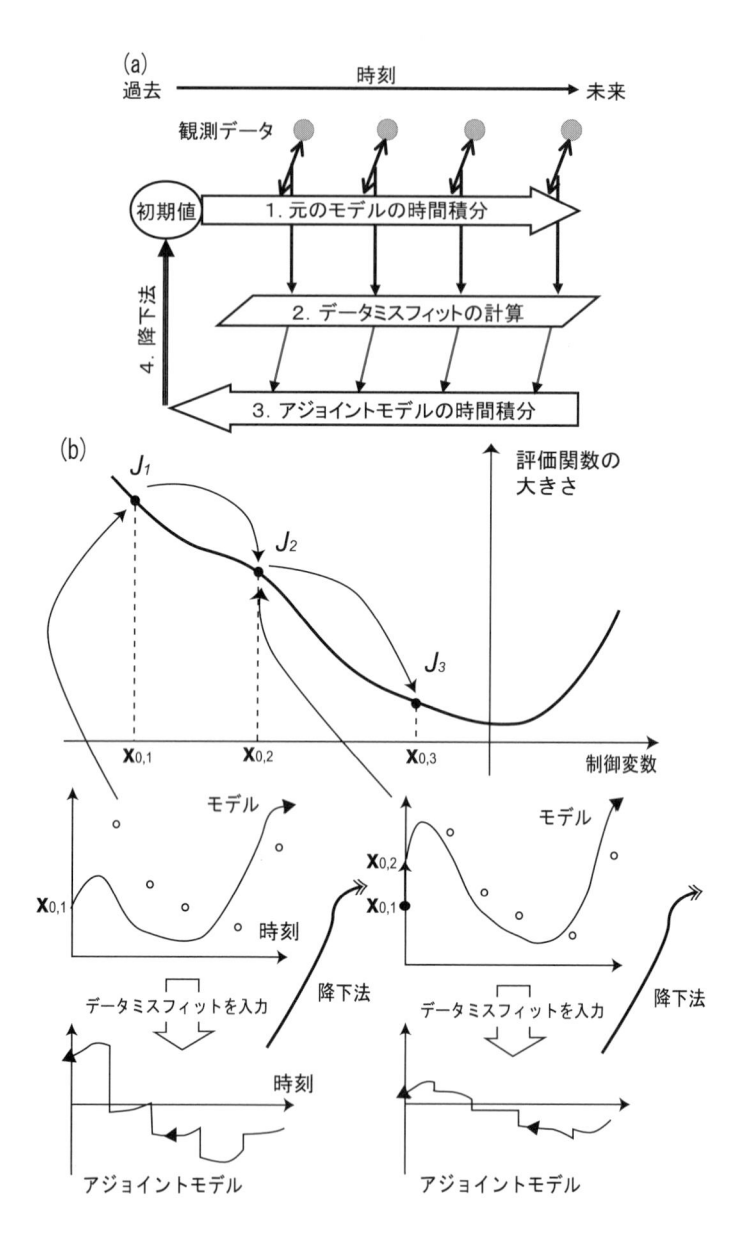

図 4.1 (a) アジョイント法の作業手順. (b) アジョイント法の模式図. 白丸は観測を表す. 計算を繰り返すにつれて, 制御変数 (モデル初期値) は $\mathbf{x}_{0,1}$, $\mathbf{x}_{0,2}$, $\mathbf{x}_{0,3}$ と順次更新され, 評価関数の値は J_1, J_2, J_3 と小さくなっていく.

4.1 アジョイント法の概要

情報を全ての時刻の状態変数に反映させるスムーザーだとみなすことができる [*1]. ただし，情報の往復を繰り返しながら徐々に最適値に近づけていくという点は，同じスムーザーでも，最適値を1回の計算で求めるカルマンフィルター・スムーザーとは異なる．

さて，アジョイント法の長所として次のような3点があげられる．第1に，アジョイント法で求めた解析場の時間発展はモデルに従う．最適内挿法等では，モデルの予報変数を解析値に近づけるために，解析インクリメントを加える必要があった．これはモデルでは説明できない人工的なソースやシンクに相当するので，熱や淡水などの物理量の収支やバランスを解析するにあたって障害になる．一方，アジョイント法で作成されたデータは初期値の修正以外にはこのようなソースやシンクがないので，熱収支や水収支の解析に適している．

第2に，同化期間内の任意時刻の観測データを，観測が行われたその時刻のデータとして同化することができるので，同化期間内の一連の観測データと整合的な解析場の時系列（トラジェクトリー）を得ることができる．これは，アジョイント法では，ある時刻における静的な分布を求めるのではなく，動的に時間変動する場を最適化するからである．一方，ある同化時刻に隣接する他の時刻に得られた観測データを一括して逐次同化する最適内挿法や3次元変分法およびカルマンフィルターで同様なことを行うには工夫が必要である [*2].

第3に，多種・多様な観測データや物理的拘束条件を利用できる点である．1章で触れたように，変分法データ同化は修正する変数（制御変数）と観測量との関係が非線形でも適用可能であり，さらに評価関数に新たな項を加えることにより拘束条件を容易に追加できるため，多くの観測データや物理的拘束条件を利用することができる．加えて，アジョイント法では，3次元変分法ではできなかった物理量の平均値や積算量，変動なども同化することができる．

以上のように，アジョイント法は大変強力な同化手法だが，実際に利用するのはそう簡単ではない．理由は以下の2点に要約できる．まず，第1に計算コストが大きいことである．アジョイント法は，予報モデルとそのアジョイント

[*1] アジョイントモデルは時間軸を遡る方向に積分することからバックワードモデル (backward model) とも呼ばれる．一方，予報モデルはフォワードモデル (forward model) と呼ばれている．

[*2] FGAT (First Guess at Adquate Time: Ricci et al. 2005), 4D-アンサンブルカルマンフィルター (Hunt et al. 2004) など．

モデルの計算を要求する精度が満たされるまで何度も繰り返すので，予報計算の数十倍から数百倍の計算時間を必要とする．しかもアジョイントモデルの計算には，予報モデルの計算結果やその途中の全データを使用するので，大きなデータ記憶容量を必要とする．第 2 に，アジョイントコードの作成自体そう容易ではない．以上の理由でアジョイント法は敬遠され気味だったが，現在ではコンピューターの性能が飛躍的に向上し，また計算時間やデータ記憶容量を抑える手法が開発されたおかげで [*3]，アジョイント法は最も有効かつ現実的な同化手法の一つとして，現業機関や研究機関で利用されるようになっている．

4.2 アジョイント法の色々な導出方法

余り知られていないが，アジョイント法の導出は 1 通りとは限らない．まず 4.2.1 節で，最も直感的な導出法である 3 次元変分法からの導出を行う．次に 4.2.2 節では，数学的なアプローチからアジョイント法を学びたい方のために，ラグランジュの未定定数法を用いて導出する．さらに 4.2.3 節では，物理方程式との関係を理解されたい方のために，連続系における導出について述べる．なお，上記の 3 つの方法については，当然ながらどの方法を用いても結論は同じなので，まずは自分のわかりやすい方法で学んでほしい．余裕のある読者は，3 通り全てに挑戦するのはもちろん，過去の代表的な文献 [*4] でなされたアジョイントの導出の共通点と相違点を吟味してみるのも理解の深化に役立つであろう．

4.2.1 3 次元変分法から 4 次元変分法への拡張

アジョイント法の原理および 3 次元変分法との関係を直感的に理解するために，3 次元変分法を 4 次元に拡張しよう．

モデルを以下のように定義する．

$$\mathbf{x}_t = M(\mathbf{x}_{t-1}) \tag{4.1}$$

ここで，M はモデル演算子，$\mathbf{x}_t$ は時間ステップ t における状態変数（モデル

[*3] 問題 4.3，4.6 節を参照．
[*4] Sasaki, 1970; Lewis and Derber, 1985; Courtier and Talagrand, 1990; 蒲地, 1994; 露木, 1997 など

の予報変数) を表す．この時間発展式は初期値を $(\mathbf{x}_0)$ とすると，$\mathbf{x}_t = M^t(\mathbf{x}_0)$ と表すことができる．ここで，M^t は演算子 M を t 回作用させることを意味する．さらに，微少変位 $\delta \mathbf{x}_t$ を用いて，M の接線形演算子 $\mathbf{M}_t$ を以下の関係式で定義する．

$$M(\mathbf{x}_{t-1} + \delta \mathbf{x}_{t-1}) = M(\mathbf{x}_{t-1}) + \mathbf{M}_{t-1} \delta \mathbf{x}_{t-1} + O(|\delta \mathbf{x}_{t-1}|^2) \quad (4.2)$$

ここで，$\mathbf{M}_t$ は 3 次元変分法で示した観測演算子の場合（(2.35) 式）と同様，M のヤコビ行列である．$\mathbf{M}_t$ はモデル演算子 M が非線形の場合，各時間ステップで異なる．これは M を微分してヤコビ行列を作るとき，その微係数は入力変数 $\mathbf{x}_t$ に依存するからである．

さて，同化期間 $t = 0$ から $t = T$ の各時間ステップにおける観測データ $\mathbf{y}_t$ を使って，初期値 $\mathbf{x}_0$ を変分法により最適化することを考えよう．この場合，評価関数は制御変数を $\mathbf{x}_0$ として，最尤推定の理論より以下のように定義できる．

$$\begin{aligned} J = &\frac{1}{2}(\mathbf{x}_0 - \mathbf{x}^b)^T \mathbf{B}^{-1}(\mathbf{x}_0 - \mathbf{x}^b) \\ &+ \sum_{t=0}^{T} \frac{1}{2}(H_t(\mathbf{x}_t) - \mathbf{y}_t)^T \mathbf{R}_t^{-1}(H_t(\mathbf{x}_t) - \mathbf{y}_t) \end{aligned} \quad (4.3)$$

ここで，H_t，$\mathbf{R}_t$ はそれぞれ，時間ステップ t における観測演算子および観測誤差の共分散行列であり，異なる時間ステップでの観測誤差は無相関であると仮定した．

降下法（付録 A.4 参照）を用いて評価関数 J を最小にする制御変数 $\mathbf{x}_0$ を求めるには，4.1 節でも述べたように，その勾配 $\mathbf{g} = \partial J / \partial \mathbf{x}_0$ を求める必要がある．このとき，各時間ステップにおける予報変数 $\mathbf{x}_t$ は，制御変数である初期値 $\mathbf{x}_0$ に依存する点に注意が必要である．そこで，新しい観測演算子 $\tilde{H}_t$ を以下のように定義する．

$$\tilde{H}_t(\mathbf{x}_0) = H_t(M^t(\mathbf{x}_0)) \quad (4.4)$$

(4.4) 式を使うと，(4.3) 式は次のように書き直せる．

$$J = \frac{1}{2}(\mathbf{x}_0 - \mathbf{x}^b)^T \mathbf{B}^{-1}(\mathbf{x}_0 - \mathbf{x}^b)$$
$$+ \sum_{t=0}^{T} \frac{1}{2}(\tilde{H}_t(\mathbf{x}_0) - \mathbf{y}_t)^T \mathbf{R}_t^{-1}(\tilde{H}_t(\mathbf{x}_0) - \mathbf{y}_t) \quad (4.5)$$

上式より，評価関数の勾配 $\mathbf{g}(= \partial J/\partial \mathbf{x}_0)$ は以下のように求まる．

$$\mathbf{g} = \mathbf{B}^{-1}(\mathbf{x}_0 - \mathbf{x}^b) + \sum_{t=0}^{T} \tilde{\mathbf{H}}_t^T \mathbf{R}_t^{-1}(\tilde{H}_t(\mathbf{x}_0) - \mathbf{y}_t) \quad (4.6)$$

ここで，$\tilde{\mathbf{H}}_t$ は $\tilde{H}_t$ の接線形演算子であり，(2.37) 式と同様に考えると，

$$\tilde{\mathbf{H}}_t = \mathbf{H}_t \mathbf{M}_{t-1} \mathbf{M}_{t-2} \cdots \mathbf{M}_0 \quad (4.7)$$

と表せる．なお，$\mathbf{H}_t$ は H_t の接線形演算子である．この式を (4.6) 式に代入すると，結局，評価関数の勾配は次式から計算できる．

$$\mathbf{g} = \mathbf{B}^{-1}(\mathbf{x}_0 - \mathbf{x}^b)$$
$$+ \sum_{t=0}^{T} \underbrace{\mathbf{M}_0^T \mathbf{M}_1^T \cdots \mathbf{M}_{t-1}^T \mathbf{H}_t^T \mathbf{R}_t^{-1}}_{①} \underbrace{(H_t(M^t(\mathbf{x}_0)) - \mathbf{y}_t)}_{②} \quad (4.8)$$

ここで，$\mathbf{M}_t^T$ の並びが (4.7) 式と逆順になるのは，転置をとっているためである．

4.1 節で述べたアジョイント法の計算手順（図 4.1）と対応させると，(4.8) 式の各項の意味は次のように理解できる．モデルを前方積分して，データミスフィットを計算するのが ② の部分である．その誤差の原因をアジョイントモデルで時間軸後方（遡る方向）に伝播させるのが ① の部分である．これは，$\mathbf{M}_t^T$ を作用させる順番が $t-1$ から 0 へと逆順になっていることからわかる．実は $\mathbf{M}_t^T$ は M のアジョイント演算子である．ここでは評価関数の導出にあたって，アジョイント（随伴）演算子に関する線形代数学の知識を陽には用いなかったが，そのような導出は 4.2.2 節で行う．なお，(4.8) 式はアジョイント演算子の線形性を考慮すると，次のように書き直すこともできる．

$$\mathbf{g} = \mathbf{B}^{-1}(\mathbf{x}_0 - \mathbf{x}^b) + (\mathbf{M}_0^T(\mathbf{M}_1^T(\cdots(\mathbf{M}_{T-1}^T \mathbf{d}_T + \mathbf{d}_{T-1})\cdots) + \mathbf{d}_1) + \mathbf{d}_0)$$
$$(4.9)$$

ここで，$\mathbf{d}_t = \mathbf{H}_t^T \mathbf{R}_t^{-1}[\tilde{H}_t(\mathbf{x}_0) - \mathbf{y}_t]$ である．すなわち，勾配を求めるには，データミスフィット $\mathbf{d}_t$ にアジョイント演算子 $\mathbf{M}_{t-1}^T$ を作用させて，$\mathbf{d}_{t-1}$ を加えるという計算を，初期値を $\mathbf{d}_T$ として時刻 $t = T$ から 1 まで繰り返し，最後に背景誤差に関する勾配を加えればよい．

さて，上記の方法で勾配を求めた後は，降下法のプログラムを用いて $\mathbf{x}_0$ の値をより良い（評価関数がより小さくなる）推定値に更新し，再びモデルシミュレーションを行ってデータミスフィットを計算し，アジョイントモデルにより勾配を求めるという手順を，推定値が収束するまで繰り返す．

問題 4.1

$\mathbf{y}$, $\mathbf{R}$, H を $\mathbf{y}_t$, $\mathbf{R}_t$, $\tilde{H}_t$ を用いて適当に定義すると，(4.3) 式の評価関数は以下のように 3 次元変分法と同様の形に表せることを示せ．
$$J = (\mathbf{x}_0 - \mathbf{x}^b)^T \mathbf{B}^{-1}(\mathbf{x}_0 - \mathbf{x}^b)/2 + (H(\mathbf{x}_0) - \mathbf{y})^T \mathbf{R}^{-1}(H(\mathbf{x}_0) - \mathbf{y})/2$$

問題 4.2

$$\mathbf{M}_0 = \begin{pmatrix} 1 & 0 \\ 2 & 2 \end{pmatrix} \qquad \mathbf{M}_1 = \begin{pmatrix} 2 & -1 \\ 1 & 1 \end{pmatrix}$$

とした時，$(\mathbf{M}_1 \mathbf{M}_0)^T = \mathbf{M}_0^T \mathbf{M}_1^T$ であることを確認せよ．また，モデルを $\mathbf{x}_{t+1} = \mathbf{M}_t \mathbf{x}_t$，評価関数を $J = (\mathbf{x}_2 - \mathbf{y}_2)^T (\mathbf{x}_2 - \mathbf{y}_2)/2$（$\mathbf{y}_2 = (1, 3)^T$ とする）として，$\mathbf{x}_0 = (1, 0)^T$ の時の J の $\mathbf{x}_0$ に対する勾配 $\partial J/\partial \mathbf{x}_0$ を求めよ．

問題 4.3

第 1 推定値との差を表す解析インクリメント $\Delta \mathbf{x} = \mathbf{x}_0 - \mathbf{x}^b$ を用いて，(4.5) 式から $\mathbf{x}_0$ を消去し，さらに，$\Delta \mathbf{x}$ についての偏微分をとり，解析インクリメントを制御変数とした評価関数とその勾配の式を求めよ [5]．

4.2.2 ラグランジュの未定乗数法の応用

前節では直感的な手法でアジョイント法を導いたが，本節ではラグランジュの未定乗数法を用いてアジョイントモデルを導出し，評価関数の勾配を求める．まず離散系で導出し，次節で連続系での導出法を紹介する．

---

[5] 高解像度モデルの最適化を行うために，低解像度の（或いは，単純化された）モデルやそのアジョイントモデルを用いて，問題 (4.3) で導出される式より解析インクリメントを求め，計算時間を節減する手法をインクリメント法 (Kalnay, 2003) と呼ぶ．最近，現業機関等で広く用いられている．

基礎編 4 章　モデルとの整合性に優れたアジョイント法

モデルと接線形演算子については，前節と同様に，(4.1) 式と (4.2) 式の定義を用いる．また，評価関数 J は $\mathbf{x}_0, \mathbf{x}_1, \cdots, \mathbf{x}_T$ で記述されるものとする．ただし，$\mathbf{x}_0, \mathbf{x}_1, \cdots \mathbf{x}_T$ は独立ではなく，モデルという拘束条件を満たすよう互いの関係が規定されているとする．以上より，$\mathbf{x}_0$ を J の制御変数とみなし（従って，J を $\mathbf{x}_0$ のみの関数とする），拘束条件付きの最適化問題で一般に使われるラグランジュの未定乗数法より，J の勾配の式を導こう．ただし，導出の過程で，$J(\mathbf{x}_0)$ を独立変数 $\mathbf{x}_0, \mathbf{x}_1, \cdots \mathbf{x}_T$ の関数と見なす場合がある．そのような場合は混乱を避けるため J を $\mathcal{J}$ と記述する．

ラグランジュ関数を次のように定義する．

$$\mathcal{L} = \mathcal{J}(\mathbf{x}_0, \mathbf{x}_1, \cdots \mathbf{x}_T) + \sum_{t=1}^{T} \langle \boldsymbol{\lambda}_t, M(\mathbf{x}_{t-1}) - \mathbf{x}_t \rangle \tag{4.10}$$

ここで，$\boldsymbol{\lambda}_t$ はラグランジュの未定乗数で，アジョイント法では一般にアジョイント変数と呼ばれている．また，$\langle \cdot, \cdot \rangle$ は内積を表す[*6]．

(4.1) 式が成り立つとすると，(4.10) 式の右辺第 2 項は 0 であり，$\mathcal{L} - J(\mathbf{x}_0) = 0$ となるので，$\delta(\mathcal{L} - J) = 0$ である．そこで，この式が成立する条件を調べるために，J と $\mathcal{L}$ の変分[*7]をとってみよう．J は $\mathbf{x}_0$ についてのみの関数なので，その変分は以下のように表される．

$$\delta J = \langle \mathbf{g}, \delta \mathbf{x}_0 \rangle \tag{4.11}$$

[*6] (4.10) 式の右辺第 2 項のように，ラグランジュの未定乗数と拘束条件（モデルの式）の内積は，厳密に満たす必要がある拘束条件に対して用いられ，強拘束と呼ばれている．$\iff$ 弱拘束（P.43 の脚注参照）

[*7] 本節のようにラグランジュの未定乗数法を離散系に用いる場合，ラグランジュ関数 $\mathcal{L}$ が凡関数でないため $\delta\mathcal{L}$ 等を変分と呼べないが，4.2.3 節で示す連続系での導出における変分に相当するため，本書ではこの場合も変分と呼ぶことにする．

ここで，$\mathbf{g} = \nabla_{\mathbf{x}_0} J$ で評価関数の勾配である[*8]．$\mathcal{L}$ の変分は次のようになる．

$$\begin{aligned}
\delta\mathcal{L} &= \sum_{t=0}^{T} \langle \nabla_{\mathbf{x}_t}\mathcal{J}, \delta\mathbf{x}_t \rangle + \sum_{t=1}^{T} \langle M(\mathbf{x}_{t-1}) - \mathbf{x}_t, \delta\boldsymbol{\lambda}_t \rangle + \sum_{t=1}^{T} \langle \boldsymbol{\lambda}_t, \mathbf{M}_{t-1}\delta\mathbf{x}_{t-1} - \delta\mathbf{x}_t \rangle \\
&= \sum_{t=0}^{T} \langle \nabla_{\mathbf{x}_t}\mathcal{J}, \delta\mathbf{x}_t \rangle + \sum_{t=1}^{T} \langle M(\mathbf{x}_{t-1}) - \mathbf{x}_t, \delta\boldsymbol{\lambda}_t \rangle \\
&\quad + \sum_{t=1}^{T} \langle \mathbf{M}_{t-1}^*\boldsymbol{\lambda}_t, \delta\mathbf{x}_{t-1} \rangle - \sum_{t=1}^{T} \langle \boldsymbol{\lambda}_t, \delta\mathbf{x}_t \rangle \\
&= \langle \nabla_{\mathbf{x}_0}\mathcal{J} + \mathbf{M}_0^*\boldsymbol{\lambda}_1, \delta\mathbf{x}_0 \rangle + \sum_{t=1}^{T-1} \langle \nabla_{\mathbf{x}_t}\mathcal{J} + \mathbf{M}_t^*\boldsymbol{\lambda}_{t+1} - \boldsymbol{\lambda}_t, \delta\mathbf{x}_t \rangle \\
&\quad + \langle \nabla_{\mathbf{x}_T}\mathcal{J} - \boldsymbol{\lambda}_T, \delta\mathbf{x}_T \rangle + \sum_{t=1}^{T} \langle M(\mathbf{x}_{t-1}) - \mathbf{x}_t, \delta\boldsymbol{\lambda}_t \rangle \quad (4.12)
\end{aligned}$$

ここで，$\mathbf{M}_t^*$ は $\mathbf{M}_t$ のアジョイント（随伴）演算子，すなわち，$\langle \mathbf{u}, \mathbf{M}_t\mathbf{v} \rangle = \langle \mathbf{M}_t^*\mathbf{u}, \mathbf{v} \rangle$ の関係を満たす演算子である．この定義は，一般の線形代数の教科書で見られる随伴の定義と全く同じである．

$\delta(\mathcal{L} - J) = 0$ となるためには，$\delta(\mathcal{L} - J)$ の中の変数の変分と内積をつくるベクトルが，それぞれ 0 とならなければならない．まず，$\delta\boldsymbol{\lambda}_t$ との内積から，モデル方程式 (4.1) が得られる．次に，$\delta\mathbf{x}_t$ との内積からは，形式的に $\boldsymbol{\lambda}_{T+1} = 0$ および $\boldsymbol{\lambda}_0 = \mathbf{M}_0^*\boldsymbol{\lambda}_1 + \nabla_{\mathbf{x}_0}\mathcal{J}$ と定義すれば，次のような一連の式が得られる（問題 4.4 参照）．

$$\boldsymbol{\lambda}_{T+1} = 0 \tag{4.13}$$
$$\boldsymbol{\lambda}_t = \mathbf{M}_t^*\boldsymbol{\lambda}_{t+1} + \nabla_{\mathbf{x}_t}\mathcal{J} \quad (t = 0, 1, \cdots, T) \tag{4.14}$$
$$\mathbf{g} = \boldsymbol{\lambda}_0 \tag{4.15}$$

上記の (4.14) 式がアジョイント方程式である．この式から，アジョイント演算子が評価関数の勾配の情報を，時間軸逆方向（遡る方向）に伝えることがわかる．実はアジョイント演算子には時間だけでなく，元となる予報モデルの演算子の計算を逆向きに辿りながら勾配の情報を伝える働きがある．上式から，$t = 0$ における状態変数 $\mathbf{x}_0$ に関する評価関数の勾配は，$\boldsymbol{\lambda}_{T+1} = 0$ を初期値と

[*8] $\nabla_{\mathbf{x}} J$ は，J の $\mathbf{x}$ についての勾配を表し，自然内積で定義する場合は，$\nabla_{\mathbf{x}} J = \partial J/\partial \mathbf{x}$ となる．（付録 A.1 参照）

してアジョイントモデルを時刻 $t=T$ から $t=0$ まで時間軸逆方向に積分すれば求まる．なお，ここで導出される勾配は，$\mathbf{x}_1, \mathbf{x}_2, \cdots \mathbf{x}_T$ がモデルという拘束条件を通じて $\mathbf{x}_0$ に従属することを前提とした勾配である．データ同化では一般に，アジョイント法とは4次元変分法のことを指すが，本来は以上のようなアジョイント演算子の性質を使って評価関数の勾配を求める方法である．

なお，アジョイント演算子の定義は，どのような内積で定義するかに依存する．データ同化の分野では，自然内積，即ち，$\langle \mathbf{u}, \mathbf{v} \rangle = \mathbf{u}^T \mathbf{v}^{c.c.}$ の条件下で定義することが多い．ここで，$\mathbf{v}^{c.c.}$ は $\mathbf{v}$ の共役複素数ベクトルを意味する．本書でも，特に断りのない限り，上付の $*$ で表記されるアジョイント演算子は自然内積で定義されるものとする．その場合，実空間では転置とアジョイントは一致するので，転置をアジョイントと呼ぶことにする．

さて，アジョイント演算子を自然内積を使って定義し，評価関数 J は (4.3) 式で表される場合，(4.3) 式を (4.14) 式に代入すると次式を得る．

$$\boldsymbol{\lambda}_t = \mathbf{M}_t^T \boldsymbol{\lambda}_{t+1} + \mathbf{H}_t^T \mathbf{R}_t^{-1}(H_t(\mathbf{x}_t) - \mathbf{y}_t) \quad (t=1,2,\cdots T) \tag{4.16}$$

$$\boldsymbol{\lambda}_0 = \mathbf{M}_0^T \boldsymbol{\lambda}_1 + \mathbf{B}^{-1}(\mathbf{x}_0 - \mathbf{x}^b) + \mathbf{H}_0^T \mathbf{R}_0^{-1}(H_0(\mathbf{x}_0) - \mathbf{y}_0) \quad (=\mathbf{g}) \tag{4.17}$$

上記の式は，アジョイント演算子がまさにデータミスフィットの情報を時間軸を遡って伝える役割を果たしていることを示しており，(4.9) 式と同等である．

さて，評価関数の勾配を求めた後は，前節で述べたように，より良い（評価関数がより小さくなる）$\mathbf{x}_0$ の推定値を降下法のプログラムを使って求め（付録 A.4 参照），再び予報モデルとそのアジョイントモデルの計算を行うという一連の作業を，推定値の精度が十分良くなるまで繰り返す．

問題 4.4
(4.12) 式から，$\boldsymbol{\lambda}_t\ (t=1,2,\cdots,T)$ および $\mathbf{g}$ に関する式を導き，$\boldsymbol{\lambda}_0, \boldsymbol{\lambda}_{T+1}$ を形式的に定義することにより，(4.13) 式〜(4.15) 式を導け．

問題 4.5
以下のような離散系における拡散モデルについて考える．

$$C_{t+1,i} = C_{t,i} + \Delta t \nu (C_{t,i+1} - 2C_{t,i} + C_{t,i-1})/(\Delta x)^2 \quad (i=1,2,\cdots,n)$$

ただし，ν は拡散係数，Δx と Δt は空間，時間方向の差分間隔で，いずれも定数とする．また，境界条件を $C_{t,0} = C_{t,1}, C_{t,n+1} = C_{t,1}$ とし，評価関数 J を $C_{t,i}$ ($i=1,2,\cdots n$, $t=0,1,\cdots$) の関数と考える．

1. 上記のモデル方程式を行列表現に直さず，評価関数 J にアジョイント変数とモデル方程式の内積を加えてラグランジュ関数を定義し，モデルのアジョイント方程式を導け．
2. モデル方程式を行列表記して (4.14) 式に代入すれば，(1) で求めたアジョイント方程式と一致することを確認せよ．

4.2.3 微分積分学を用いた連続系での導出

前節では離散系でのアジョイントモデルの導出を行ったが，連続系で記述される物理方程式とアジョイント方程式の関係を理解するために，本節では連続系での導出を考える．

まず，変動場を $\mathbf{x}(t)$ とする．t は時刻を表す．変動場 $\mathbf{x}(t)$ は初期値 $\mathbf{x}_0$ が決まれば，時間発展の支配方程式（モデル）から求まる．モデル方程式は，

$$\partial \mathbf{x}/\partial t = M(\mathbf{x}) \tag{4.18}$$

とする．ここで，M は偏微分等を含む式である．評価関数 J とラグランジュ関数 $\mathcal{L}$ を次のように定義する．

$$J = \int \mathcal{J}\, dt \tag{4.19}$$

$$\mathcal{L} = \int \mathcal{J}\, dt + \int \langle \boldsymbol{\lambda},\, M(\mathbf{x}) - \partial \mathbf{x}/\partial t \rangle\, dt \tag{4.20}$$

なお，積分期間は $t=0$ から $t=T$ とする．ラグランジュ関数の変分をとると，

$$\begin{aligned}
\delta \mathcal{L} &= \int \langle \nabla_{\mathbf{x}} \mathcal{J}, \delta \mathbf{x} \rangle\, dt + \int \langle \delta \boldsymbol{\lambda},\, M(\mathbf{x}) - \partial \mathbf{x}/\partial t \rangle\, dt \\
&\quad + \int \langle \boldsymbol{\lambda},\, \mathbf{M}\delta\mathbf{x} \rangle\, dt - \int \langle \boldsymbol{\lambda},\, \partial \delta\mathbf{x}/\partial t \rangle\, dt \\
&= \int \langle \nabla_{\mathbf{x}} \mathcal{J}, \delta \mathbf{x} \rangle\, dt + \int \langle \delta \boldsymbol{\lambda},\, M(\mathbf{x}) - \partial \mathbf{x}/\partial t \rangle\, dt \\
&\quad + \int \langle \mathbf{M}^{*}\boldsymbol{\lambda},\, \delta\mathbf{x} \rangle\, dt - \langle \boldsymbol{\lambda}(T),\, \delta\mathbf{x}(T) \rangle \\
&\quad + \langle \boldsymbol{\lambda}(0),\, \delta\mathbf{x}(0) \rangle + \int \langle \partial \boldsymbol{\lambda}/\partial t,\, \delta\mathbf{x} \rangle\, dt
\end{aligned} \tag{4.21}$$

となる．ここで，時間の偏微分に関する項については部分積分を用いた．4.2.2 節と同様，評価関数 J を初期値 $\mathbf{x}_0$ のみの関数とみなして（つまり J の制御変

数を $\mathbf{x}_0$ とする), $\delta(\mathcal{L} - J) = 0$ という条件を課すと, $\delta\boldsymbol{\lambda}$ の係数からモデル方程式 (4.18) を得る. また, $\delta\mathbf{x}$ の係数からは次のアジョイント方程式を得る.

$$-\partial\boldsymbol{\lambda}/\partial t = \mathbf{M}^*\boldsymbol{\lambda} + \nabla_\mathbf{x}\mathcal{J} \tag{4.22}$$

さらに, $\delta\mathbf{x}(T)$ の係数からはアジョイント方程式 (4.22) を計算するための初期値が得られ, $\delta\mathbf{x}(0)$ からは前節と同様に評価関数の勾配 $\mathbf{g}$ ($= \nabla_{\mathbf{x}_0}J$) に関する式 $\mathbf{g} = \boldsymbol{\lambda}(0)$ が得られる. このように, 連続系の場合も, 離散系の場合と同様に, 評価関数の勾配はアジョイント方程式を時間軸を遡る方向に積分して求められる.

[例題 4.1]
以下の線形化された浅水方程式系のアジョイント方程式を求めよ.

$$\left.\begin{array}{l} \partial u/\partial t - fv = -g\,\partial h/\partial x \\ \partial v/\partial t + fu = -g\,\partial h/\partial y \\ \partial h/\partial t + D(\partial u/\partial x + \partial v/\partial y) = 0 \end{array}\right\} \tag{4.23}$$

ただし, x, y は東西および南北方向の座標, u, v は東西および南北方向の流速, h は海面の昇降, f はコリオリパラメータ, g は重力加速度, D は水深である. f, g, D は一定とする. 東西方向および南北方向には周期境界条件を課すこととする.

[解答 4.1]
まず, ラグランジュ関数を以下のように表す.

$$\begin{aligned}\mathcal{L} = &\iiint \mathcal{J}\,dxdydt + \iiint \lambda^u(fv - g\,\partial h/\partial x - \partial u/\partial t)\,dxdydt \\ &+ \iiint \lambda^v(-fu - g\,\partial h/\partial y - \partial v/\partial t)\,dxdydt \\ &+ \iiint \lambda^h(-D(\partial u/\partial x + \partial v/\partial y) - \partial h/\partial t)\,dxdydt \end{aligned} \tag{4.24}$$

ここで, λ^u, λ^v, λ^h はそれぞれ u, v, h, のアジョイント変数に相当し, 右辺第一項は評価関数 J である. 上記のラグランジュ関数について変分をとると, 例えば右辺第 2 項の変分は次のようになる.

$$\begin{aligned}\iiint &(\delta v f + \delta h g\,\partial/\partial x + \delta u\,\partial/\partial t)\lambda^u\,dxdydt \\ &- \iint [\lambda^u(T)\delta u(T) + \lambda^u(0)\delta u(0)]\,dxdy \\ &+ \iiint \delta\lambda^u(fv - g\,\partial h/\partial x - \partial u/\partial t)\,dxdydt\end{aligned}$$

4.2 アジョイント法の色々な導出方法

ここで，x, t に関する偏微分の項は，周期境界条件を用いて部分積分を行った．他の項も同様に変分をとり，$\delta(J - \mathcal{L}) = 0$ となる条件を使うと，以下のようなアジョイント方程式を得る．

$$\left.\begin{array}{l} -\partial \lambda^u/\partial t + f\lambda^v = D\,\partial \lambda^h/\partial x + \partial \mathcal{J}/\partial u \\ -\partial \lambda^v/\partial t - f\lambda^u = D\,\partial \lambda^h/\partial y + \partial \mathcal{J}/\partial v \\ -\partial \lambda^h/\partial t - g(\partial \lambda^u/\partial x + \partial \lambda^v/\partial y) = \partial \mathcal{J}/\partial h \end{array}\right\} \quad (4.25)$$

問題 4.6
(4.24) 式の変分をとり，アジョイントの式 (4.25) を導け．

[例題 4.2]
浅水方程式 (4.23) とそのアジョイント方程式 (4.25) を波数空間における式に変換し，両者の関係を調べよ．

[解答 4.2]
$\mathbf{x}^T = (u, v, h)$ を以下のようにフーリエ変換する．

$$(u, v, h) = \sum_{k,l} (u_{k,l}(t), v_{k,l}(t), h_{k,l}(t)) \exp[i(kx + ly)] \quad (4.26)$$

この時，浅水方程式 (4.23) は以下のように書き直せる．

$$d\mathbf{x}_{k,l}/dt + \mathbf{M}_{k,l}\mathbf{x}_{k,l} = 0 \quad (4.27)$$

ここで，$\mathbf{x}_{k,l}^T = (u_{k,l}, v_{k,l}, h_{k,l})$ であり，$\mathbf{M}_{k,l}$ は以下のような行列である．

$$\mathbf{M}_{k,l} = \begin{pmatrix} 0 & -f & ikg \\ f & 0 & ilg \\ ikD & ilD & 0 \end{pmatrix} \quad (4.28)$$

また，アジョイント変数 $\boldsymbol{\lambda}^T = (\lambda^u, \lambda^v, \lambda^h)$ についても同様にフーリエ変換

$$(\lambda^u, \lambda^v, \lambda^h) = \sum_{k,l} (\lambda_{k,l}^u(t), \lambda_{k,l}^v(t), \lambda_{k,l}^h(t)) \exp[i(kx + ly)] \quad (4.29)$$

を行うと，アジョイント方程式 (4.25) は次のようになる．

$$-d\boldsymbol{\lambda}_{k,l}/dt + \mathbf{A}_{k,l}\boldsymbol{\lambda}_{k,l} = \partial \mathcal{J}/\partial \mathbf{x}_{k,l} \quad (4.30)$$

ここで，$\boldsymbol{\lambda}_{k,l}^T = (\lambda_{k,l}^u, \lambda_{k,l}^v, \lambda_{k,l}^h)$ である．このとき

$$\mathbf{A}_{k,l} = \begin{pmatrix} 0 & f & -ikD \\ -f & 0 & -ilD \\ -ikg & -ilg & 0 \end{pmatrix} \quad (4.31)$$

となっており，$\mathbf{M}_{k,l}^* = \mathbf{A}_{k,l}$ を満たしている．

補遺：変分法とモデル・観測演算子の非線形性

モデルや観測演算子が線形の演算子で表現される場合，(4.3) 式のような評価関数は 2 次関数となり，その極小値は一つだけである．しかし，モデルや観測演算子が非線形性を持つ場合には，極小値がいくつもあったり（多峰性という），評価関数が不連続で勾配が発散する等の理由で，降下法がうまく機能しなくなる場合がある．その場合，初めのうちは簡単なモデルや観測演算子で近似した評価関数を用いて降下法を実行し，最小値に近づくにつれて次第に本来のモデルや観測演算子に戻して最適値を求める手法が広く使われている．このような手法をインクリメンタルアプローチ (Courtier et al., 1994 参照) と呼ぶ．また，不連続性があるなど特に非線形性の強い演算子については，不連続な関数を tanh 関数など扱いやすい形に置き換えてアジョイント演算子を作る等の近似がなされている．

4.3　結果の品質が判断できる解析誤差と検証

以上で述べたアジョイント法の実行結果の妥当性や解析値の精度を検証する方法について説明する．本節の内容は基礎編 2 章の 3 次元変分法にも適応できる．

誤差の確率密度を用いて評価関数を定義すれば，解析誤差共分散行列 $\mathbf{P}^a$ は評価関数のヘッセ行列の逆行列となる．このことを示そう．まず，評価関数 J を制御変数 $\mathbf{x}$ の最適値 $\mathbf{x}^a$ の周りでテイラー展開し，高次の項を無視すると以下のようになる．

$$J = (\mathbf{x} - \mathbf{x}^a)^T \mathbf{A} (\mathbf{x} - \mathbf{x}^a)/2 + O(|\mathbf{x} - \mathbf{x}^a|^3) \tag{4.32}$$

1 章で述べたように，評価関数は確率密度分布の自然対数をとったものなので，$\mathbf{x}^a$ の近傍における $\mathbf{x}$ の真値のとり得る確率密度分布 p は以下のように表される．

$$p = C \exp\left\{-(\mathbf{x} - \mathbf{x}^a)^T \mathbf{A} (\mathbf{x} - \mathbf{x}^a)/2\right\} \tag{4.33}$$

ここで，C は適当な定数である．上式は $\mathbf{x}$ が $\mathbf{x}^a$ を期待値に持つ正規分布をしていることを示しており，ヘッセ行列 $\mathbf{A}$ の逆行列が解析誤差の共分散行列で

あることが分かる．例えば，3 次元変分法で示した (2.31) 式のように，一般的な評価関数は，

$$J = (\mathbf{x} - \mathbf{x}^b)^T \mathbf{B}^{-1}(\mathbf{x} - \mathbf{x}^b)/2 + (H(\mathbf{x}) - \mathbf{y})^T \mathbf{R}^{-1}(H(\mathbf{x}) - \mathbf{y})/2 \tag{4.34}$$

と表せるが，観測演算子 H が線形であれば，ヘッセ行列は，

$$\mathbf{A} = \mathbf{B}^{-1} + \mathbf{H}^T \mathbf{R}^{-1} \mathbf{H} \tag{4.35}$$

となり，$\mathbf{A}^{-1}$ が解析誤差共分散行列 $\mathbf{P}^a$ となる．

ヘッセ行列やその逆行列の計算は，次元の大きさなどを考えると現実にはほぼ不可能である．そこで，近似的に計算する方法がいくつか提案されている．その一つは，ヘッセ行列の逆行列の近似式（付録 A.4 参照）を用いる方法である．この方法だと，降下法として準ニュートン法を採用している場合，同時に解析誤差共分散行列を計算することができるので都合が良い．

もう一つの方法は固有値分解を用いる方法である．まず，$\mathbf{U}\mathbf{U}^T = \mathbf{B}$ を満たすような $\mathbf{U}$ を用いて，$\tilde{\mathbf{A}} = \mathbf{U}^T \mathbf{A} \mathbf{U}$ と定義する．このとき，観測演算子 H は線形だと仮定すると，(4.35) 式から $\tilde{\mathbf{A}} = \mathbf{I} + \mathbf{X}$ となる．ここで，$\mathbf{X} = \mathbf{U}^T \mathbf{H}^T \mathbf{R}^{-1} \mathbf{H} \mathbf{U}$ である．$\mathbf{X}$ の上位の固有値 ϕ_k と固有ベクトル $\mathbf{e}_k$ は，ランチョス法（Golub and Van Loan, 1996）等によって計算できるので，上位 l 個の固有ベクトル $\mathbf{e}_k$ を用いて $\mathbf{X}$ を近似すると，

$$\mathbf{X} \simeq \sum_{k=1}^{l} \phi_k \mathbf{e}_k \mathbf{e}_k^T \tag{4.36}$$

となる．これを用いると，

$$\tilde{\mathbf{A}}^{-1} \simeq \sum_{k=1}^{l} \frac{1}{1+\phi_k} \mathbf{e}_k \mathbf{e}_k^T + \sum_{k=l+1}^{n} \mathbf{e}_k \mathbf{e}_k^T = \mathbf{I} - \sum_{k=1}^{l} \frac{\phi_k}{1+\phi_k} \mathbf{e}_k \mathbf{e}_k^T \tag{4.37}$$

と近似できる．ここで，n は $\mathbf{X}$ の次元である．また，$\mathbf{I} = \sum_{k=1}^{n} \mathbf{e}_k \mathbf{e}_k^T$ を用いた．この式から，解析誤差共分散行列は次のようになる．

$$\mathbf{P}^a = \mathbf{U} \tilde{\mathbf{A}}^{-1} \mathbf{U}^T \simeq \mathbf{B} - \sum_{k=1}^{l} \frac{\phi_k}{1+\phi_k} (\mathbf{U}\mathbf{e}_k)(\mathbf{U}\mathbf{e}_k)^T \tag{4.38}$$

この他，モンテカルロ法を用いて解析誤差共分散行列を求める方法もある (Fisher and Courtier, 1995)．

解析誤差共分散行列は解析結果の精度を示す重要な情報である．ただし，背景誤差や観測誤差の共分散行列を正しく設定してないと，良い解析誤差共分散行列を得ることはできない．そのような場合，測定誤差が無視できるほど小さい高精度の観測があれば，それから解析誤差を見積もるほうが無難かもしれない．なお，解析誤差共分散行列は降下法の前処理にも利用できる．例えば，対角成分を用いて制御変数をスケーリングすれば，降下法の収束を速めることが可能である（付録 A.4）．

変分法の結果の検定方法として，最小化された評価関数の値を用いる方法も良く用いられる．(4.34) 式で観測演算子 H が線形の場合を考えると，最適値は $\mathbf{x}^a = \mathbf{x}^b + \mathbf{K}\Delta\mathbf{y}$ と表せる．ここで，$\mathbf{Z} = (\mathbf{HBH}^T + \mathbf{R})$ で，$\mathbf{K} = \mathbf{BH}^T\mathbf{Z}^{-1}$ はカルマンゲインと同型の行列であり，$\Delta\mathbf{y} = \mathbf{y} - \mathbf{Hx}^b$ はイノベーションである．この最適値を (4.34) 式の $\mathbf{x}$ に代入して整理すると，評価関数の最小値 J_{min} は以下のよう表せる．

$$2J_{min} = \Delta\mathbf{y}^T\mathbf{Z}^{-1}\Delta\mathbf{y} \tag{4.39}$$

ここで，$<\Delta\mathbf{y}\Delta\mathbf{y}^T> = \mathbf{Z}$ なので，上式は $\Delta\mathbf{y}$ をその共分散行列で規格化してノルムをとった形になっている．これをマハラノビスノルムと呼ぶ．さて，$\mathbf{Z}$ を固有値分解して $\mathbf{Z} = \mathbf{E}\mathbf{D}^2\mathbf{E}^T$ とする．次に，$\Delta\mathbf{y} = \mathbf{E}^T\mathbf{D}\Delta\tilde{\mathbf{y}}$ とすると，$2J_{min} = \Delta\tilde{\mathbf{y}}^T\Delta\tilde{\mathbf{y}}$ となる．また，$<\Delta\tilde{\mathbf{y}}\Delta\tilde{\mathbf{y}}^T> = \mathbf{I}$ となるので，$2J_{min}$ は，自由度 m の χ^2 分布[*9]に従う．m は $\Delta\mathbf{y}$ の次元，すなわち観測データの数である．従って，期待値は m，分散は $m/2$ になる．以上の結果から，χ^2 検定を行って同化計算の結果から求まる J_{min} が χ^2 分布をしているかどうかを調べれば，結果の妥当性を確認することができる (Bennet, 2002)．

より簡便には，

$$2<J_{min}>/m = 1 \tag{4.40}$$

が成り立っているかをチェックする方法もある．大きくずれているようであれば，背景誤差や観測誤差の共分散行列の調整が必要と考えられる (Talagrand,

---

[*9] v_i $(i = 1, 2, \cdots, N)$ が期待値 0，分散 1 の正規分布に従うとき，$\sum_{i=1}^{N} v_i^2$ の確率密度分布を自由度 N の χ^2 分布と呼び，その期待値は N，分散は $N/2$ となる．

2003).

問題 4.7
(4.39) 式を導出せよ．

4.4　観測データの効果を判断する感度解析と特異ベクトル

アジョイントモデルは，データ同化以外にも，感度解析や特異ベクトルの計算に利用されている．どちらも物理現象の発生原因を追跡するのに極めて有用な手法であり，さらに特異ベクトルはアンサンブル予報の際に各メンバーの初期値の作成に用いられている．ここではこれらの手法について解説する．

感度解析とは，モデルの入力を変化させると出力がどのように変化するかを調べ，その結果から，ターゲットとする出力の変化を得るには，入力をどのように与えれば良いのかを見い出す解析手法である．例えば，過去のどのような現象が現在や未来の変動を引き起こすのか，ある特定の大気や海洋中のシグナルや粒子がどこからきたのか (逆追跡)，さらには，どの場所を観測すれば将来の現象を効果的，効率的に予測できるのか（応用編 8.5 節参照) 等を検討するときに用いられている．

通常の感度解析では，入力変数を適当に変化させてモデルの計算を何度も繰り返す．しかも，入力変数の設定方法は，不確かな理論モデルや経験に頼らざるを得ない．一方，アジョイントモデルを用いれば，モデルの出力の変化が入力のどこに起因するのかを調べることができる．つまり，「狙った」出力の変化を得るにはどのように入力変数を変化させれば良いのかという有益な情報を，わずか 1 回の計算で確実に得ることができるという優れた利点がある．このような感度解析の方法については Cacuci(2003) や Galanti *et al.*(2003) に詳しい．

[例題 4.3]
トレーサー C の時空間分布は，次のような 1 次元線形移流拡散方程式で記述できるとする．時刻 $t = T$ で位置 $x = 0$ に存在するトレーサーは，時刻 $t = 0$ ではどこに存在していたと推定できるか，その確率分布を求めよ．ただし，移流速度 u は定数とする．

$$(\partial C/\partial t) + u(\partial C/\partial x) = \nu(\partial^2 C/\partial x^2) \tag{4.41}$$

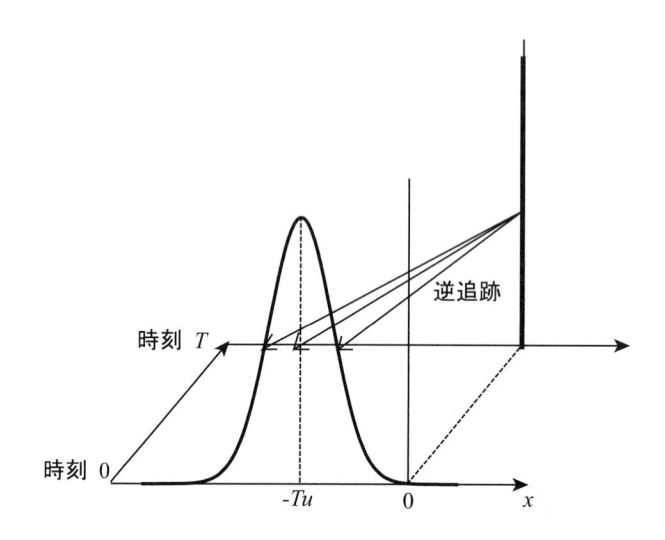

図 4.2　一次元移流拡散方程式のアジョイントモデルを用いた感度解析の模式図

[解答 4.3]
時刻 $t = 0$ および $t = T$ における C の分布を C_0 および C_T と表記する．まず，評価関数をデルタ関数 $\delta(x)$ を用いて

$$J = C_T(x=0) = \int_{-\infty}^{\infty} C_T \delta(x)\,dx \tag{4.42}$$

と定義する．このとき，評価関数の勾配 $g = \nabla_{C_0} J$ は位置 x の関数で，この値が大きいほど，時刻 $t = 0$ でのある位置におけるトレーサーの量が評価関数の値，すなわち，時刻 $t = T$ における位置 $x = 0$ のトレーサー量に相対的に大きな影響を与えた（つまり，$t = T$ で位置 $x = 0$ に多く存在する）と考えられる．従って，g は求めるべき確率分布であると言える．

さて，ラグランジュ関数を

$$\mathcal{L} = \int_{-\infty}^{\infty} C_T \delta(x)\,dx + \int_0^T \int_{-\infty}^{\infty} \lambda^C \left[-u(\partial C/\partial x) + \nu(\partial^2 C/\partial x^2) - (\partial C/\partial t) \right] dxdt$$

と定義すると，$\delta(\mathcal{L} - J) = 0$ より，アジョイント方程式は，

$$-(\partial \lambda^C/\partial t) - u(\partial \lambda^C/\partial x) = \nu(\partial^2 \lambda^C/\partial x^2) \tag{4.43}$$

となる．また，$\lambda^C(T) = \delta(x)$ となり，求めるべき確率分布は $g = \lambda^C(0)$ となる．ここで，λ^C を以下のように表し，

$$\lambda^C(t) = \int_{-\infty}^{\infty} \hat{\lambda}^C(k) e^{i(kx - \omega t)}\,dk \tag{4.44}$$

(4.43) 式に代入すると，$\omega = ku + i\nu k^2$ となる．フーリエ変換を用いてデルタ関数を表すと，$\lambda^C(T) = (1/2\pi)\int_{-\infty}^{\infty} \exp(ikx)\,dk$ と表せるので，これと (4.44) 式から，

$$\hat{\lambda}^C(k) = (2\pi)^{-1}\exp(iuTk - T\nu k^2) \tag{4.45}$$

となる．以上から求めるべき確率分布は

$$\lambda^C(0) = \frac{1}{2\pi}\int_{-\infty}^{\infty} e^{-T\nu k^2 + i(x+Tu)k}\,dk = \frac{1}{2\sqrt{\pi T\nu}}e^{-(x+Tu)^2/4T\nu} \tag{4.46}$$

となる．つまり，$x = -Tu$ を中心としたガウス分布になる (図 4.2)．なお，中心が原点からずれるのは移流の効果であり，分布が広がりを持つのは拡散の効果による．

問題 4.8
アジョイント方程式 (4.43) を求めよ．

問題 4.9
$\int_{-\infty}^{\infty}\exp(-x^2)\,dx = \sqrt{\pi}$ を用いて，(4.46) 式を導け．

次に，特異ベクトルの計算方法について説明する．まず，ある基本状態に任意の偏差（入力）を与えて，モデル M をある一定期間積分した場合に，最も大きく成長するような入力を探索する方法を考えてみよう．今，入力を $\mathbf{x}_{in}$，出力を $\mathbf{x}_{out}$ とすると，偏差が十分小さくモデルの線形性が仮定できる場合，接線形モデル $\mathbf{M}$ を用いると $\mathbf{x}_{out} = \mathbf{M}\mathbf{x}_{in}$ となるので，入力と出力の大きさの比 γ は以下のように表せる．

$$\gamma^2 = \frac{\langle \mathbf{x}_{out}, \mathbf{x}_{out}\rangle}{\langle \mathbf{x}_{in}, \mathbf{x}_{in}\rangle} = \frac{\langle \mathbf{M}\mathbf{x}_{in}, \mathbf{M}\mathbf{x}_{in}\rangle}{\langle \mathbf{x}_{in}, \mathbf{x}_{in}\rangle} = \frac{\langle \mathbf{M}^*\mathbf{M}\mathbf{x}_{in}, \mathbf{x}_{in}\rangle}{\langle \mathbf{x}_{in}, \mathbf{x}_{in}\rangle} \tag{4.47}$$

この式から，γ^2 の最大値は $\mathbf{M}^*\mathbf{M}$ の最大の固有値であり，入力は固有ベクトルのスカラー倍であることがわかる（付録 A.1 参照）．また，この最大の固有値は $\mathbf{M}$ の最大の特異値の絶対値の 2 乗となり，固有ベクトルは右特異ベクトルと一致する．今，最大の特異値を ϕ_1 とし，それに対応した右特異ベクトルを $\mathbf{u}_1$，左特異ベクトルを $\mathbf{v}_1$ とおくと，以下の 2 式が成り立つ．

$$\mathbf{M}\mathbf{u}_1 = \phi_1\mathbf{v}_1, \qquad \mathbf{M}^*\mathbf{v}_1 = \phi_1\mathbf{u}_1 \tag{4.48}$$

すなわち，右特異ベクトル $\mathbf{u}_1$ は，接線形モデル $\mathbf{M}$ の初期値に与えて時間積分すると，左特異ベクトル $\mathbf{v}_1$ の ϕ_1 倍に変化する．このとき，$\mathbf{u}_1$ は接線形モデル中で最も大きく成長する入力（モード）で，他のいかなる入力も ϕ_1 より大

きくなることはない．また，左特異ベクトル $\mathbf{v}_1$ は，アジョイントモデル $\mathbf{M}^*$ を時間軸方向逆向きに積分すると，右特異ベクトル $\mathbf{u}_1$ にスカラー数 ϕ_1 をかけたものとなり，他のいかなるベクトルを $\mathbf{M}^*$ に入力しても，これより大きくはならない．アンサンブル予報では，上記のような方法で早く発達するいくつかのモードを取り出し，それを各メンバーの初期値に使用する方法が広く採用されている．なお，特異値および特異ベクトルを計算するには，ランチョス法（Golub and Van Loan, 1996）等により $\mathbf{M}^*\mathbf{M}$ の固有値と固有ベクトルを計算しなければならないので，アジョイントモデル $\mathbf{M}^*$ が必要になる．

　特異ベクトルの計算は感度解析にも用いることができる (Fujii *et al.*, 2008)．例えば，領域 A で最も発達する擾乱の"種"を領域 B から探索する場合を考えよう．領域 B でのパラメータ $\mathbf{b}$ の変化をモデル領域全体の入力に変換する行列を $\mathbf{F}$，モデル出力中の領域 A で検出される擾乱を適当な物理量に変換する行列を $\mathbf{T}$ とする．モデルの線形性を仮定できる場合，発達した擾乱は $\mathbf{a} = \mathbf{TMFb}$ となるので，擾乱の"種"の大きさに関する比 γ は以下の式で表される．

$$\gamma^2 = \frac{\langle \mathbf{a}, \mathbf{a} \rangle}{\langle \mathbf{b}, \mathbf{b} \rangle} = \frac{\langle (\mathbf{TMF})^*\mathbf{TMFb}, \mathbf{b} \rangle}{\langle \mathbf{b}, \mathbf{b} \rangle} \tag{4.49}$$

すなわち，最大の特異値を持つ $\mathbf{TMF}$ の右特異ベクトルが求める擾乱の"種"であり，左特異ベクトルが領域 A で発達した擾乱である．ただし，モデルが非線形の場合，"種"が大きくなるほど実際にモデルで計算される擾乱の分布と左特異ベクトルとのずれは大きくなる．この方法では，先に述べた感度解析とは異なり，発達するある擾乱のみを取り出すことができる．従って，擾乱の発達のメカニズムなどを調べるのには見通しの良い方法だと言える．

4.5 アジョイント法とカルマンフィルターの関係について

　動的な同化手法として，3 章ではカルマンフィルターについて，本章ではアジョイント法について解説してきた．本節では，線形問題ではアジョイント法によって得られる最適解はカルマンフィルターの結果と一致することを示し，さらにそれぞれの特色について検討する．

4.5 アジョイント法とカルマンフィルターの関係について

線形の最適化問題に対するアジョイント法の評価関数は

$$J = \frac{1}{2}(\mathbf{x}_0 - \mathbf{x}^b)^T \mathbf{B}^{-1}(\mathbf{x}_0 - \mathbf{x}^b) + \sum_{t=0}^{T} \frac{1}{2}(\mathbf{H}_t \mathbf{x}_t - \mathbf{y}_t)^T \mathbf{R}_t^{-1}(\mathbf{H}_t \mathbf{x}_t - \mathbf{y}_t) \tag{4.50}$$

と記述できる．ここで，観測演算子は接線形演算子 $\mathbf{H}_t$ で，モデルも線形演算子 $\mathbf{M}_t$ で記述できると仮定した．さて，時刻 $t=0$ では，(4.15) 式と最適値の条件から $\boldsymbol{\lambda}_0 = \mathbf{g}_0 = 0$ となるので，(4.50) 式を (4.14) 式に代入すると次式が得られる．

$$\mathbf{M}_0^T \boldsymbol{\lambda}_1 + \mathbf{B}^{-1}(\mathbf{x}_0 - \mathbf{x}^b) + \mathbf{H}_0^T \mathbf{R}_0^{-1}(\mathbf{H}_0 \mathbf{x}_0 - \mathbf{y}_0) = 0 \tag{4.51}$$

この式を $\mathbf{x}_0$ について解くと，

$$\mathbf{x}_0 = (\mathbf{B}^{-1} + \mathbf{H}_0^T \mathbf{R}_0^{-1} \mathbf{H}_0)^{-1}(\mathbf{B}^{-1} \mathbf{x}^b + \mathbf{H}_0^T \mathbf{R}_0^{-1} \mathbf{y}_0 - \mathbf{M}_0^T \boldsymbol{\lambda}_1) \tag{4.52}$$

となる．

カルマンフィルター（ここではシステムノイズを無視する）によって得られる $\mathbf{x}_0$ の最適値 $\mathbf{x}_0^a$ およびその誤差共分散行列 $\mathbf{P}_0^a$ は，$\mathbf{x}_0^f = \mathbf{x}^b$，$\mathbf{P}_0^f = \mathbf{B}$ とすると，(3.11) 式〜 (3.13) 式より，

$$\mathbf{x}_0^a = (\mathbf{B}^{-1} + \mathbf{H}_0^T \mathbf{R}_0^{-1} \mathbf{H}_0)^{-1}(\mathbf{B}^{-1} \mathbf{x}^b + \mathbf{H}_0^T \mathbf{R}_0^{-1} \mathbf{y}_0) \tag{4.53}$$

$$\mathbf{P}_0^a = (\mathbf{B}^{-1} + \mathbf{H}_0^T \mathbf{R}_0^{-1} \mathbf{H}_0)^{-1} \tag{4.54}$$

と表せる．(4.52) 式に (4.53) 式，(4.54) 式を代入すると，$t=0$ の時，次式が成り立つ．

$$\mathbf{x}_t = \mathbf{x}_t^a - \mathbf{P}_t^a \mathbf{M}_t^T \boldsymbol{\lambda}_{t+1} \tag{4.55}$$

次に，$t=i-1$ の時，(4.55) 式が成り立つと仮定して，両辺に左から $\mathbf{M}_{i-1}$ を作用させ，(3.1) 式および (3.8) 式を用いると次式を得る．

$$\mathbf{x}_i = \mathbf{x}_i^f - \mathbf{P}_i^f \boldsymbol{\lambda}_i \tag{4.56}$$

この式と，(4.14) 式に (4.50) 式を代入したアジョイント方程式から $\boldsymbol{\lambda}_i$ を消去すると，

$$\mathbf{M}_i^T \boldsymbol{\lambda}_{i+1} + (\mathbf{P}_i^f)^{-1}(\mathbf{x}_i - \mathbf{x}_i^f) + \mathbf{H}_i^T \mathbf{R}^{-1}(\mathbf{H}_i \mathbf{x}_i - \mathbf{y}_i) = 0 \tag{4.57}$$

が得られる．上式は (4.51) 式と同形なので，$t=0$ の場合と同様に行えば，結局，$t=i$ においても (4.55) 式が成り立つことが示せ，数学的帰納法により，任意の時刻 t に対して (4.55) 式が成立する．

さて，同化期間の最後のステップ ($t=T$) では $\boldsymbol{\lambda}_{T+1}=\boldsymbol{0}$ なので，(4.55) 式から $\mathbf{x}_T = \mathbf{x}_T^a$ となり，アジョイント法とカルマンフィルターの解は一致することがわかる．ただし，同化期間の途中のステップでは両者の結果は一致しない．これは，アジョイント法では (4.55) 式の右辺第 2 項で未来のデータミスフィットの情報を時間軸を遡って反映させているのに対し，カルマンフィルターではその情報は時間軸順方向に伝わるだけで，未来の情報を解析場に反映させていないからである．カルマンフィルターの実行後に未来の情報を過去に反映させるのが RTS スムーザーであり，それらを組み合わせたカルマンフィルター・スムーザーの結果はアジョイント法の結果と一致する（問題 4.10）．アジョイント法の結果が誤差行列の時間発展を陽に計算するカルマンフィルター・スムーザーの結果と一致するということは，アジョイント法でも誤差行列の時間発展が暗にではあるが考慮されていることを示すもので，このことは問題 4.11 の結果より明らかである．

上記の導出では，カルマンフィルターに対してシステムノイズを無視した．これは，通常のアジョイント法ではシステムノイズを取り扱わないからである[*10]．また，アジョイント法はカルマンフィルターとは異なり，先行する同化期間の解析誤差の情報を次の同化期間に引き継ぐことができない．これらを考えると，カルマンフィルター・スムーザーの方が，アジョイント法よりもモデル誤差や背景誤差に整合した解析値が得られるように思える．しかし，カルマンフィルターで誤差変化を逐次的に計算するのは計算コストが大きく，実用上様々な近似が必要である．また，モデルや観測演算子の非線形性が強い場合は一般に，カルマンフィルターよりアジョイント法の方が取り扱い易い．このようにアジョイント法とカルマンフィルターにはそれぞれ長所と短所があり，目的に応じた使い分けが肝要である．

アジョイント法に関する上記のような欠点を補う手法も最近研究されるよ

[*10] システムノイズを制御変数とすれば，その最適値を状態変数の初期値と共に求めることが可能だが，全ての時間ステップにおいて全モデル変数のシステムノイズを求めるとなると，未知数の数が非常に大きくなってしまうので，それを減らす何らかの工夫 (例えば，Derber, 1989) が必要不可欠になる．

うになった．例えば，リプレゼンター法（Bennet, 2002）はシステムノイズを考慮しやすいように，アジョイント法を改良した手法である．また，カルマンフィルターのように，先行する同化期間に計算された誤差共分散行列を次の期間の背景誤差共分散行列として利用する方法も提案されている．

問題 4.10
(4.55) 式と (4.56) 式を用いて，アジョイント法とカルマンフィルター・スムーザーの解が一致することを示せ．

問題 4.11
(4.57) 式, (4.14) 式, (4.50) 式を用いて，時間ステップ i におけるアジョイント法の解析値は，その時間ステップの予報変数を以下の評価関数の制御変数とした最小値解であることを示せ．

$$J(\mathbf{x}_i) = \frac{1}{2}(\mathbf{x}_i - \mathbf{x}_i^f)^T (\mathbf{P}_i^f)^{-1}(\mathbf{x}_i - \mathbf{x}_i^f) + \sum_{t=i}^{T} \frac{1}{2}(\mathbf{H}_t \mathbf{x}_t - \mathbf{y}_t)^T \mathbf{R}_t^{-1}(\mathbf{H}_t \mathbf{x}_t - \mathbf{y}_t)$$

問題 4.12
次のようなモデルがシステムノイズを含む場合を考える．

$$\mathbf{x}_{t+1} = \mathbf{M}_t \mathbf{x}_t + \mathbf{\Gamma}_t \mathbf{q}_t$$

(1) 評価関数 J を以下のように定義して，ラグランジュの未定乗数法によりアジョイント方程式（$\mathbf{\lambda}_t$ と $\mathbf{q}_t$ の関係式を含む）を求めよ．

$$J = \frac{1}{2}(\mathbf{x}_0 - \mathbf{x}_0^b)^T \mathbf{B}^{-1}(\mathbf{x}_0 - \mathbf{x}_0^b) + \sum_{t=0}^{T} \frac{1}{2}(\mathbf{H}_t \mathbf{x}_t - \mathbf{y}_t)^T \mathbf{R}_t^{-1}(\mathbf{H}_t \mathbf{x}_t - \mathbf{y}_t)$$
$$+ \sum_{t=0}^{T-1} \frac{1}{2} \mathbf{q}_t^T \mathbf{Q}_t^{-1} \mathbf{q}_t$$

(2) この場合，解がカルマンフィルター・スムーザーと一致することを示せ．

4.6 アジョイントコードの作成手順（作り方のコツ）

アジョイントモデルは，4.2 節で示したように，接線形モデルの行列表記を行い，その転置をとれば作成できる．しかし，モデルが複雑になると，上記の作業を行うことは現実的ではない．そこで，ここでは簡便なアジョイントコードの作成方法について紹介する[11]．

---
[11] 観測演算子の転置行列も同様の方法で作成するのが簡便である．

基本手順

まず，対象とするモデル M のソースコードに書かれている全ての演算式を，その順番どおりに $F_1, F_2, \cdots, F_l, \cdots, F_m$ とする．ここで，F_l の入力変数と出力変数は，予報に関係する（中間変数も含め）ソースコード内の変数全てであると考える．この時，F_l はその計算で更新される要素以外は不変な演算子として扱う．さらに，モデル M についても，予報に関係する全ての変数を入力変数と出力変数の両方に含むと考えて $\mathbf{x}_t$ とすると（t は時間ステップ），

$$\mathbf{x}_{t+1} = M\mathbf{x}_t = F_m F_{m-1} \cdots F_1 \mathbf{x}_t \tag{4.58}$$

と表せるので，接線形モデルは微分のチェーンルールより，

$$\delta \mathbf{x}_{t+1} = \mathbf{M}_t \delta \mathbf{x}_t = \mathbf{F}_m \mathbf{F}_{m-1} \cdots \mathbf{F}_1 \delta \mathbf{x}_t \tag{4.59}$$

となる．ここで，$\mathbf{F}_l$ は F_l をテイラー展開により線形化したものである．これより，接線形モデルはソースコードに書かれている演算式を全て微分して線形化し，もとの順番に並べて計算すればよいことがわかる．アジョイントモデルは，

$$\boldsymbol{\lambda}_t = \mathbf{M}_t^T \boldsymbol{\lambda}_{t+1} = \mathbf{F}_1^T \mathbf{F}_2^T \cdots \mathbf{F}_m^T \boldsymbol{\lambda}_{t+1} \tag{4.60}$$

と表せるので，接線形モデルの全ての演算式について転置をとり，逆順に並べて計算すればよい．なお，アジョイントモデルの時間積分を始める前に，全てのアジョイント変数を 0 に初期化しておく必要がある．

具体例

強制力（時間にのみ依存する）と速度の二乗に比例する摩擦力が作用する粒子の速度変化に関するモデルを取り上げよう．モデルは以下のように表せる．

$$\left.\begin{array}{rcl} V_t &=& \sqrt{u_t^2 + v_t^2} \\ u_{t+1} &=& u_t + \Delta t \left(w_t^x - fV_t u_t \right) \\ v_{t+1} &=& v_t + \Delta t \left(w_t^y - fV_t v_t \right) \end{array}\right\} \tag{4.61}$$

ここで，u_t, v_t, V_t は速度の x, y 成分および大きさ，w_t^x, w_t^y は強制力の x, y 成分，f は摩擦係数（定数），Δt は時間ステップ幅であり，下付添え字文字 t

4.6 アジョイントコードの作成手順（作り方のコツ）

はその値が時間ステップ t の値であることを示している．このモデルを $t=0$ から $t=T$ まで積分する計算を Fortran のソースコードで表すと次のようになる．

```
do t=1, TT
  V_norm = sqrt( u**2 + v**2 )
  u = u + Delta_t * (wx(t) - f * V_norm * u )
  v = v + Delta_t * (wy(t) - f * V_norm * v )
end do
```

ここで，t は時間ステップ t を表すカウンターであり，Delta_t, f, TT, wx(t), wy(t) の値はそれぞれ Δt, f, T, w_t^x, w_t^y である．V_norm の値は時間ステップ t における V_t の値であり，これを使って u, v の値も u_{t-1}, v_{t-1} から u_t, v_t に更新される．

モデルの入出力変数を u, v, V_norm と考え（wx, wy は u, v に依存しないから，入出力変数に加える必要はない），上記のモデルソースコード 2, 3, 4 行目を，それぞれ F_1, F_2, F_3 とすると，例えば F_1 は，V_norm のみを更新し，u, v については元の値をそのまま返すような演算子とみなせる．$\mathbf{F}_1$ については，モデルソースコード 2 行目の式の変分をとると，以下のように表せる．

```
D_V_norm = u(t-1) / V_norm(t) * D_u + v(t-1) / V_norm(t) * D_v
```

ここで，D_ は変分を表し，u(t-1), v(t-1), V_norm(t) はそれぞれ u_{t-1}, v_{t-1}, V_t である．同様に，$\mathbf{F}_2$, $\mathbf{F}_3$ に関しても作成して，$\mathbf{F}_1$ から $\mathbf{F}_3$ の順の計算を繰り返すソースコードを組めば，接線形コードは完成する．

アジョイントコードについては，$\mathbf{F}_1$, $\mathbf{F}_2$, $\mathbf{F}_3$ を行列表記して転置をとり，逆順に並べればよい．例えば，$\mathbf{F}_1$ の行列表記は次のようになる．

$$\begin{pmatrix} \text{D\_u} \\ \text{D\_v} \\ \text{D\_V\_norm} \end{pmatrix} \leftarrow \begin{pmatrix} 1 & 0 & 0 \\ 0 & 1 & 0 \\ \text{u(t-1)/V\_norm(t)} & \text{v(t-1)/V\_norm(t)} & 0 \end{pmatrix} \begin{pmatrix} \text{D\_u} \\ \text{D\_v} \\ \text{D\_V\_norm} \end{pmatrix}$$

ここで，記号 ← は右辺を左辺に代入することを意味する．なお，u, v も F_1 の入出力変数に含まれているので（注；元の式の右辺と左辺の両方に出てくる），上記の式には不変である D_u, D_v の式も含ませてある．

さて，上式の転置をとると，$\mathbf{F}_1^T$ は以下のように表される．

$$\begin{pmatrix} \text{A\_u} \\ \text{A\_v} \\ \text{A\_V\_norm} \end{pmatrix} \leftarrow \begin{pmatrix} 1 & 0 & u(t-1)/V\_norm(t) \\ 0 & 1 & v(t-1)/V\_norm(t) \\ 0 & 0 & 0 \end{pmatrix} \begin{pmatrix} \text{A\_u} \\ \text{A\_v} \\ \text{A\_V\_norm} \end{pmatrix}$$

これをソースコードに直すと以下のようになる．

```
A_u = A_u + u(t-1) / V_norm(t) * A_V_norm
A_v = A_v + v(t-1) / V_norm(t) * A_V_norm
A_V_norm = 0.d0
```

ここで，A_はアジョイント変数を表す．同様に $\mathbf{F}_2^T$，$\mathbf{F}_3^T$ についても作成し，$\mathbf{F}_3^T$ から $\mathbf{F}_1^T$ の順の計算を t = TT から t = 1 まで繰り返せばアジョイントモデルは完成する．

モデルの予報計算結果の保存

先の例のように，非線形性をもつモデルの接線形モデルとアジョイントモデルの計算を行うには，モデルで計算した予報変数や中間変数の計算結果が必要となる．そのため，前もってそれらを（値が途中で更新されるものについてはその途中の値も含めて）保存しておかなければならない．しかし，大規模なモデルの場合，必要となる計算途中のデータを全て保存するのは，莫大なデータ容量を必要とするので不可能である．そのような場合，例えば元のモデルコードと接線形コードを並列して計算していくようにすれば，元のモデルの計算過程を保存する必要がなくなる．先の例では以下のようにすればよい[*12]．

```
do t=1, TT
 V_norm = sqrt( u**2 + v**2 )
 D_V_norm = u / V_norm * D_u + v / V_norm * D_v
 D_u = D_u + Delta_t * (wx(t) - f * ( D_V_norm * u + V_norm * D_u))
 u = u + Delta_t * (wx(t) - f * V_norm * u )
       ⋮
```

一方，アジョイントモデルの計算は順序が逆になるため，このような取り扱いはできない．そこで，まず最初に予報モデルの計算を行い，計算結果を適当

[*12] この場合，$\mathbf{F}_1$ については，F_1 で計算される V_norm(t) が必要になるので F_1 の後で計算する．また，$\mathbf{F}_2$ については，F_2 で更新される u(t-1) が必要なので F_2 の前で計算する．

な時間ステップ間隔で間引いて保存しておく．そして，あるステップの計算結果が必要になった時点で，保存してある直近のデータから元のモデルの予報計算をもう一度行い，必要なデータを復元する方法が用いられる（チェックポイント法という）．また，予報変数の時間変動が十分小さければ，適当な間隔で保存し，途中についてはデータを時間内挿して代用することも試みられている．

微分係数が発散する場合の処理

以上で扱った $\mathbf{F}_1$ や $\mathbf{F}_1^T$ の行列要素の中には，1/V_norm(t) に比例し，V_norm $= 0$ のとき発散してしまうものがある．このような場合，接線形モデルやアジョイントモデルが計算途中で破綻してしまう危険があり工夫が必要である．例えば，予報モデルのコードが $y = \sqrt{x}(x \leq 0)$ を含むと，その微分は $y = 1/2\sqrt{x}$ となり，$x = 0$ で発散する．このような場合，発散を避けるため，x がある基準値 x_a より 0 に近づいた場合は，$y = 1/2\sqrt{x_a}$ で一定とするような条件分岐を用いるなどして，発散を回避しなければならない．このとき，接線形コードは厳密ではなくなるが，発散して計算が止まるよりはましである．なお，アジョイントコードについては，発散しないように近似した接線形コードを使って同様の手続きで作成すればよい．

計算の順序

既に述べたように，接線形モデルの計算の順序は対象とするモデルと同順であり，一方アジョイントモデルでは逆順となる．例えば，用いる予報モデルコードにカウンター i が 1 から N と増えていくようなループ計算がある場合，接線形モデルも i を 1 から N へと増やしながら計算するが，アジョイントコードでは N から 1 へと減らしながら計算する．ただし，計算順序によらず結果が変わらないような計算については，わざわざ逆順で計算しなくてもよい．

なお，予報変数の値によって処理内容が異なるような条件分岐には特に注意が必要である．例えば，

$$y = \begin{cases} bx^2 & (x > 0) \\ -bx^2 & (x \leq 0) \end{cases}$$

ならば，その接線形コードは

$$\delta y = \begin{cases} 2bx\delta x & (x > 0) \\ -2bx\delta x & (x \leq 0) \end{cases}$$

となる.ここで,条件分岐に使われるのは δx ではなく x であることに注意してほしい.つまり,条件分岐の条件をチェックするときは必ず予報モデルの結果を使わなければならない.同様に,アジョイントコードについても条件分岐でアジョイント変数を用いるのは誤りである.

整合性のチェック

接線形コードおよびアジョイントコードの作成後には,その整合性をチェックする必要がある.まず接線形コードのチェックについては基本的に次式に従って行う.

$$\lim_{\epsilon \to 0} M(\mathbf{x} + \epsilon \boldsymbol{\delta x}) = M(\mathbf{x}) + \epsilon \mathbf{M} \boldsymbol{\delta x} \tag{4.62}$$

通常は適当な $\mathbf{x}$ と $\boldsymbol{\delta x}$ を与え,左辺のモデル結果と右辺の接線形コードを用いた結果を図示して比較するなど,両者が十分に似通っているかどうか確認する.この他に,(4.62) 式と適当なベクトルとの内積が,両辺でおおよそ同じ値になるか否かを確かめる方法もある.なお,(4.62) 式はあくまでも漸近的に成り立つだけであり,非線形性が強い場合は全く違う値になってしまう可能性もあるので注意が必要である.

アジョイントコードのチェックについては,以下のような厳密な関係式があるので,接線形コードに比べて容易である.

$$(\mathbf{Mx})^T \mathbf{Mx} = \mathbf{x}^T (\mathbf{M}^T \mathbf{Mx})$$

つまり,任意の $\mathbf{x}$ について,$\mathbf{Mx}$ の 2 乗と,$\mathbf{x}$ と $\mathbf{M}^T \mathbf{Mx}$ の内積が一致すれば,アジョイントコード $\mathbf{M}^T$ は正しいと言える.

自動生成コード

モデルの規模が大きくなると,接線形およびアジョイントコードの作成はかなりの手間を要する.その場合,コンピュータープログラムにより自動作成するサービス(例えば TAMC (Tangent linear and Adjoint Model Compiler), http://www.autodiff.com/tamc/)があるので,それを利用するのも一案である.ただし,複雑なコードについては正しい接線形やアジョイントコードが生成されないなどの問題点もあるので,自動作成をした後は必ず自分の目で見直し,正しくかつ効率の良い接線形・アジョイントコードが作成されているかを

確認する必要がある．

問題 4.13 (4.61) でモデル化される粒子の速度変化と位置を計算するソースコード，およびその接線形コードとアジョイントコードを作成せよ．ただし，$w_t^x = \cos(\pi t/10)$, $w_t^y = \sin(\pi t/10)$, $f = 0.05$, $\Delta t = 1$, $u_0 = 2$, $v_0 = 0$ とする．

Column

アジョイント法海洋再解析データを用いた北太平洋アカイカ資源変動解析

近年，マイワシやサンマをはじめ日本の水産業を支える多くの魚種の資源変動が北太平洋十年規模変動（PDO）やエル・ニーニョなど大規模な海洋循環の変動の影響を強く受けていることが明らかにされた．これに伴い，その要因の解明へ向けて，水産資源の生存圏である海洋の物理環境変動の正確な把握が求められており，データ同化はその有効な手法として世界の注目を集めている．

とりわけ，観測データと数値シミュレーションの長所を相互補完的に融合できる 4 次元変分法（アジョイント法）データ同化手法は，空間 3 次元に加え時間軸方向にも力学・熱力学的に整合性のとれた 4 次元データを，未観測量も含めて得ることができるため，水産資源変動メカニズムの解明に大変有効である．ここでは北太平洋のアカイカ (図コラム 4.1) 資源変動研究への適用事例を紹介しよう．

図コラム 4.2 は北太平洋における 1994 － 2004 年のアカイカ秋生れ群の単位努力あたり漁獲量（CPUE）の変動と，海洋研究開発機構 (JAMSTEC) の 4D-VAR データ同化システムで作成された海洋再解析データ (http://www.jamstec.go.jp/j/medid/dias/) で再現された 160W に沿う 4 月の水温・塩分の鉛直プロファイルとの相関関係を示したものである．アカイカ漁獲量変動は水温・塩分のどちらも海表面より躍層付近の変動との間に高い相関を示しており，人工衛星では直接測定できない躍層の変動を精緻に再現できる海洋再解析データから，アカイカの摂餌環境に影響を及ぼす海洋物理パラメータを抽出することで，アカイカ漁獲量の変動をより精度良く再現できる (図コラム 4.3) ことがわかる．アカイカは単年生で，環境変動による資源量の年変動が大きく，その予測は難しいが，本研究により 1 年程度の資源量予測も可能になると期待されている．

Column

図コラム 4.1 写真. 北太平洋のアカイカ（遠洋水産研究所外洋研究室提供）

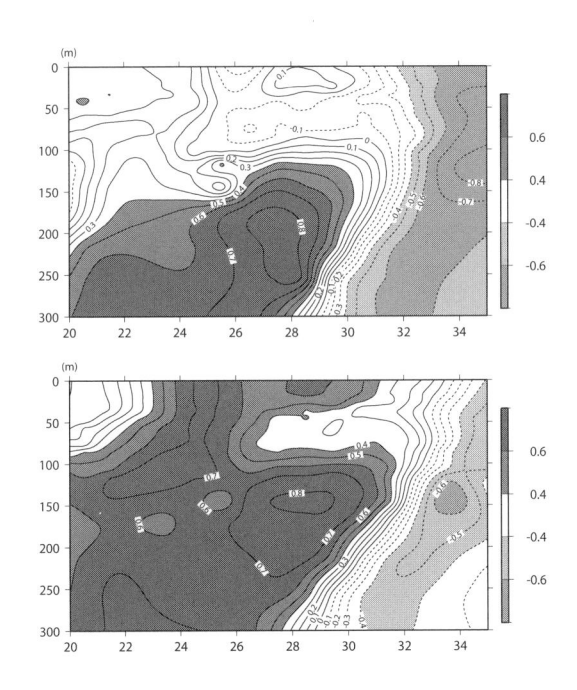

図コラム 4.2 北太平洋 (175.5E) におけるアカイカ秋生れ群の調査漁業 CPUE と 160W における 4 月の水温（上）・塩分（下）との相関係数分布. 縦軸は深度（m）.

Column

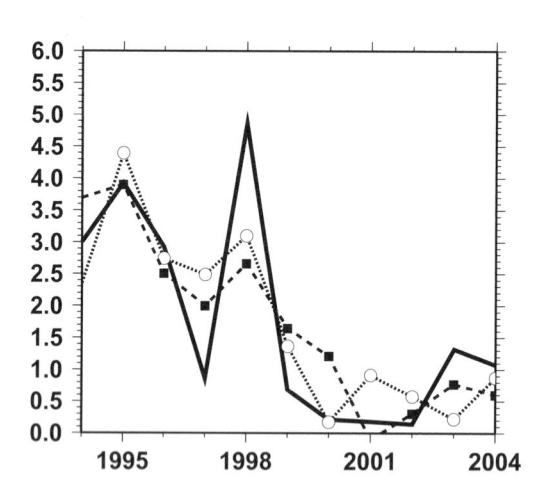

図コラム 4.3 回帰分析から再現した北太平洋アカイカ秋生れ群の CPUE 変動（単位は尾数／反）．（黒実線）調査漁業による観測値，（白丸点線）27N160W210m 深水温との回帰分析からの見積値，（黒四角点線）28N160W150m 深塩分との回帰分析による見積値．

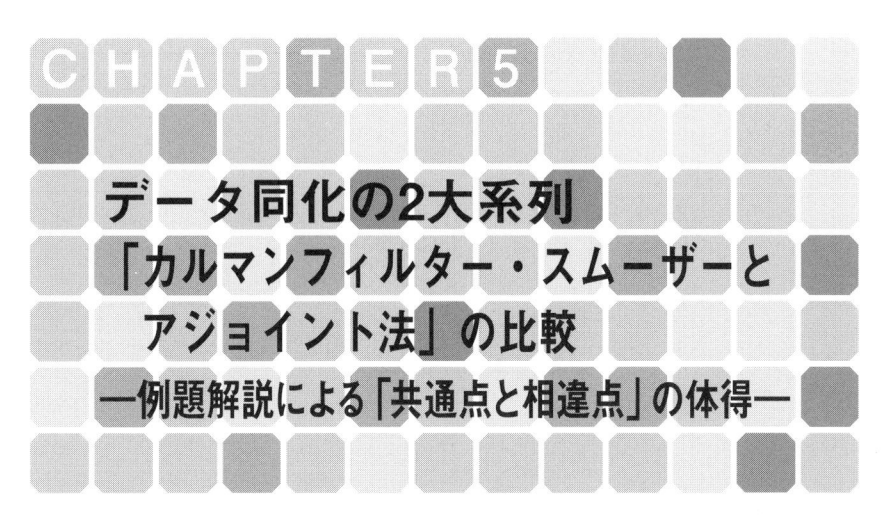

CHAPTER 5
データ同化の2大系列「カルマンフィルター・スムーザーとアジョイント法」の比較
― 例題解説による「共通点と相違点」の体得 ―

　本章では，3章と4章で述べた代表的な同化手法であるカルマンフィルター・スムーザーとアジョイント法を実践的に理解し解法を体得するために，手頃な例題を対比的に説明する．

　まず5.1節では，最適化実験でよく用いられる双子実験と呼ばれる方法について解説する．続いて5.2節では，最も簡単な力学系である質点の強制振動（減衰項付き）のモデルを使い，データ同化の基本的な使用法を解説する．その際，モデルの入力変数である外力を逆推定する方法についても説明する．これはデータ同化の大きな利点の一つである．次に5.3節で地球流体力学の基本とも言える1次元移流拡散モデルの同化実験を扱う．モデルは微分方程式を差分方程式にして解くので，多変数の数値問題として扱い，観測値に含まれる情報の伝播と解析精度の関係についても説明する．最後に5.4節では，流体力学の古典的問題である粘性項付きのKdV方程式（Korteweg de Vries equation）を用いて，非線形モデルの取り扱いについて述べる．これら3つの例題で扱うモデルは，海洋物理学や気象力学の根幹をなす方程式，あるいは流体力学で用いられるナビエストークス方程式の基礎となるものであり，線形の2変数を扱う簡単なものから多変数の非線形性モデルへと徐々に高度になっている．

5.1　同化手法の動作確認のための双子実験

　双子実験 (identical twin experiment) とは，データ同化の分野でよく用いられる用語の1つで，データ同化手法の有効性をテストする試行実験の一種で

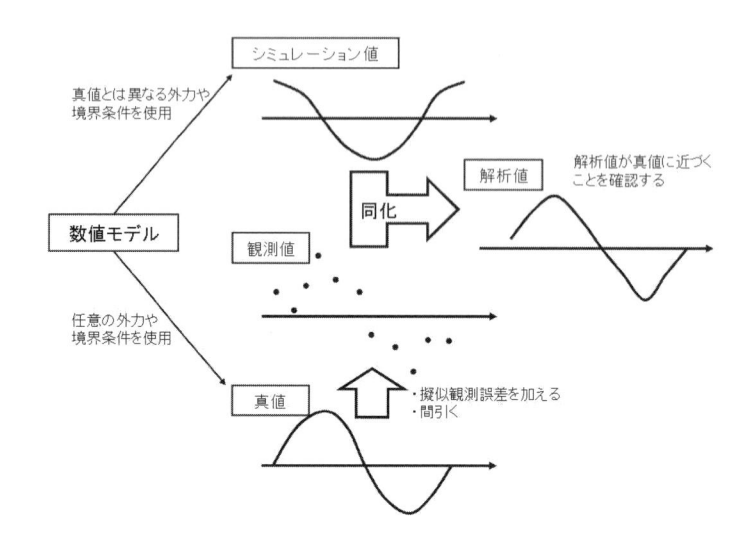

図 5.1 双子実験の概念図.

ある."双子"と言われる所以は，以下で示すように，1 つの数値モデルから真値 (true) とシミュレーション値 (simulation) の両方を算出する点にある．

図 5.1 に双子実験の概念図を示す．まず始めに，初期条件，境界条件，強制力，モデルパラメーターなどを設定してモデル計算を行い，その結果を"真値"と仮定する．次に，初期条件，境界条件，強制力，モデルパラメーターなどの全てまたは一部を，真値を求めた設定から変更してモデル計算を行い，その結果を"シミュレーション値"とする．"観測値"は"真値"から観測に相当する物理量を抽出 (または観測演算子 H を用いて算出) し，適当に観測誤差を加えて擬似的に作成する．そして，この"観測値"を"シミュレーション値"に同化して，結果（これを"解析値"と呼ぶ）が真値に近づいたかどうかを調べ，データ同化の有効性を判断する [*1]．このような双子実験では真値が既知であるため，本来なら正確には知り得ない観測誤差や解析誤差も正確に見積もることが

[*1] アジョイント法の場合は，最適化法（降下法）により初期値や強制力を徐々に修正するのに伴って，解析値が真値に近づくかどうかを調べる．

できる．そのため，同化に必要な統計パラメーターの設定や同化結果の精度の評価が，現実の問題を取り扱う場合に比べて遙かに容易である．

本章で扱う例題は全て双子実験を前提としており，真値は既知である．従って，解析値がシミュレーション値や観測値よりも真値に近いかどうかを調べることにより，データ同化手法の有効性を確かめる．

5.2 例題 1: 基本中の基本である減衰項付き強制振動

まず，最も単純でありながら多くの力学システムに内在する強制振動を対象に，カルマンフィルター・スムーザーとアジョイント法の有用性を確かめよう．ここでは，時間のみを独立変数とする 1 次元問題を扱う．予報変数は位置と速度の 2 変数のみである．加えて，データ同化の特色である境界条件の最適化の例として，強制力に含まれる誤差の修正についても考える．

5.2.1 問題設定 1

質点 m の強制振動 (減衰項付き) の支配方程式を以下に記す．

$$\begin{cases} dx/dt &= v \\ m\,dv/dt &= -kx - rv + w \end{cases} \tag{5.1}$$

ここで，x は質点の位置，v はその速度，k は振動定数，r は減衰定数，w は強制力 (外力) である．数値解を求めるために，以下のように差分化する．

$$\begin{cases} x_t &= x_{t-1} + \Delta t v_{t-1} \\ v_t &= -(k\Delta t/m)\,x_{t-1} + (1 - r\Delta t/m)\,v_{t-1} + (\Delta t/m)\,w_{t-1} \end{cases} \tag{5.2}$$

計算に必要なパラメータ値としては，$m = 1.0$, $k = 0.5$, $r = 0.75$, $\Delta t = 1.0$ とし，計算ステップ数は 100 ステップとする．真値，シミュレーション値，観測値の設定条件は次の通りである．

真値: 初期値に $x_0^{\text{true}} = 5.0$, $v_0^{\text{true}} = 0.0$ を与え，強制力を $w_t^{\text{true}} = \sin(2\pi t/10)$ とする．

シミュレーション値: 初期値に $x_0^{\text{sim}} = 6.0$, $v_0^{\text{sim}} = 0.0$ を与え，強制力を $w_t^{\text{sim}} = \sin(2\pi t/10) + q$ とする．ここで，q は平均 0，標準偏差 0.5 の正規分布に従う乱数であり，外力誤差に相当する．ただし，この乱数は，

時間ステップが偶数時に新しい値を与え，奇数時には前の偶数時と同じ値を用いる．

観測値: 偶数の時間ステップで，位置 x のみが計測されたと仮定する．その観測値は $y_t = x_t^{\text{true}} + \epsilon^o$，つまり真値の位置 x_t^{true} に平均 0，標準偏差 1.0 の正規分布に従う乱数 ϵ^o を観測誤差として加えたものとする．

このような条件で，カルマンフィルター・スムーザーとアジョイント法による同化を行い，さらに外力の推定も考える．

5.2.2 カルマンフィルター・RTS スムーザーによる解法

モデルの状態ベクトル $\mathbf{x}_t$，外力ベクトル $\mathbf{w}_t$，観測ベクトル $\mathbf{y}_t$ は次のようになる．

$$\mathbf{x}_t = \begin{pmatrix} x_t \\ v_t \end{pmatrix}, \quad \mathbf{w}_t = \begin{pmatrix} w_t \end{pmatrix}, \quad \mathbf{y}_t = \begin{pmatrix} y_t \end{pmatrix} \tag{5.3}$$

状態遷移行列 $\mathbf{M}$，外力行列 $\mathbf{G}$，および観測行列 $\mathbf{H}$ は，(5.2) 式を踏まえると，以下のように書ける．

$$\mathbf{M} = \begin{pmatrix} 1 & \Delta t \\ -k\Delta t/m & 1 - r\Delta t/m \end{pmatrix}, \quad \mathbf{G} = \begin{pmatrix} 0 \\ \Delta t/m \end{pmatrix}, \quad \mathbf{H} = \begin{pmatrix} 1 & 0 \end{pmatrix} \tag{5.4}$$

次に，与えたモデルパラメーターや観測情報を用いると，予報誤差共分散行列の初期値 $\mathbf{P}_0^f$，システムノイズ共分散行列 $\mathbf{Q}$，ならびに観測誤差共分散行列 $\mathbf{R}$ はそれぞれ，

$$\mathbf{P}_0^f = \begin{pmatrix} 1 & 0 \\ 0 & 0 \end{pmatrix}, \quad \mathbf{Q} = \begin{pmatrix} 0.5^2 \end{pmatrix}, \quad \mathbf{R} = \begin{pmatrix} 1 \end{pmatrix} \tag{5.5}$$

となる（$\mathbf{Q}$ と $\mathbf{R}$ は 1 行 1 列の行列）．ここで，$\mathbf{P}_0^f$ は真値とシミュレーション値の差から求めた．以上の設定のもとで，モデルの時間発展に関しては (3.1)，(3.11)，(3.12) 式を，予報誤差共分散行列の時間発展には (3.8)，(3.12)，(3.13) 式を用いて，カルマンフィルターによる同化を実行する．また，(3.43)，(3.44)，(3.45) 式を使用すれば RTS スムーザーを実行できる．

なお，本例題ではシステム行列（$\mathbf{M}$, $\mathbf{G}$, $\mathbf{H}$）を (5.4) 式のように簡単に設定できたが，一般には容易ではないので，3.5.1 節で述べたように，数値的作成

5.2 例題1：基本中の基本である減衰項付き強制振動

方法を用いるとよい（この行列作成の実例は，後の5.3節で詳述する）．また，双子実験では真値が既知なので，誤差共分散行列（$\mathbf{P}_0^f$, $\mathbf{Q}$, $\mathbf{R}$）を簡単に計算できるが，実際にはこれらの誤差共分散行列の見積りは難しく，2.3.2節の手法（covariance matching）を利用して推定することが多い．

図5.2に，真値，シミュレーション値，観測値，ならびにカルマンフィルターによる同化後の解析値の結果を示す．観測値が得られている位置xだけでなく，観測値を同化していない速度vについても，解析値がシミュレーション値よりも真値に近づいている．最適内挿法などの静的な同化手法（2章）では，位置xと速度vの関係式を利用しない限り，速度vを修正することはできないが，カルマンフィルターでは位置xと速度vの関係を予報誤差共分散行列の非対角成分として見積もるので，位置xのみを同化した場合でも，モデルを介して自動的に速度vが修正される．

改善の程度を定量的に評価するために，シミュレーション値，観測値，およびカルマンフィルターによる予報値（観測値を同化する前の値），解析値（観測値を同化後の値）の真値とのRMS(Root Mean Square)誤差[*2]ならびに相関を表5.1に示した．位置xについてみると，シミュレーション値と観測値のRMS誤差がそれぞれ1.780, 0.943であるのに対し，カルマンフィルターによる予報値（解析値）のRMS誤差は1.305（1.056）となり，シミュレーション値よりも小さくなるものの観測値よりは大きい．一方，観測値を同化していない速度vについては，シミュレーション値のRMS誤差が1.300であるのに対し，カルマンフィルターによる予報値（解析値）では0.926（0.914）となって，同化後にRMS誤差がかなり減少している．この結果からわかるように，カルマンフィルターは，モデルに含まれる全ての状態変数の誤差分散の和を最小にするよう重み（カルマンゲイン）を決定するので，観測値の得られた状態変数（本例題の場合は位置x）の解析値の精度は，必ずしも観測値よりも高精度になるとは限らない．その代わり，観測値のない状態変数（本例題では速度v）に対して，シミュレーション値よりも高精度な解析値を求めることができる．これは，カルマンゲインに予報誤差共分散行列の非対角成分が含まれていることに由来する特性である．

[*2] 例えば，シミュレーション値のRMS誤差は $[(1/101)\sum_{n=0}^{100}(x_n^{sim} - x_n^{true})^2]^{1/2}$ である．

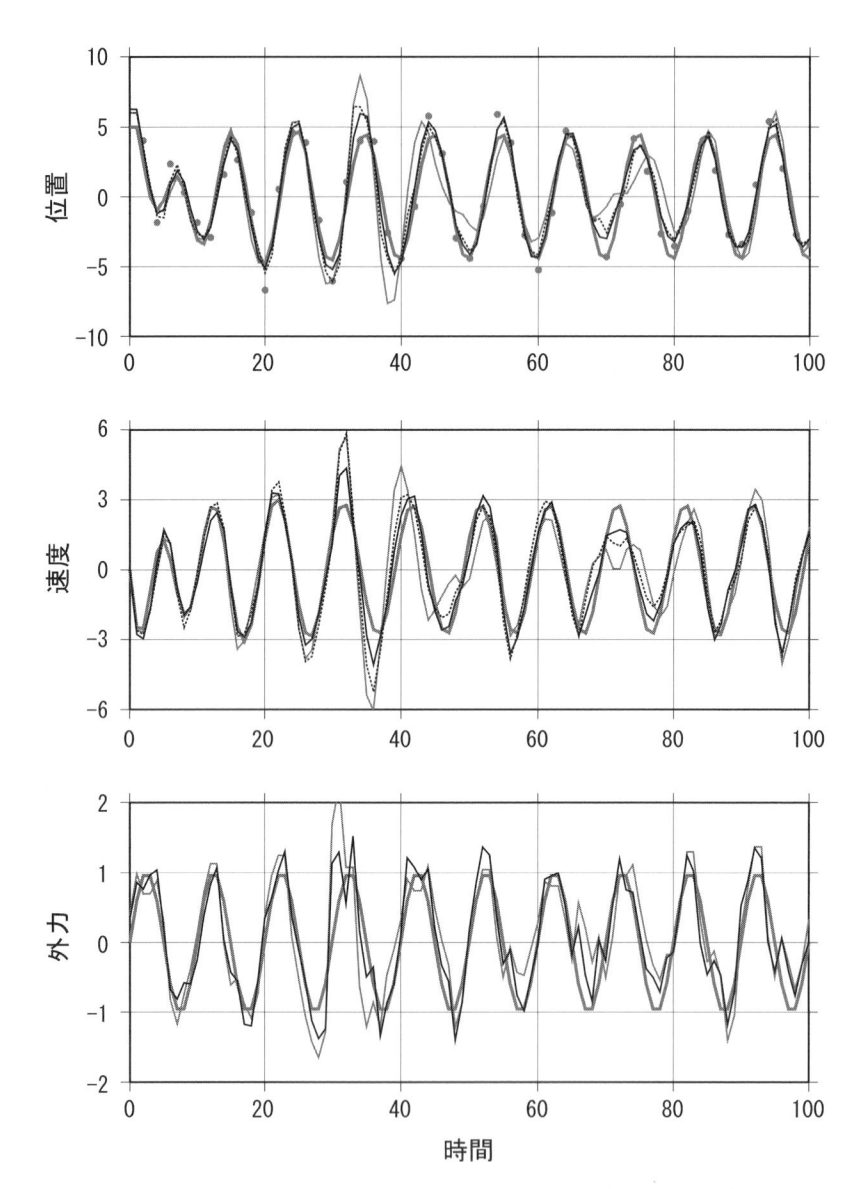

図 5.2 カルマンフィルター, RTS スムーザーによる例題 1 の同化結果. 灰太実線：真値, 灰細実線：シミュレーション値, 黒細破線：カルマンフィルターによる解析値, 黒細実線：RTS スムーザーによる解析値, 灰丸：観測値. 上段：位置 x, 中段：速度 v, 下段：外力 w の時系列.

表 5.1 例題 1 のシミュレーション値,観測値,カルマンフィルター,RTS スムーザー,アジョイント法の結果と真値との RMS 誤差および相関

	RMS 誤差			相関		
	位置 x	速度 v	外力 w	位置 x	速度 v	外力 w
シミュレーション値	1.780	1.300	0.508	0.858	0.812	0.792
観測値	0.943	-	-	0.949	-	-
フィルター (予報値)	1.305	0.926	-	0.923	0.905	-
フィルター (解析値)	1.056	0.914	-	0.949	0.909	-
スムーザー (解析値)	0.770	0.567	0.350	0.974	0.961	0.898
アジョイント法 (解析値)	0.770	0.567	0.350	0.974	0.961	0.898

次に,モデルから計算される予報誤差共分散行列 $\mathbf{P}$ の時間変化を,シミュレーションの場合とカルマンフィルターを実行した場合で比較してみよう (図 5.3). ここで,$\mathbf{P}$ の対角成分を左上から順に $\mathbf{P}_{11}$, $\mathbf{P}_{22}$ とし,2 つの非対角成分については同じ値となるので,$\mathbf{P}_{12}$ のみ示した. 図 5.3 を見ると,シミュレーションの場合,$\mathbf{P}$ の各成分は 10~15 ステップ目以降ほぼ一定となる. これは,外力から発生する誤差と減衰によって消失する誤差の量がバランスしたことを意味している. 一方,カルマンフィルターを実行した場合,対角成分 $\mathbf{P}_{11}$, $\mathbf{P}_{22}$ は,同化が行われる度に 0 に近づき,それ以外では誤差が増えるという周期的な変動を繰り返している. 同化後の誤差共分散(解析誤差共分散行列)の各成分も 15 ステップ目以降で安定している. これは,3.2.6 節で説明した定常カルマンフィルターの導入が可能であることを意味している. つまり,本例題では定常の予報誤差共分散行列 $\mathbf{P}$ を事前に求めておけば,効率的な同化が行える.

さて,RTS スムーザーは,カルマンフィルターの結果をもとにしつつ,さらに同化時刻よりも未来にある観測値を利用して最適な解析値を計算する手法であった (3.3.3 節参照). RTS スムーザーで求めた解は理論上最適であり,アジョイント法のように推定を繰り返す必要がない. (繰り返して推定を行うと,解析値が観測値に偏重した結果となる場合があり,注意が必要である.)

RTS スムーザーでは,同化前後の状態変数 $\mathbf{x}_t^f$, $\mathbf{x}_t^a$ と,予報誤差共分散行列

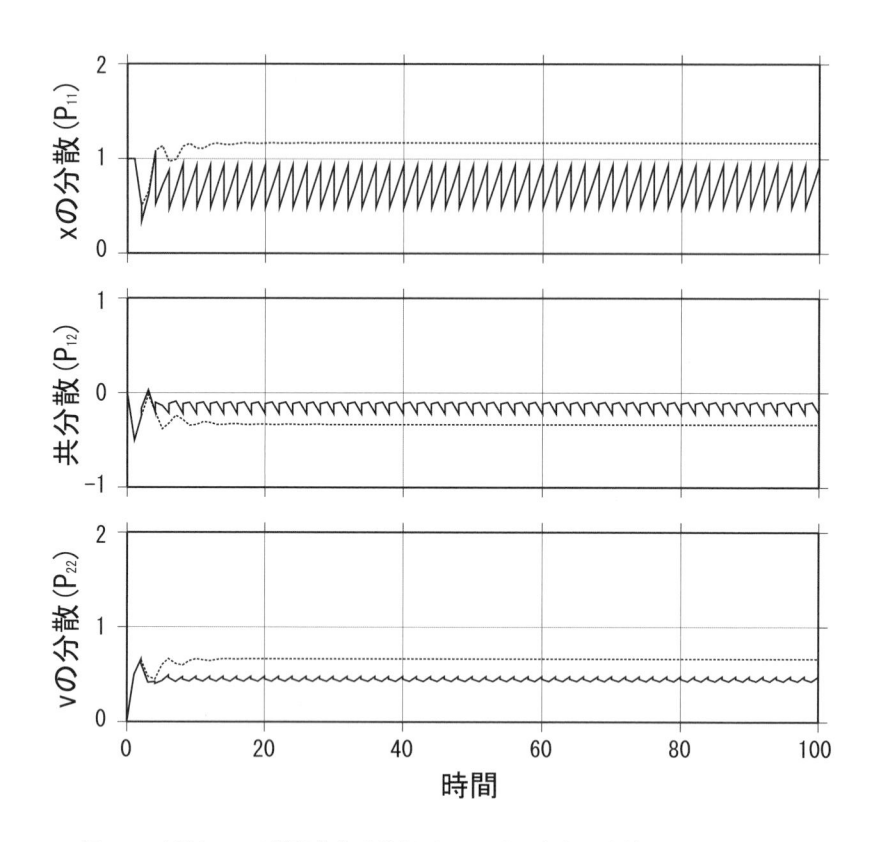

図 5.3 例題 1 の予報誤差共分散行列 $\mathbf{P}$ の時間変化. 実線：カルマンフィルターの場合，破線：シミュレーションの場合. 上段：左上成分 $\mathbf{P}_{11}$，中段：非対角成分 $\mathbf{P}_{12}$，下段：右下成分 $\mathbf{P}_{22}$.

$\mathbf{P}_t^f$，解析誤差共分散行列 $\mathbf{P}_t^a$ を用いて，(3.43) 式と (3.44) 式の演算を実行する．前述したように，本例題では定常の誤差共分散行列 $\mathbf{P}^f$ や $\mathbf{P}^a$ が使用可能なので，(3.50) 式を利用して定常スムーザーゲイン $\mathbf{S}$ を求め，スムーザーを実行することもできる．

RTS スムーザーの結果は図 5.2 中に実線で示されている．また，RTS スムーザーによる解析値の真値との RMS 誤差および相関は表 5.1 に示されている．RTS スムーザーによる位置 x の解析値は RMS 誤差が 0.770，相関が 0.974 であり，シミュレーション値や観測値よりも RMS 誤差（相関）が小さ

く（高く），両者よりも真値に近づいている．また，図 5.2 から，RTS スムーザーによる位置 x および速度 v の解析値ともに，カルマンフィルターと比べて真値に近づいていることがわかるであろう．

さて，RTS スムーザーで求めた状態変数 $\mathbf{x}_{t|T}^{a}$ を用いれば，(3.51) 式と (3.53) 式から外力の推定が可能である．その結果は図 5.2 および表 5.1 に示されている．シミュレーション値で使用した外力と比べて，全体的に推定された外力が真値に近づいている．しかし，全ての時刻で真値に近づくわけではない．例えば，図 5.2 の $t = 53$ 付近では，RTS スムーザーから推定した外力よりもシミュレーションで使用した外力の方が真値に近い．前述したように，カルマンフィルターや RTS スムーザーならびにアジョイント法による最適推定は，統計的に最適となる解を求めるものであって，全ての時空間で解析値がシミュレーション値や観測値よりも真値に近づくことを保障するものではないことに再度注意してほしい．

問題 5.1
誤差共分散行列の非対角各成分 $\mathbf{P}_{12}$ の振る舞いについて考察せよ．

5.2.3 アジョイント法による最適化

次に，同様の問題をアジョイント法を使って解いてみよう．ここでは外力の推定も行うので，質点の位置の初期値と各ステップにおける外力を制御変数と考えて最適化問題を解くことにする．シミュレーションで用いた値 x_0^{sim} および w_t^{sim} を背景値 x_0^b, w_t^b として用い，評価関数 J を次のように定義する．

$$J = \frac{1}{2}\frac{(x_0 - x^b)^2}{(\sigma^b)^2} + \frac{1}{2}\sum_{t=0}^{99}\frac{(w_t - w_t^b)^2}{(\sigma^w)^2} + \frac{1}{2}\sum_{m=1}^{50}\frac{(x_{2m} - y_{2m})^2}{(\sigma^o)^2} \quad (5.6)$$

ここで，標準誤差については，従前の設定から，それぞれ $\sigma^b = 1$, $\sigma^w = 0.5$, $\sigma^o = 1$ とおく．以降では 4.2.2 節と同様に，ラグランジュの未定乗数法を用いて評価関数の勾配を求める．

まず，ラグランジュ関数を以下のように定義する．

$$\begin{aligned}\mathcal{L} = \mathcal{J} &+ \lambda_0^x(x_0^e - x_0) + \sum_{t=0}^{99} \lambda_t^w(w_t^e - w_t) \\ &+ \sum_{t=1}^{100} \lambda_t^x [x_{t-1} + \Delta t\, v_{t-1} - x_t] \\ &+ \sum_{t=1}^{100} \lambda_t^v [-(k\Delta t/m)\, x_{t-1} - (1 - r\Delta t/m) v_{t-1} + (\Delta t/m)\, w_{t-1} - v_t] \end{aligned} \quad (5.7)$$

ここでは，見通しを良くするために，制御変数である x_0，w_t の推定値をそれぞれ x_0^e，w_t^e とおき，モデル方程式を満たすという強拘束条件に由来する右辺第4，5項に加えて，$x_0 = x_0^e$，$w_t = w_t^e$ を満たすよう右辺第2，3項を付加した*3．λ_t^x，λ_t^v，λ_t^w は未定乗数である．$\mathcal{J}$ は x_t，v_t が制御変数 x_0，w_t に依存しない独立変数であると考えた場合の関数 J である．

このラグランジュ関数 $\mathcal{L}$ について，変分 $\delta(\mathcal{L} - \mathcal{J}) = 0$ となる条件を求めよう．前章と同様，$\lambda_{101}^x = \lambda_{101}^v = 0$ とおくと，δx_t，δv_t の係数から，以下のアジョイント方程式を得る．

$$\left. \begin{aligned} \lambda_t^x &= \lambda_{t+1}^x - (k\Delta t/m)\, \lambda_{t+1}^v + \nabla_{x_t}\mathcal{J} \\ \lambda_t^v &= \Delta t\, \lambda_{t+1}^x - (1 - r\Delta t/m)\lambda_{t+1}^v \\ \lambda_t^w &= (\Delta t/m)\lambda_{t+1}^v + (w_t - w_t^{\text{sim}})/(\sigma^w)^2 \end{aligned} \right\} \quad (5.8)$$

ここで，$\nabla_{x_t}\mathcal{J}$ は，観測値がある時には $(x_t - y_t)/(\sigma^o)^2$，$t = 0$ の時には $(x_t - x^b)/(\sigma^b)^2$ であり，それ以外では0とする．推定値 x_0^e と w_t^e に関する評価関数 J の勾配は，それぞれ $\partial J/\partial x_0^e = \lambda_0^x$，$\partial J/\partial w_t^e = \lambda_t^w$ となり，(4.15)式と同様に，制御変数のアジョイント変数が評価関数の制御変数に関する勾配になる．実はモデル行列 $\mathbf{M}$ をうまく書き換えると，(4.14)式と同様にアジョイント方程式を記述でき，外力がある場合でも無い場合と同様に，アジョイントモデルから評価関数の勾配を計算することができる（問題5.3参照）．

---

*3 これは，モデル方程式 (5.2) を連立方程式と考えたとき，方程式の数が200（100時間ステップ×2）に対して，未知数の数は301（x_t が101，v_t と w_t は100ずつ）あるので，式と未知数の数を等しくして式を閉じさせるためである．4.2.2節のようにこれらの項を付加せずアジョイント方程式を導くことも可能であるが，その場合は λ_0^x，λ_t^w を形式的に定義する必要がある．

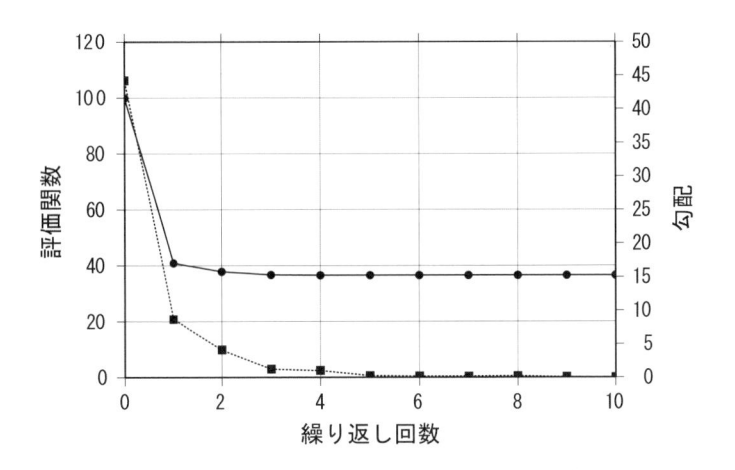

5.2 例題 1: 基本中の基本である減衰項付き強制振動

図 5.4 降下法の演算の繰り返しに伴う例題 1 の評価関数（実線）と勾配の大きさ（破線）の変化.

最適化を実行するには，評価関数とその勾配を計算するコードを作成し，降下法のルーチンを用いて，評価関数の勾配が十分に小さくなるように制御変数を修正すればよい．では，準ニュートン法を用いて実際に最適化を行ってみよう．共役勾配法や準ニュートン法などの線分探索法とよばれる最適化法（降下法）では，まず，評価関数の勾配を計算し，それをもとに評価関数がより小さくなるよう新しい制御変数の推定値を求め直すという過程を繰り返す（付録：降下法参照）．この繰り返しに伴う評価関数の値と勾配の大きさ $\sqrt{(\lambda_0^x)^2 + \sum_{t=0}^{99}(\lambda_t^w)^2}$ の変化を図 5.4 に示した．それによれば，繰り返し回数が少ないうちは，一回の計算で評価関数の値と勾配の大きさが共に大きく減少するが，繰り返し回数が多くなると，評価関数の変化は小さくなり勾配も 0 に近づく[*4]．従って，変分法を用いる場合には，最終的な繰り返しの回数を決めておくか，基準となる勾配の大きさを決めておいて，勾配がその基準値よりも小さくなれば計算を終了して最終的な解析値とする．ここでは，勾配が 1/1000 より小さくなった 10 回目の計算結果を解析値とみなした．

このようにして求めた解析値の RMS 誤差と相関を示した表 5.1 を見ると，

[*4] 次章の例題で，実際に推定値が計算を繰り返すにことにより真値に近づいていく様子を示す．

シミュレーション値に比べ解析値の精度が向上しているのがわかる．特に質点の位置は標準誤差が観測のそれよりも小さくなっている．これはカルマンフィルター・スムーザーと同様，モデルを介して他の時刻や他の地点の観測情報との整合性が考慮されたためである．また，観測値を直接同化していない流速や外力の精度が高まっている点も，カルマンフィルターやRTSスムーザーの場合と同様である．すなわち，モデルとそのアジョイントモデルによって，データミスフィットの情報が観測していない要素（流速・外力）にも伝播して最適化に生かされたことを反映している．さらに，この解析値は単に精度が向上しただけでなく，モデルの物理法則を満たしているという点も，アジョイント法の大きな長所である．

アジョイント法による解析値の時系列を示した図5.5（黒細実線）を見ると，一部に誤差の大きな観測値に引きずられて位置，速度ともにシミュレーション値より悪くなっているところが見受けられるが（例えばt=55のあたり），全体的には真の状態を良好に推定していると言える．このような特性は，モデル方程式を満たしつつ，全体的に観測値や背景値と整合するように解析場を決定するというアジョイント法の原理によるもので，カルマンフィルター・スムーザーと同様，解析値は必ずしも全ての時刻と場所においてシミュレーション値や観測値よりも真値に近いというわけではない．外力の推定に目を向けると，極端な誤差（例えば$t = 30 \sim 35$）が緩和されるなど，真の状態に近づいているように見える．しかし，外力誤差は時間軸方向に独立であると見なしたせいもあり，最適化後も高周波の変動が残っている．

大規模な数値モデルを用いて同化を行う場合，外力を全ての時刻で別々の制御変数として求めようとすると制御変数の数が膨大になり，計算資源的にも現実的ではない．そのため，例えば，誤差がある期間一定だと仮定（あるいは何らかの相関を仮定）する等して独立な制御変数の数を減らし，最適化を行うという方策がしばしば用いられる（5.3.3節のアジョイント法Cを参照）．こうすれば，本例題の結果で見られたノイジーな変動も緩和する可能性がある．

<u>問題 5.2</u>
ラグランジュの未定定数法を使い，アジョイント方程式 (5.8) を求めよ．また，4.2.3節と同様の方法を用いて，(5.1) 式から連続系のアジョイント方程式を求めよ．

問題 5.3

$\tilde{\mathbf{x}}_t = (x_t, v_t, w_t)^T$, $\tilde{\mathbf{w}}_t = (0, 0, w_t^e)^T$ とおき，$\tilde{\mathbf{M}}$ を適当に定義することにより，(5.2) 式を $\tilde{\mathbf{x}}_t = \tilde{\mathbf{M}} \tilde{\mathbf{x}}_{t-1} + \tilde{\mathbf{w}}_t$ と表す．このとき，$\tilde{\boldsymbol{\lambda}}_t = (\lambda_t^x, \lambda_t^v, \lambda_t^w)^T$ とおくと，アジョイント方程式が $\tilde{\boldsymbol{\lambda}}_t = \tilde{\mathbf{M}}^T \tilde{\boldsymbol{\lambda}}_{t+1} + \partial J / \partial \tilde{\mathbf{x}}_t$ となり，(4.14) 式と同じになることを示せ．

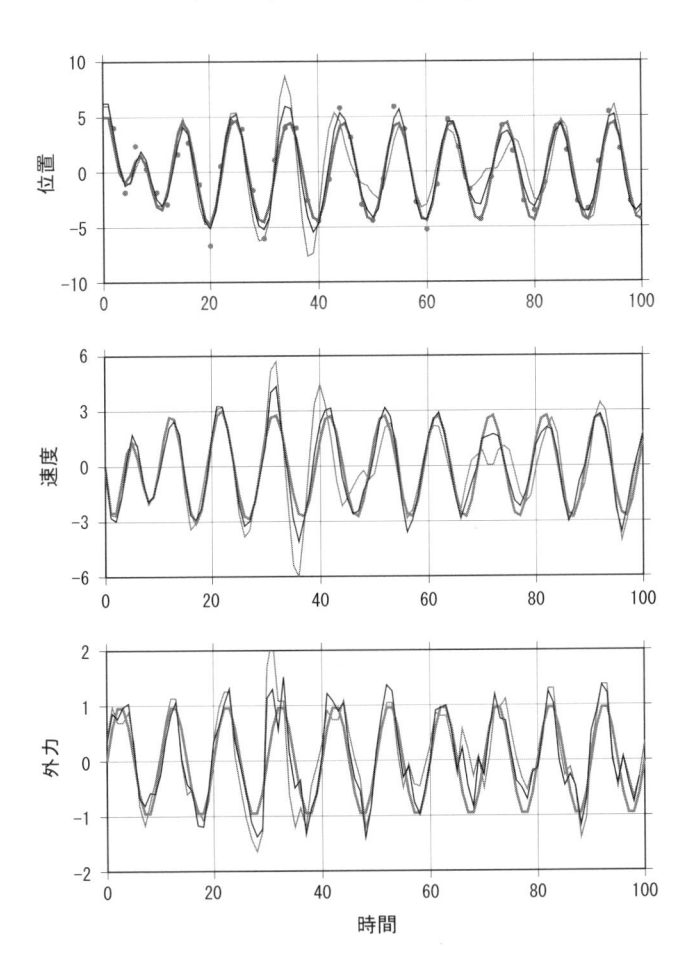

図 5.5 アジョイント法による例題 1 の同化結果．灰太実線：真値，灰細実線：シミュレーション値，黒細実線：解析値，灰丸：観測値．上段：位置 x，中段：速度 v，下段：外力 w の時系列．

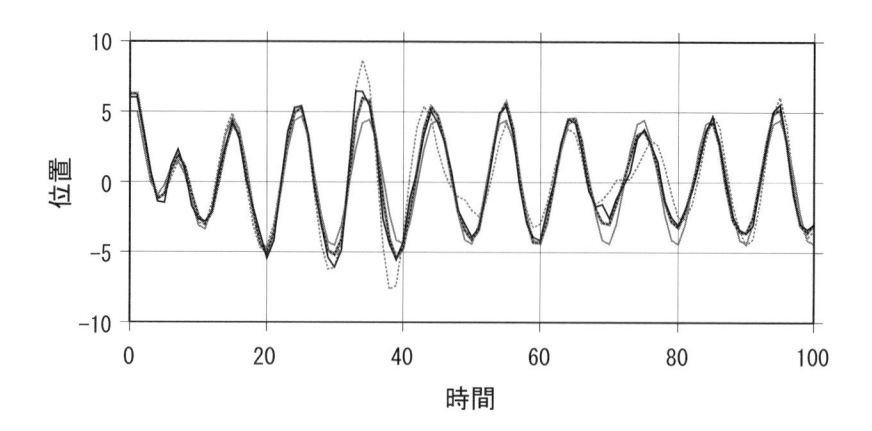

図5.6 例題1における位置 x の解析値の比較．灰細実線：真値，灰細破線：シミュレーション値，黒細実線：カルマンフィルター（スムーザー使用前），黒細破線：RTSスムーザー，灰太実線：アジョイント法．なお，黒細破線（RTSスムーザー）と灰太実線（アジョイント法）は重なっている．カラー図は巻頭参照．

5.2.4 カルマンフィルター・スムーザーとアジョイント法の比較

図5.6に，これまでのカルマンフィルター，RTSスムーザー，ならびにアジョイント法による結果を対比して示す．それによれば，アジョイント法による解析値（灰太実線）は，カルマンフィルター（RTSスムーザー使用前）の結果（黒細実線）と $t=100$ で一致しており，4.3節で述べたように，同化期間の最後では両者は等しくなることがわかる．さらに，RTSスムーザーの結果（黒細破線）と比較すると，両者が完全に一致することを確認できる．表5.1のRMS誤差を見ると，アジョイント法の解析値はカルマンフィルターより精度が良くなっていることがわかる．これは未来の観測情報をアジョイントモデルで時間軸を遡って伝播させ，過去の一連の状態修正に利用したためである．同様に，RTSスムーザーを用いた場合も，未来の観測値の情報を過去の状態推定に反映できるので，アジョイント法の結果と差異はない．

このように，線形問題に関しては，同等の条件で最適化を行えば，RTSスムーザーとアジョイント法の解析値は全期間にわたり一致するので，両者の精

度に差はないと言える．また，カルマンフィルターとアジョイント法では同化期間の最後の解析値は一致するので，最新の解析値を初期値としてモデルの予報計算を行う場合，両者の予報精度に差は生じない．ところが，次節以降で示すように，非線形性の影響や計算資源軽減に用いた実用近似手法等により，カルマンフィルター・スムーザーとアジョイント法の結果は一致しなくなる．

5.3 例題 2: 1 次元線形移流拡散モデルで簡単な流体運動を解く

次に，1 次元の移流拡散モデルを用いて，カルマンフィルター・スムーザーとアジョイント法の性能を調べる．ここで扱う移流拡散モデルは地球流体力学モデルの原型とも言えるもので，例えば海洋中の汚染物質が流されつつ広がっていく様子を記述するモデルである．ここでは流れは既知とし線形化して取り扱う．なお，微分方程式を差分化して数値計算するので，多くの空間格子点が必要となり，状態ベクトル $\mathbf{x}_t$ の次元は前節の例題よりも大幅に増える．

5.3.1 問題設定 2

線形の 1 次元移流拡散方程式は，

$$\frac{\partial C}{\partial t} = -u\frac{\partial C}{\partial x} + \nu\frac{\partial^2 C}{\partial x^2} + w \tag{5.9}$$

と表せる．ここで，C は任意の物理量の濃度，u は既知の移流速度で $u = 2.0$ と与える．ν は拡散係数で $\nu = 5.0$ とし，w は時空間的に変化する外力である．ただし，外力は 15 ステップ毎 (以下で説明する観測取得時間間隔と一致) に入手するデータとし，ステップ間では線形補間を行って与える．

(5.9) 式を差分化しよう．ここでは移流項や拡散項の数値的安定性を考え，次のような差分方程式を扱うことにする．

$$\begin{cases} A_{t,i} &= -u(C_{t-1,i+1} - C_{t-1,i-1})/2\Delta x \\ S_{t,i} &= \nu(C_{t-2,i+1} - 2C_{t-2,i} + C_{t-2,i-1})/\Delta x^2 \\ C_{t,i} &= C_{t-2,i} + 2\Delta t(A_{t,i} + S_{t,i} + w_{t,i}) \end{cases} \tag{5.10}$$

本節では，混乱を避けるために，以降の (5.15) 式を除き t をタイムステップのカウンターとする．また，移流項 ($A_{t,i}$) に用いたリープフロッグスキームの数値不安定を防ぐために，15 ステップに 1 回の割合で前方差分のみで差分化した式を使う (このタイミングも観測値が得られる時間と一致させた)．計算範

囲は東西 400 の 40 グリッド ($\Delta x = 10$) で，左右の境界では周期境界条件を仮定した．$\Delta t = 0.5$（秒）とし，計算は t=1200 まで（600 秒間）行う．外力は，

$$w_{t,i} = F \sin(\pi x/60) \qquad (0 \leq x \leq 60) \tag{5.11}$$

で与える (F の設定については後述)．

真値，シミュレーション値，観測値の設定条件は以下の通りである．

真値: 初期値を $C_{0,i} = 0$ とし，外力の時間変化を次のように与える．

$$F = \sin(2\pi t/120) + q \tag{5.12}$$

ここで，q は平均 0，標準偏差 1.0 の正規分布に従う乱数である．真値に乱数を加える理由は，規則的な変動と不規則変動が重なり合った現実世界の現象に真値を似せるためである．

シミュレーション値: 初期値は真値と同様，$C_{0,i} = 0$ で，外力の時間変化は次のように与える．

$$F = \sin(2\pi t/120) \tag{5.13}$$

従って，シミュレーション値に与える外力は，与えた真値のうち規則的な部分のみから成ると想定している．シミュレーション値に与えた外力 (5.13) 式は，真の外力 (5.12) 式に $N(0, 1.0^2)$ の正規分布に従う誤差を加えたものと見ることもできる．

観測値: t=375（計算開始から 187.5 秒後）から観測が始まり，その後は 15 ステップ毎に，空間的には $x = 160$ から $x = 300$ の範囲の 20 間隔毎に観測値が得られるとする．従って，一度に得られる観測値のデータ数は 8 個である．観測値は，観測と同じ時刻と位置における真値に，誤差として平均 0，標準偏差 8.0 の正規分布に従う乱数を加える．

このような条件でカルマンフィルター・スムーザーとアジョイント法による同化実験を，真値とシミュレーション値の間に十分な差が見られるようになる t=360（180 秒後）から開始して，結果を次節以降で比較検討する．

5.3.2 カルマンフィルター・スムーザーによる解法

状態遷移行列 **M** と外力行列 **G** の作成には，3.5.1 節のシステム行列の作成方法を利用する．システム行列の時間発展の期間を観測取得間隔（15 ステップ間隔）と一致させると，予報誤差共分散行列の時間発展は観測が得られる度に計算すればよく，計算速度の向上が期待できる．なお，外力行列 **G** の作成については，異なる時間ステップのシステムノイズ（外力誤差）同士の相関により，時間発展式が異なるので注意が必要である．本例題では，時間発展の期間中システムノイズは一定であると仮定した．（真値の計算では各時刻の外力は 15 ステップ毎のデータから線形補間して与えるので，この仮定は正確ではない．しかし，行列作成の簡便さを考えてこの仮定を採用する．）観測行列 **H** は，観測情報がその格子点以外のモデル変数には影響しないと仮定する．従って，観測位置に対応するモデル変数の要素には単位量 1 を与え，他は 0 を与えるだけで観測行列 **H**（8×40 の次元）が完成する．

同化開始時（$t = 360$）の予報誤差共分散行列 **P** は，その時刻のシミュレーション値と真値から計算した誤差分散とほぼ一致するよう対角成分を $(8.0)^2$ とおき，非対角成分は 0 と仮定した．また，システムノイズ共分散行列 **Q** は，(5.12) 式と (5.13) 式の関係から $\mathbf{Q} = (1.0)^2$ とした．観測誤差共分散行列 **R** は 8×8 の正方行列で，対角成分は観測誤差として与えた乱数の大きさから $(8.0)^2$，非対角成分は観測誤差同士に相関がないことから 0 とした．

結果を示そう．図 5.7 は，$t = 360, 375, 480, 600$ における真値，シミュレーション値，観測値，ならびにカルマンフィルターによる予報値と解析値である．$t = 360$ までは観測がないため，予報値と解析値はシミュレーション値と一致する．カルマンフィルターによる同化は観測値が得られる $t = 375$ から始まり，これに伴い観測域（$x = 160 \sim 300$）の周辺では予報値（シミュレーション値）が修正されて，より真値に近い解析値になっているが，その他では 1 回の同化では不十分である．カルマンフィルターの同化がある程度実行された $t = 480 \sim 600$ では，外力の作用域である上流付近（$x = 0 \sim 60$）を除いて，解析値は真値に近い値となっている．

$t = 480$ で顕著なように，予報値から解析値への修正量は，観測域の上流側（$x = 80 \sim 220$）で大きく，下流側（$x = 220$ 以降）では小さい．理由は以下の

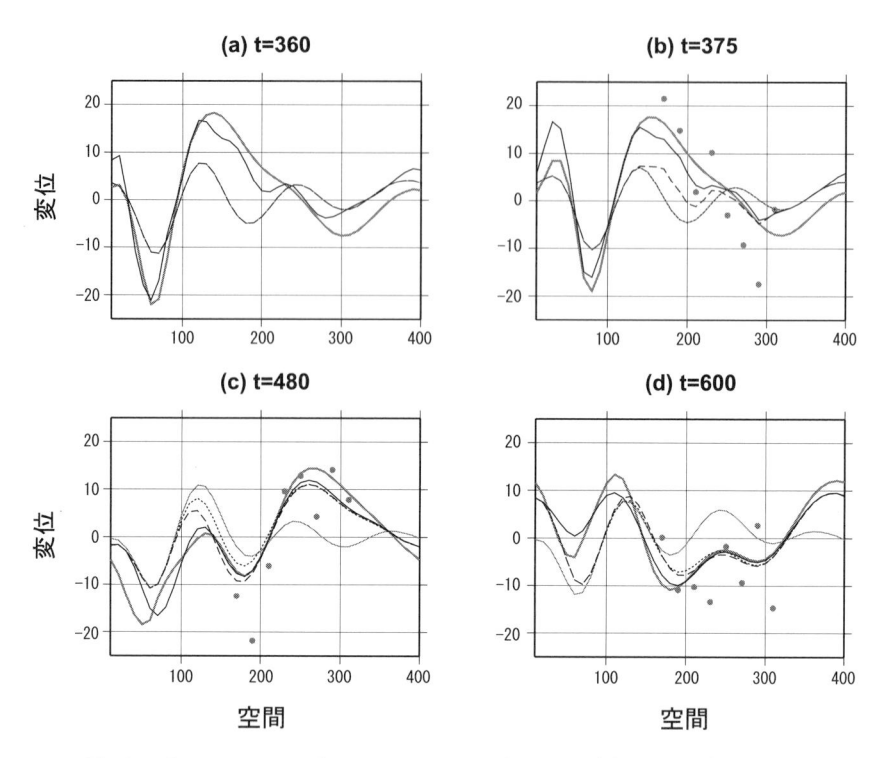

図5.7 カルマンフィルター，RTS スムーザーによる例題2の同化結果．灰太実線：真値，灰細実線：シミュレーション値，灰丸：観測値，黒点線：カルマンフィルターによる予報値，黒細破線：カルマンフィルターによる解析値，黒細実線：RTS スムーザーによる解析値．(a)$t=360$, (b)$t=375$, (c)$t=480$, (d)$t=600$. なお，(a)でカルマンフィルターによる予報値，解析値（黒点線，黒細破線）は，シミュレーション値（灰細実線）と一致している．

ように考えられる．本例題では観測誤差共分散行列 $\mathbf{R}$ は空間的に一様なので，カルマンゲイン $\mathbf{K}$ は予報誤差共分散行列 $\mathbf{P}^f$ に左右される．観測域の上流側（$x=160$ 付近）では，$x=0 \sim 60$ に与えたシステムノイズが移流してくるため予報誤差が大きくなる．そのため，カルマンフィルターは観測域の上流側では観測値に重みを付けた同化を行う．一方，観測域の下流側では上流側の同化で減少した予報誤差が伝播してくるので，精度のよい予報値に重みを付けた同化を行うことになる．その結果，修正量は上流側で大きく，下流側では小さく

5.3 例題 2: 1 次元線形移流拡散モデルで簡単な流体運動を解く

(a) $\mathbf{P}^f$ (b) $\mathbf{P}^a$ (c) $\mathbf{P}^f-\mathbf{P}^a$

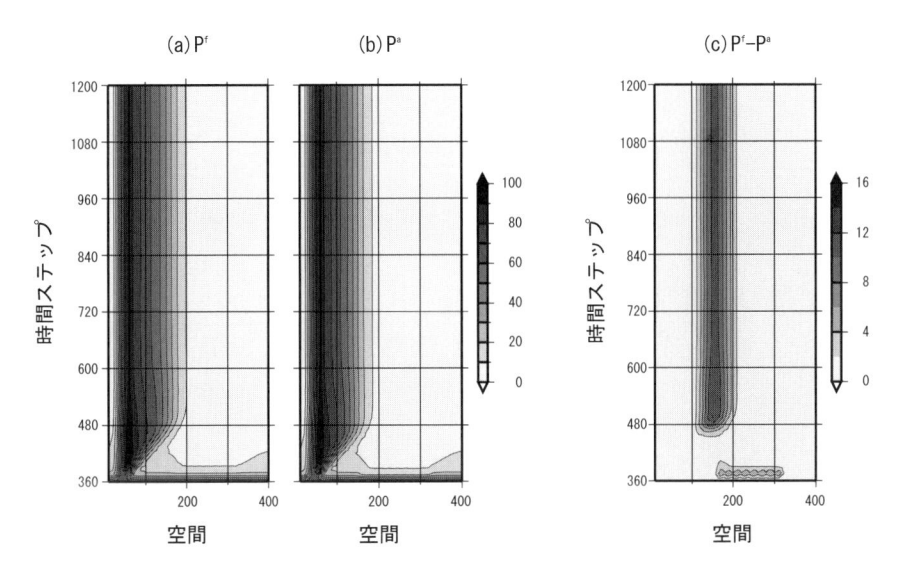

図 5.8 例題 2 における誤差共分散行列の対角成分の時間空間変化(カルマンフィルターを用いた場合).(a) 予報誤差共分散行列 $\mathbf{P}^f$, (b) 解析誤差共分散行列 $\mathbf{P}^a$, (c) その差.

なる.

以上は予報誤差共分散行列の時空間変化からも確認できる.図 5.8 は予報値と解析値の誤差共分散行列 ($\mathbf{P}^f, \mathbf{P}^a$) の対角成分と,その差 (つまり,同化によって修正された誤差の 2 乗値) を示したものである.$t=480$ 以降,予報値と解析値の誤差はほとんど時間変化せず,ともにモデル領域の上流域で誤差は大きく下流域では小さくなっている.(この場合,定常カルマンフィルターが利用可能).さらに予報値と解析値の誤差共分散行列の差に注目すると,観測域の上流側 ($x=100\sim 200$ 付近) で差は大きく,同化によるモデルの修正量が大きいことを示す一方,観測域の下流側 ($x=200\sim 300$ 付近) では予報誤差と解析誤差の差は小さく,同化によるモデルの修正量は小さいことがわかる.また,表 5.2 に示されたシミュレーション値,観測値,ならびにカルマンフィルターによる予報値と同化後の解析値の真値との RMS 誤差と相関をみると,RMS 誤差 (相関) はともにシミュレーション値や観測値よりも小さく (高く),また同化により観測やモデルに含まれていた誤差が減少して解析値は予

表 5.2 例題 2 のシミュレーション値,観測値,カルマンフィルター,RTS スムーザー,アジョイント法 C の結果と真値との RMS 誤差および相関

	RMS 誤差	相関
シミュレーション値	9.199	0.342
観測値	7.491	0.692
フィルター (予報値)	5.612	0.816
フィルター (解析値)	5.435	0.828
スムーザー (解析値)	3.872	0.917
アジョイント法 C (解析値)	3.706	0.924

報値よりも真値に近づいたことがわかる.

RTS スムーザーは,5.2 節と同様に,同化前後の状態ベクトル $\mathbf{x}_t^f$, $\mathbf{x}_t^a$, 予報誤差共分散行列 $\mathbf{P}_t^f$, 解析誤差共分散行列 $\mathbf{P}_t^a$ を用いれば実行可能であるが,誤差共分散行列の定常性を確認できたので (図 5.8 参照),本例題では定常スムーザーによる同化を行うことにする.

時刻 $t = 360, 375, 480, 600$ における RTS スムーザーの解析値の空間分布は既に図 5.7 に示されている.また,RTS スムーザーによる解析値の時空間変化を,真値,シミュレーション値,およびカルマンフィルターによる解析値とともに図 5.9 に示した.RTS スムーザーは時間軸の前後両方向で誤差を修正できるため,カルマンフィルターではほとんど修正されなかったモデル領域の上流部 ($x = 0\sim100$ 付近) でも改善されている.

RTS スムーザーによる解析値の真値との RMS 誤差と相関 (表 5.2) をみると,シミュレーション値や観測値およびカルマンフィルターと比べて,RTS スムーザーによる解析値は RMS 誤差が最少で相関は最大であることが明白である.

5.3.3　アジョイント法による最適化

アジョイント法による同化をまず期間 $t = 360\sim480$ で行う.同化期間の最初のステップを t_0, 最後のステップを t_1 とする.また,最適化する制御変数は同化期間の最初 ($t = t_0$) の物理量 C の分布 (つまり初期値) とし,背景値

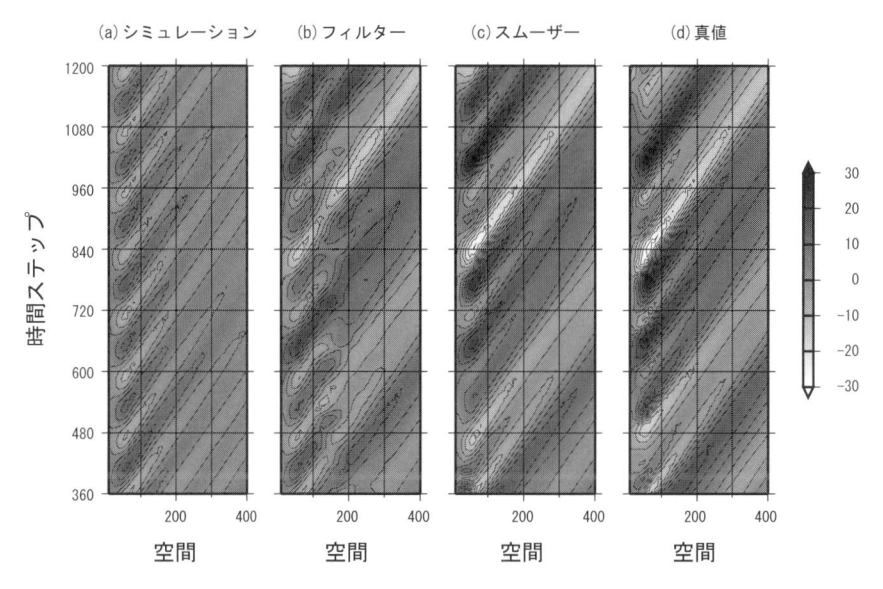

5.3 例題2: 1次元線形移流拡散モデルで簡単な流体運動を解く

図5.9 例題2のカルマンフィルター・スムーザーによる同化結果の時空間分布. (a) シミュレーション値, (b) カルマンフィルターによる解析値, (c)RTS スムーザーによる解析値, (d) 真値.

$\mathbf{x}^b$ としてはその時刻のシミュレーション値を用いる.

評価関数を次のように定義する.

$$J = \frac{(\mathbf{x}_{t_0} - \mathbf{x}^b)^T(\mathbf{x}_{t_0} - \mathbf{x}^b)}{2(\sigma^b)^2} + \sum_{t=t_0+1}^{t_1} \frac{(\mathbf{H}\mathbf{x}_t - \mathbf{y}_t)^T(\mathbf{H}\mathbf{x}_t - \mathbf{y}_t)}{2(\sigma^o)^2} \quad (5.14)$$

ここで，σ^b は背景値の標準誤差，σ^o は観測値の標準誤差である．σ^b については，カルマンフィルターの場合と同様，$t=360$ におけるシミュレーション値の誤差の見積もりから 8.0 とし，σ^o については問題設定より 8.0 とした．また，$\mathbf{y}_t$ は各時刻の観測値を並べた列ベクトル，$\mathbf{H}$ は各時刻における線形の観測演算子であり，前節で述べたカルマンフィルターの観測行列と同様である．右辺第 2 項については，簡単のため $t=t_0$ 以降の全ステップにおける項の和として表記したが，実際には観測値が得られる全ステップの和である．

さて，アジョイント方程式と評価関数の勾配の式は，4.2.2 節で解説したように，(4.14) 式と (4.15) 式で表される．従って，4.6 節で述べた方法等を用い

(a) t=360
(b) t=420
(c) t=480
(d) t=600

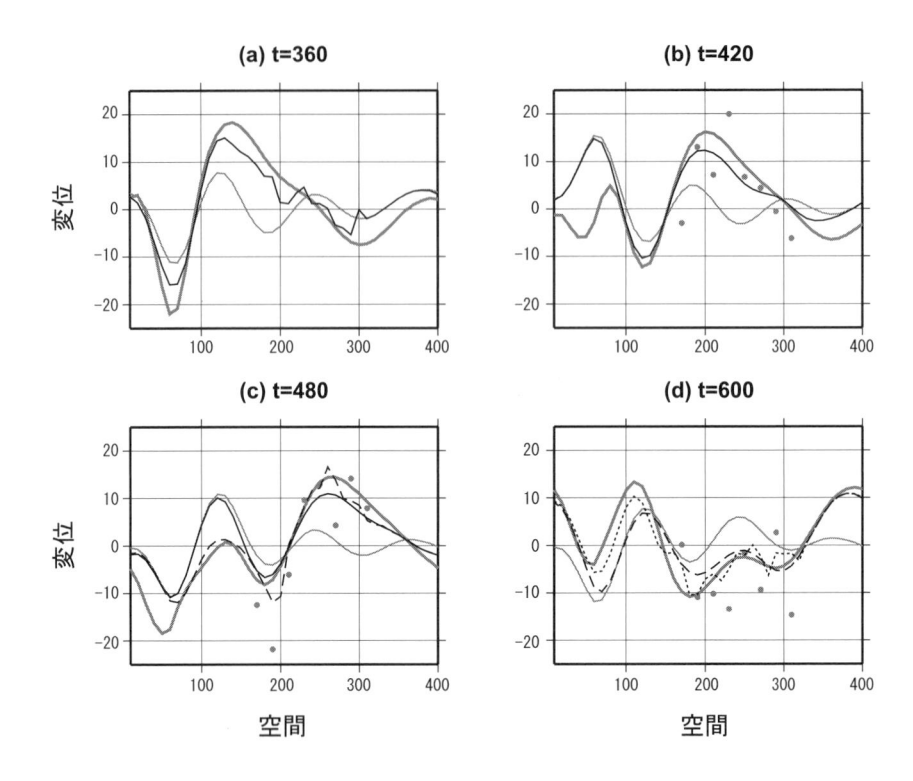

図 5.10 例題 2 のアジョイント法による同化結果（同化期間を 120 ステップに設定した場合）．灰太実線：真値，灰丸：観測値，灰細実線：シミュレーション値．黒細実線，黒細破線，黒細点線はそれぞれ異なる同化期間（黒細実線：$t = 360 \sim 480$; (a), (b), (c) のみ，黒細破線：$t = 480 \sim 600$; (c), (d) のみ，黒細点線：$t = 600 \sim 720$; (d) のみ）の解析値を示す．(a)$t = 360$, (b)$t = 420$, (c)$t = 480$, (d)$t = 600$.

てアジョイント演算子 $\mathbf{M}_t^*$ を作成すれば，評価関数の勾配を計算できるので，降下法スキームで制御変数 $\mathbf{x}_{t_0}$ を最適化できる．最適化の計算は，ここでは前例題と同様，準ニュートン法を用いて評価関数の勾配が初期の 1/1000 になるまで繰り返した．

図 5.10 に同化結果を示す．同化期間 $t = 360 \sim 480$ の結果は黒細実線で示されている．それによれば，観測域 ($x = 160 \sim 300$) とその上流側で精度が向上している．これは，データミスフィット情報を時間軸上流へ遡って伝えるとい

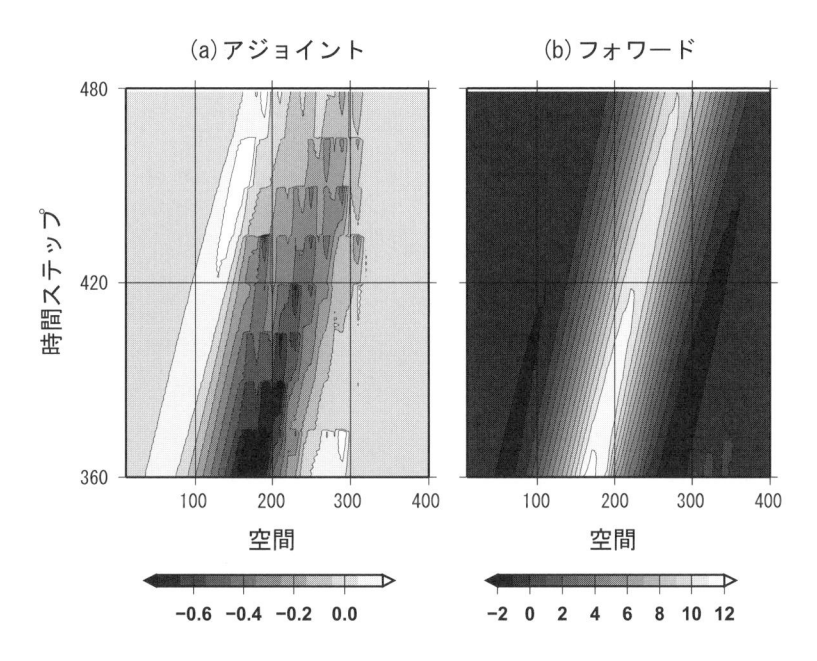

5.3 例題 2: 1 次元線形移流拡散モデルで簡単な流体運動を解く

図 5.11 アジョイント法におけるデータミスフィットの情報の伝播（例題 2, 同化期間 $t = 360 \sim 480$ の解析の例.）(a) 1 回目の繰り返し演算時でのアジョイント変数の時空間分布，(b) 1 回目の繰り返し演算後の推定値と背景値との差の時空間分布．

うアジョイントモデルの効用によるものである．一方，観測領域の下流では，同化期間の前半には観測値による修正情報は十分に伝わってこないので，シミュレーション値と比べ改善は見られないものの，期間の終盤になると同化によって改善された分布が移流されてくるので，精度は向上するようになる．期間の中盤では，上流側にも下流側にも改善が見られるが，その範囲は観測による修正情報が予報モデルやそのアジョイントモデルで伝わる範囲に限定されている．

以上の結果を連続系で考えてみよう．この場合のアジョイント方程式は，

$$-(\partial \lambda^C / \partial t) - u(\partial \lambda^C / \partial x) = \nu(\partial^2 \lambda^C / \partial x^2) \\ + \sum_k \sum_l (C - C^o)\delta(x - x_l)\delta(t - t_k)/(\sigma^o)^2 \quad (5.15)$$

である．上式の t は時間ステップのカウンターではなく時刻を表すことに注意

表5.3 アジョイント法 A, B, C の比較

	同化期間の長さ × 繰り返し回数	外力の修正
アジョイント法 A	840 ステップ × 1 回	無し
アジョイント法 B	120 ステップ × 7 回	無し
アジョイント法 C	840 ステップ × 1 回	有り

されたい.また,k, l は観測時刻,観測地点のインデックスであり,x_l, t_k は観測地点と観測時刻を表し,C^o は観測された物理量 C の分布(観測のない地点では任意の値をとる)である.図 5.11(a) をみると,アジョイント変数のシグナルが (5.15) 式に従って伝わっていることが確認できる[*5].例えば,右辺第 2 項の観測とのデータミスフィット項に情報が入力されると,アジョイント変数の値は大きく変動する.そして,入力情報は右辺第 1 項の拡散項により次第に平滑化されながら,左辺第 2 項の移流により上流側へと伝わる.このようなアジョイント変数の伝播によって,物理量 C の初期分布が修正され,その効果は予報モデル (5.10) 式の移流効果によって,時間軸順方向に下流側へと伝わっていくことがわかる(図 5.11(b)).このように,アジョイント法では予報モデルとアジョイントモデルの両方により,観測情報が広範囲に伝わる結果,空間分布や時間変動が効率的に修正できるのである.

次に,期間 $t=360$〜1200 の推定について考えよう.一番単純なアプローチは,$t=360$〜1200 を一つの同化期間とみなして一度に同化を実行する方法である(以下ではアジョイント法 A と呼ぶ,表 5.3 参照).この場合の時空間変化 (図 5.12) を見ると,同化期間前半では比較的良い推定値が得られるが,$t=720 \sim 900$ にかけて発生する大きな正負の偏差が十分に再現されていないなど,後半には精度が落ち気味になる.さらに,図 5.13 を見ると,アジョイント法 A(黒細点線)の結果は $t=540$ ではシミュレーション値(灰細実線)に比べて全体的に真値に近づいているように見えるが,$t=1020$ では下流側であまり真値に近づいていない.これは,アジョイント法 A では初期値($t=360$ での物理量 C の分布)のみを最適化しているので,時間がたつにつれて境界条件

[*5] リープフロッグスキームを利用している場合,アジョイント変数は連続する 2 つ時間ステップの和で見なければならない.

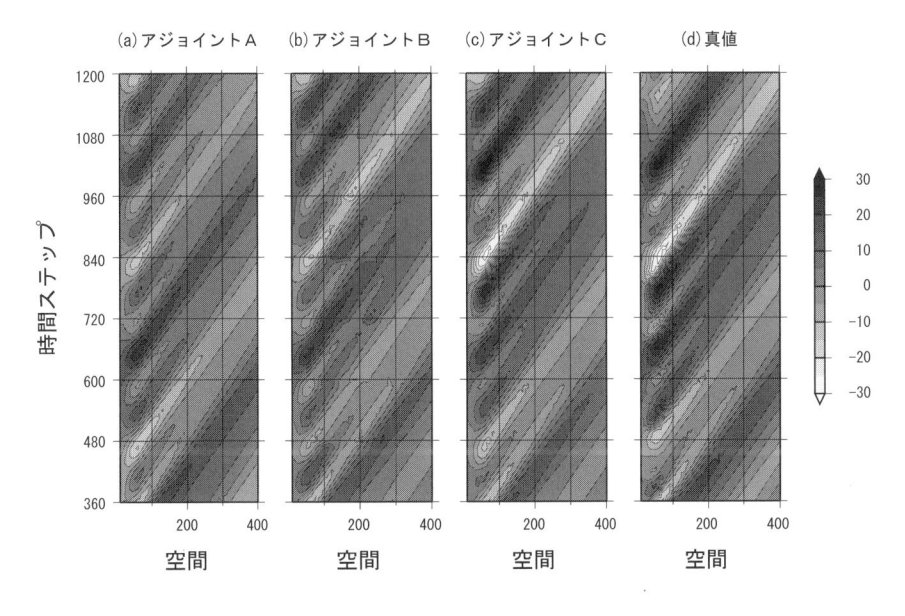

5.3 例題2: 1次元線形移流拡散モデルで簡単な流体運動を解く

図5.12 例題2のアジョイント法による同化結果の時空間分布. (a) アジョイント法A, (b) アジョイント法B, (c) アジョイント法C, (d) 真値.

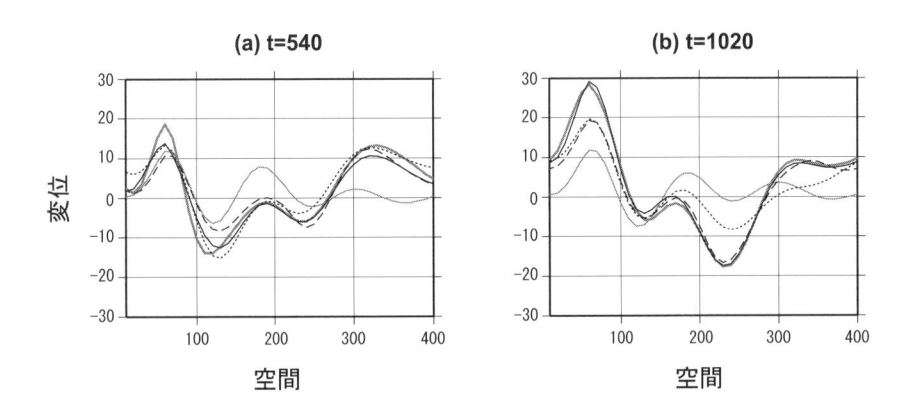

図5.13 例題2のアジョイント法による解析値の比較. 灰太実線：真値, 灰細実線：シミュレーション, 黒細点線：アジョイント法A, 黒細破線：アジョイント法B, 黒細実線：アジョイント法C. (a)$t=540$, (b)$t=1020$.

153

の影響が相対的に効くようになり，最適化の効果が薄れてしまうためである．

この問題を解決する方法のひとつに，数値天気予報や気象分野の長期再解析等で用いられている「短期間の同化を繰り返す」という方法がある．例えば，図 5.10 の黒細破線は，期間 $t=360\sim480$ の同化実験で得られた最終時刻 $t=480$ における物理量 C の分布を背景値に用いて，次の期間 $t=480\sim600$ でデータ同化を行った結果である．黒細点線は同様にして期間 $t=600\sim720$ のデータ同化を行った結果である．その際，各同化期間の初期時刻の観測値は前の同化期間で既に利用されているので，重複利用をさけるため使用していない．時刻 $t=480$ における黒細破線を見ると，期間 $t=480\sim600$ に存在する観測値を同化した結果，上流側の精度が改善するとともに，下流側でも前期間のデータ同化の効果が移流を介して引き継がれて高い精度が保持されていることがわかる．$t=600$ における黒細点線についても同様のことが言える．

このように短期間の同化を繰り返す (以下ではアジョイント法 B と呼ぶ，表 5.3 参照) と，図 5.12 で示したように，全期間を一度に同化したアジョイント法 A の場合と比べて，特に下流側で精度が改善するようになる．例えば，$t=840$ で発生した負偏差の過小評価は $t=960$ で修正され，解析精度は向上している．また，図 5.13 をみると，$t=540$ ではアジョイント法 A と大差はないが，期間後半の $t=1020$ では解析精度は向上している．アジョイント法 B のような方法では，観測値が入手できる時刻まで同化を行った後，新しい観測値の入手を待って続きの同化を行うことができるので実行上有用である．しかしながら，例えば $t=960$ において，$x=150\sim200$ の範囲で負偏差が突然大きくなっているように，隣接する前後の同化期間の解析値にギャップが生じてしまうという問題点がある．これは，先行する期間の最適解を次の同化実験では背景値として用い，その後に入手した観測値を用いて新たに最適化を行うので，一般に前期間最後の最適推定値と次の期間の初期の最適推定値は乖離するためである．図 5.12 や図 5.13 で上流側の誤差が大きくなっているのはこのためである．

もう一つのアプローチは，外力の推定，すなわち，外力パラメーター F の最適化も初期値に加えて同時に行う方法である (以下ではアジョイント法 C と呼

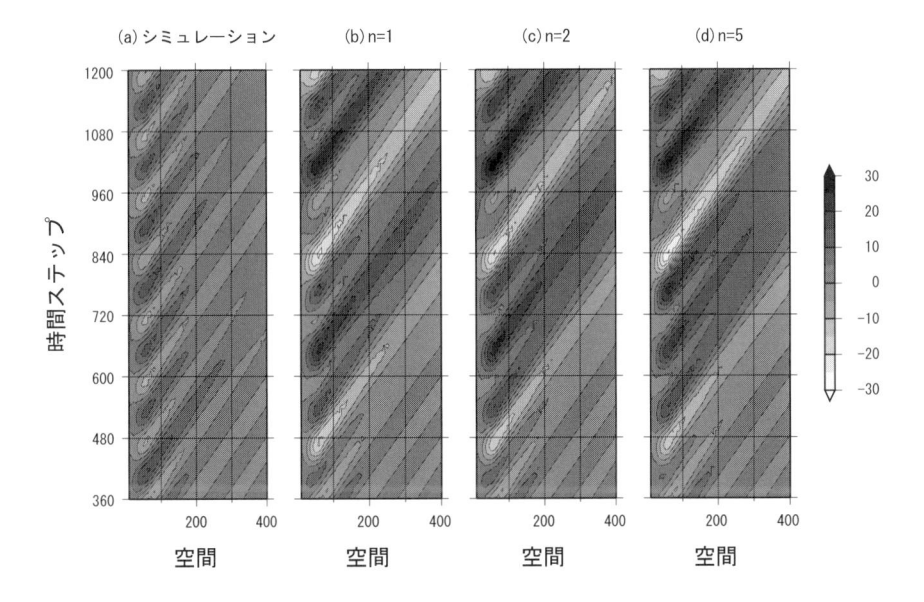

図 5.14 降下法の演算の繰り返しによる推定値の変化.（例題 2, アジョイント法 C の例.）(a) シミュレーション値, (b)1 回目, (c)2 回目, および (d)5 回目の繰り返し演算後の時空間分布.

ぶ，表 5.3 参照). この場合，評価関数を次のように定義する.

$$J = \frac{(\mathbf{x}_{t_0} - \mathbf{x}^b)^T(\mathbf{x}_{t_0} - \mathbf{x}^b)}{2(\sigma^b)^2} + \sum_{t=t_0+1}^{t_1} \frac{(F_t - F_t^b)^2}{2(\sigma^F)^2}$$
$$+ \sum_{t=t_0+1}^{t_1} \frac{(\mathbf{H}\mathbf{x}_t - \mathbf{y}_t)^T(\mathbf{H}\mathbf{x}_t - \mathbf{y}_t)}{2(\sigma^o)^2} \tag{5.16}$$

ここで，F_t は t ステップにおける外力パラメーター F の推定値，F_t^b はその背景値である. 背景値としてはシミュレーションの結果を使う. また，σ^F は外力パラメーターの標準誤差で $\sigma^F = 1.0$ とする. そして，これまでと同様，アジョイントモデルを利用して評価関数の勾配を計算する (例えば，問題 5.2 を参照).

図 5.12(c) および図 5.13 の黒細実線をみると，アジョイント法 C の解析値が今までの方法で最も精度が良いことがわかる. 特に，これまでの方法では難しかった上流側での改善が注目される. また，図 5.14 から，降下法の計算

を繰り返す度に推定値が真値に近づいていく様子がわかる．すなわち，最初の推定（つまり1回目の繰り返し）で，$x=200$, $t=660 \sim 920$ の正偏差が卓越するなど，大まかな状態が再現され，2回目の推定では上記の正偏差がさらに大きくなるなど細部まで修正が及んでいる．繰り返し計算が5回になると，$t=760$ で発生する正の偏差と $t=840$ で発生する負の偏差が大きくなるなど精度が一層向上し，89回繰り返した後の状態 (図 5.12(c)) は細部にまで真の状態に近づくようになるまで改善されている．

このように初期値の他に外力やモデル誤差なども最適化すれば，解析精度の向上やより長い同化期間の確保が可能になる．しかし，求めるべき制御変数が多くなるので，解がうまく求まらなくなったり，計算に膨大な時間がかかることも稀ではない．従って，目的と状況に応じて制御変数の数や同化期間の長さを設定する必要がある．

問題 5.4
例題2の接線形モデルとアジョイントモデルを作成せよ．ただし，評価関数の外力パラメーターに関する勾配も計算できるようにするため，外力の変分やアジョイント変数についても計算できるようにせよ．

問題 5.5
(5.16) 式の評価関数をデルタ関数を用いて連続系で表記し，それから連続系のアジョイント方程式 (5.15) を導出せよ．

5.3.4 カルマンフィルター・スムーザーとアジョイント法の比較

カルマンフィルター・スムーザーとアジョイント法の比較を行うには，同条件で最適化を行った結果を用いる必要がある．カルマンフィルター・スムーザーでは $t=360$ における初期値の他，同化期間を通して外力も最適化している．アジョイント法の中で同条件の最適化を行っているのはアジョイント法Cだけなので，ここではアジョイント法Cとカルマンフィルター・スムーザーの結果を比較する．

表 5.2 を見ると，アジョイント法Cの解析値のRMS誤差は，カルマンフィルターより小さく，RTSスムーザーとはほぼ同じである．各時間ステップでRMS誤差を取って描いた時系列 (図 5.15) からも同様のことが言える．最終時刻 $t=1200$ では全ての結果が一致しているが，これは前述したように，同条

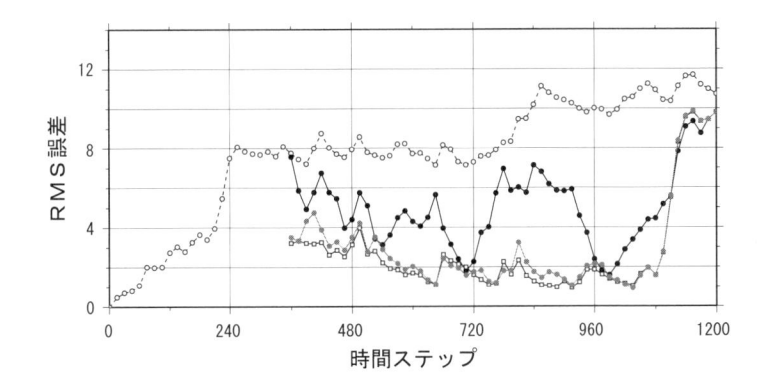

5.3 例題2: 1次元線形移流拡散モデルで簡単な流体運動を解く

図5.15 例題2のRMS誤差の時系列図．白丸破線：シミュレーション値，黒丸：カルマンフィルターによる解析値，灰丸：RTSスムーザーによる解析値，白四角：アジョイント法Cによる解析値．カラー図は巻頭参照．

件で最適化を行えば，同化期間の最後ではアジョイント法の解析値とカルマンフィルターのそれとは一致するという理論を実証している．

アジョイント法CとRTSスムーザーの解析値は同化期間全体で一致するはずであるが，図ではそうなっていない．中でも同化期間の前半でRTSスムーザーの精度がやや落ちているのは，定常スムーザーを利用したためだと考えられる．定常スムーザーを用いたのは計算時間を抑えるためであったが，アジョイント法の場合も，アジョイント法Cのような外力の推定まで行うことは容易ではなく，現業システムではアジョイント法Bのような方法が用いられることが多い．このように，カルマンフィルター・スムーザー，アジョイント法のいづれも，なんらかの近似や単純化を行うことが現状では必要不可欠である．近似の方法は様々で，カルマンフィルター・スムーザーとアジョイント法で異なることも多く，その場合は両者の結果は一致しない．どちらの手法が適切かつ容易に近似計算を行えるかどうかは，最適化の問題設定や実行環境にも依存するので，両者の性能を単純に比較できない．

5.4 例題 3: 粘性項付き KdV 方程式モデルを使って非線形問題を考える

最後に，代表的な非線形方程式である KdV 方程式を取り上げて，非線形数値モデルの場合でもデータ同化で誤差が効果的に修正されることを確かめるとともに，各手法を比較しよう．KdV 方程式はナビエストークス方程式の移流項と同じ非線形項を含んでおり，これと分散項がバランスしながら孤立波と呼ばれる定常分布（またはピークを持つ分布）が下流へ移動する現象を記述する力学方程式である．

5.4.1 問題設定 3

粘性項付きの KdV 方程式は一般に以下のように書ける．

$$\frac{\partial u}{\partial t} = -u\frac{\partial u}{\partial x} - \gamma^2 \frac{\partial^3 u}{\partial x^3} + \nu \frac{\partial^2 u}{\partial x^2} \tag{5.17}$$

ここで，u は流速，γ が分散係数，ν は拡散係数である．右辺第 1 項は移流効果を表す非線形項，第 2 項は分散項，第 3 項は拡散項である．差分化にあたっては，数値的安定性を考慮して，空間微分に関しては中央差分，時間微分に関して移流項（$A_{t,i}$）と分散項（$D_{t,i}$）はリープフロッグスキーム，拡散項（$S_{t,i}$）は前方差分を用いると，次のような差分方程式を得る．

$$\begin{cases} A_{t,i} &= -u_{t-1,i}(u_{t-1,i+1} - u_{t-1,i-1})/(2\Delta x) \\ D_{t,i} &= -\gamma^2(u_{t-1,i+2} - 2u_{t-1,i+1} + 2u_{t-1,i-1} - u_{t-1,i-2})/(2\Delta x^3) \\ S_{t,i} &= \nu(u_{t-2,i+1} - 2u_{t-2,i} + u_{t-2,i-1})/\Delta x^2 \\ u_{t,i} &= u_{t-2,i} + 2\Delta t(A_{t,i} + D_{t,i} + S_{t,i}) \end{cases} \tag{5.18}$$

ここで，t はタイムステップのカウンターであることに注意してほしい．この例題では，前節と同様，モデルの計算領域を $x = 0 \sim 400$ とし，$\Delta x = 10$，$\Delta t = 0.5$（秒）として，両端では周期境界条件を与える．時間積分は $t = 1200$ まで（600 秒間）行う．また，数値不安定を回避するために，15 ステップ毎に前方差分のみで差分化した式を用いる．

真値，シミュレーション値，観測値の設定条件は以下の通りである．

5.4 例題 3: 粘性項付き KdV 方程式モデルを使って非線形問題を考える

真値: 初期値を次のように与える.

$$u_{0,i} = 8 / \left(\exp\left[\frac{x_i - 200}{\sqrt{3\gamma}} \right] + \exp\left[\frac{-(x_i - 200)}{\sqrt{3\gamma}} \right] \right)^2 \quad (5.19)$$

パラメータについては, $\gamma = 20$, $\nu = 0.2$ とする. この場合, 孤立波はほとんど減衰せずに左から右へ移動する.

シミュレーション値: 初期値を次のように与える.

$$u_{0,i} = 4 \exp\left[-\left(\frac{x_i - 200}{75} \right)^2 \right] \quad (5.20)$$

また, $\gamma = 20$, $\nu = 1$ とする. ν について真値の計算と異なる値を用いるのは, モデルが完全ではないことを想定しているからである. このシミュレーションでは, 孤立波が分散効果によって 2 つに分離しながら右へ移動する.

観測値: 真値から 15 ステップ毎 ($t=0$ を除く) に, x 方向には 50 の間隔でデータを取り出し, 平均 0, 標準偏差 0.5 の正規分布に従う乱数を観測誤差として加えたものを観測値とする.

このような条件下でカルマンフィルターとアジョイント法による最適解探索を行う.

5.4.2 カルマンフィルターによる解法

非線形の方程式を取り扱うので拡張カルマンフィルターを使用する. 非線形問題であっても, 数値的な行列作成 (3.5.1 節参照) を用いれば, 5.3 節の例題と同様に, 本例題の状態遷移行列 $\mathbf{M}$ (40×40 の行列) を自動的に作成できる. こうして作成した行列はモデルの状態遷移を正確に再現しているわけではないが, 近似的に線形化したものとみなせる. 非線形モデルを取り扱う場合, 状態遷移行列 $\mathbf{M}$ は時間ステップ毎に変化するので, 毎ステップ計算を行う必要があるが, 本例題は簡単化のため $\mathbf{M}$ を一定と仮定する. 観測行列 $\mathbf{H}$ (8×40 の行列) は, 観測が行われるモデル格子点に相当する成分を 1, その他は 0 を与えれば完成する.

予報誤差共分散行列の初期値 $\mathbf{P}_0$ (40×40 の正方行列) は対角成分のみに真値とシミュレーション値の差の 2 乗を与え, 非対角成分は 0 とした. また,

観測誤差共分散行列 $\mathbf{R}$（8×8 の正方行列）は，問題設定より，対角成分は $(0.5)^2$，非対角成分は 0 とした．

時刻 $t = 0, 15, 30, 120$ での真値，シミュレーション値，観測値，予報値（同化前），および解析値（同化後）を図 5.16 に示す．$t = 0$ では同化はされてないので，予報値と解析値ともにシミュレーション値と同じである．カルマンフィルターによる同化が始まる時刻 $t = 15$ では，解析値はシミュレーション値から真値へと近づくようになるが，空間的なノイズが生じている．このノイズは，予報誤差共分散行列の初期値 $\mathbf{P}_0^f$ の非対角成分を設定しなかったこと，つまり空間方向の相関を無視したことに起因する．$t = 30$ でも同様の空間的なノイズは存在するが，時間ステップが進むにつれてモデル予報誤差共分散行列の非対角成分が正確になり，$t = 120$ ではノイズが減少している．

図 5.17 は，真値，シミュレーション値，および解析値（カルマンフィルターによる同化後）における流速 u の時空間変化である．同化に伴い，解析値が真値に近づく様子がわかるであろう．

ところで，本例題のシミュレーション値で設定した拡散係数 ν は真値のケースとは異なっている．このようなパラメーター修正を行う場合には，適応フィルター（分離フィルター）の使用が本来必要になるが（3.2.5 節），今回はシミュレーションに用いた拡散係数 $\nu = 1.0$ を使用して状態遷移行列 $\mathbf{M}$ を作成した．そのため同化後 15 ステップ目の予報結果は真値よりも拡散傾向が強く，観測値の情報がモデルに反映しにくくなっている．また，図 5.17 の $t = 960$ 〜1200 では，孤立波の頂点の高さが真値よりも低くなり，孤立波の裾野が広がる傾向にあるが，この原因も真値よりも大きな拡散係数を用いて同化計算を行っているためである．

なお，各結果と真値との RMS 誤差および相関を表 5.4 にまとめた．同化によって解析値（フィルター同化後）の RMS 誤差がシミュレーション値よりも小さくなる一方，非線形項の線形近似化や拡散係数の未修正等により，予報値（フィルター同化前）の RMS 誤差は観測値の誤差よりも少し大きくなっている．

5.4 例題 3: 粘性項付き KdV 方程式モデルを使って非線形問題を考える

(a) t=0

(b) t=15

(c) t=30

(d) t=120

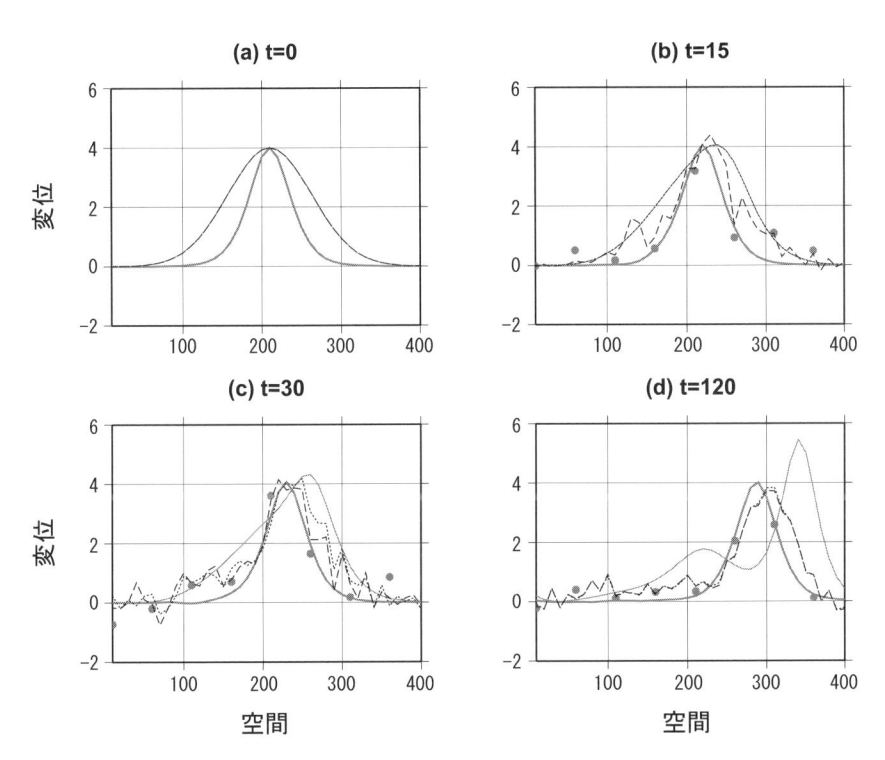

図 5.16　カルマンフィルターによる例題 3 の同化結果. 灰太実線:真値, 灰細実線:シミュレーション値, 灰丸:観測値, 黒点線:予報値, 黒破線:解析値. (a)$t=0$, (b)$t=15$, (c)$t=30$, (d)$t=120$. なお, (a) ではシミュレーション値, 予報値, 解析値 (灰細実線, 黒点線, 黒破線) が, (b) では, シミュレーション値と予報値 (灰細実線と黒点線) が重なっている.

表 5.4　例題 3 のシミュレーション値, 観測値, カルマンフィルター, アジョイント法の結果と真値との RMS 誤差および相関.

	RMS 誤差	相関
シミュレーション値	1.804	-0.143
観測値	0.481	0.915
フィルター (予報値)	0.492	0.908
フィルター (解析値)	0.476	0.914
アジョイント法 B (解析値)	0.524	0.906
アジョイント法 D (解析値)	0.306	0.964

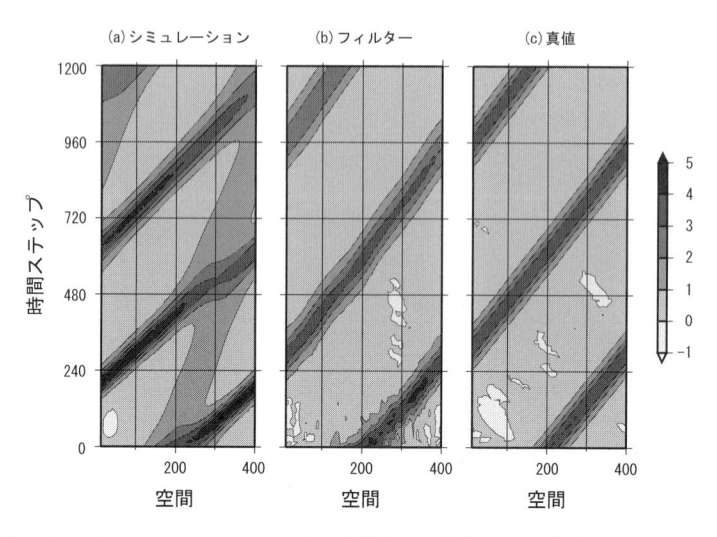

図 5.17 カルマンフィルターによる例題 3 の流速 u の同化結果の時空間分布．(a) シミュレーション値，(b) 解析値，(c) 真値．

5.4.3 アジョイント法による最適化

アジョイント法による例題 3 の最適化の実行にあたっては，最初の同化期間を $t = 0 \sim 120$ とし，以後，前節のアジョイント法 B と同様に，120 ステップ毎の同化計算を t=1200 まで繰り返すことにする．最適化する制御変数は各同化期間の速度 $u_{t,i}$ の初期値であり，各期間における背景値 $\mathbf{x}^b$ には先行期間の同化結果（最初の同化期間についてはシミュレーション値）を用いる．評価関数は前節と同様に (5.14) 式で定義する．ただし，観測値の標準誤差 σ^o は問題設定より 0.5 とし，背景値の標準誤差については $\sigma^b = 2$ とした．この場合，4.2.2 節のラグランジュ法による導出結果を用いると，アジョイント方程式と評価関数 J の勾配 $\mathbf{g}$ は，(4.14) 式および (4.15) 式でそれぞれ表されるので，後はアジョイントモデルを作成すれば降下法スキームを用いて最適化を実行できる．ただし，本例題は非線形のため，接線形モデルやアジョイントモデルを実行する前に，フォワードモデルの計算結果を保存しなければならない点に注意が必要である（保存の方法等の詳細は 4.6 節参照）．

5.4 例題3:粘性項付き KdV 方程式モデルを使って非線形問題を考える

表 5.5 アジョイント法 B, D の比較

	同化期間の長さ × 繰り返し回数	2 回微分の拘束条件
アジョイント法 B	120 ステップ × 10 回	無し
アジョイント法 D	120 ステップ × 10 回	有り

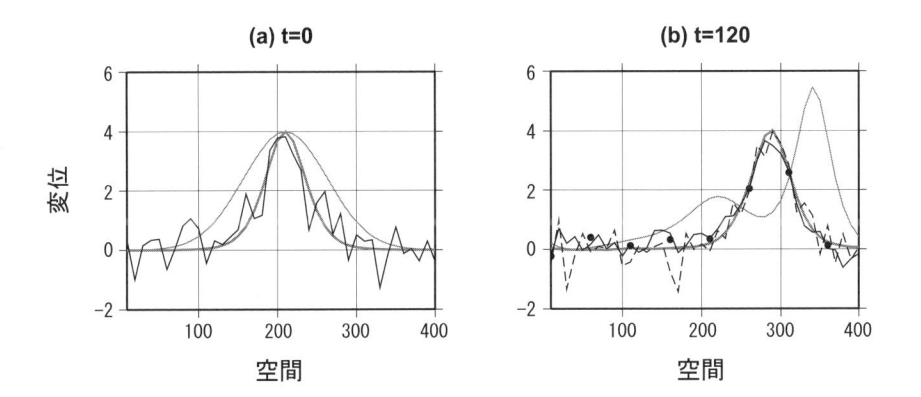

図 5.18 アジョイント法 B による例題 3 の同化結果.灰太実線:真値,黒丸:観測値,灰細実線:シミュレーション値,黒細実線:解析値(同化期間 $t=0\sim120$),黒細破線:解析値(同化期間 $t=120\sim240$;(b) のみ).(a)$t=0$,(b)$t=120$.

では,上記の最適化の結果(アジョイント法 B,表 5.5 参照)を述べよう.ここでも準ニュートン法を利用し,各同化期間では評価関数の勾配が最初の 1/100 になるまで計算を繰り返した.まず図 5.18 を見ると,真値に近づいており,データ同化が適切に行われたことがわかる.しかし,空間的なノイズが発生しており,特に同化期間の最初($t=0$ の黒細実線,$t=120$ の黒細破線)で高周波雑音が目立つ.また図 5.19(b) にも,真の状態には見られない細かなノイズが存在する.このノイズはカルマンフィルターの同化直後に見られた現象と同様,背景値の誤差に関して空間方向の相関を無視したために生じたものである.この種のノイズは例題 2 でも見られたが,KdV 方程式は例題 2 の移流拡散モデルに比べて拡散係数が小さいために,目立つようになったと考えられる.

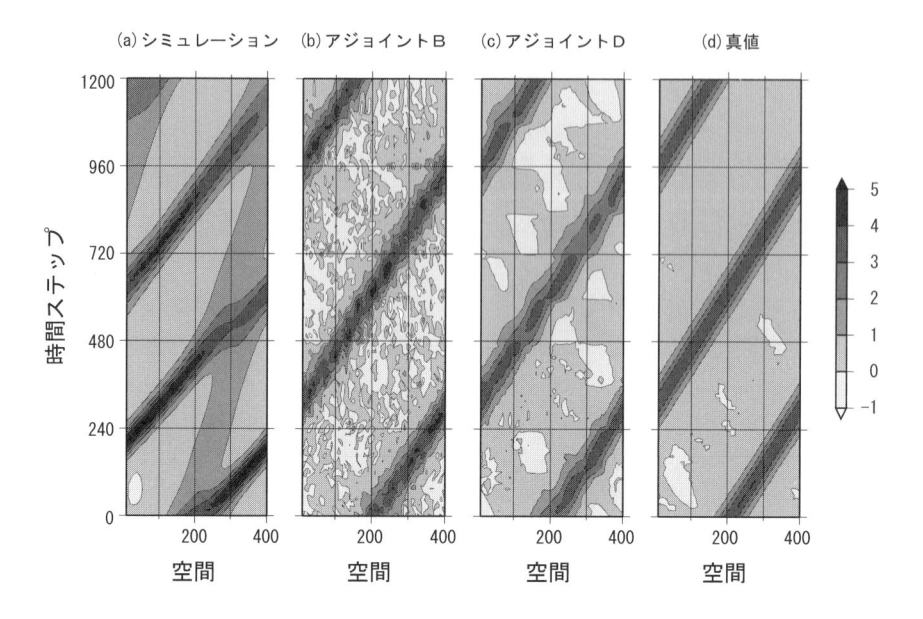

図 5.19 アジョイント法による例題 3 の流速 u の同化結果の時空間分布. (a) シミュレーション値, (b) アジョイント法 B, (c) アジョイント法 D, (d) 真値.

高周波のノイズを抑えるために，評価関数 J に空間方向の 2 階微分を小さくするような拘束条件を加える以下の方法が良く用いられている．

$$J_2 = J + a/2 \sum_i \left[\left(\Delta u_{t_0,i-1} - 2\Delta u_{t_0,i} + \Delta u_{t_0,i+1} \right) / \Delta x^2 \right]^2$$
$$= J + a/2 \left[\mathbf{C}(\mathbf{x}_{t_0} - \mathbf{x}^b) \right]^T \left[\mathbf{C}(\mathbf{x}_{t_0} - \mathbf{x}^b) \right] \tag{5.21}$$

ここで，$\Delta u_{t_0,i} = u_{t_0,i} - u_i^b$．$\mathbf{C}$ は 2 階微分を表す 3 重対角行列である．a は追加した拘束条件の重み定数で，ここでは $a = 1$ とする．このとき，評価関数 J_2 の勾配 $\mathbf{g}_2$ は次のようになる．

$$\mathbf{g}_2 = \mathbf{g} + a\,\mathbf{C}^T \mathbf{C}(\mathbf{x}_{t_0} - \mathbf{x}^b) \tag{5.22}$$

この方法をアジョイント法 D(表 5.5) と呼ぶことにする．

アジョイント法 D の場合の評価関数を求めて最適化を行った結果を図 5.20 と図 5.19(c) に示す．図 5.20 と図 5.18 を比較すると，拘束条件を追加するこ

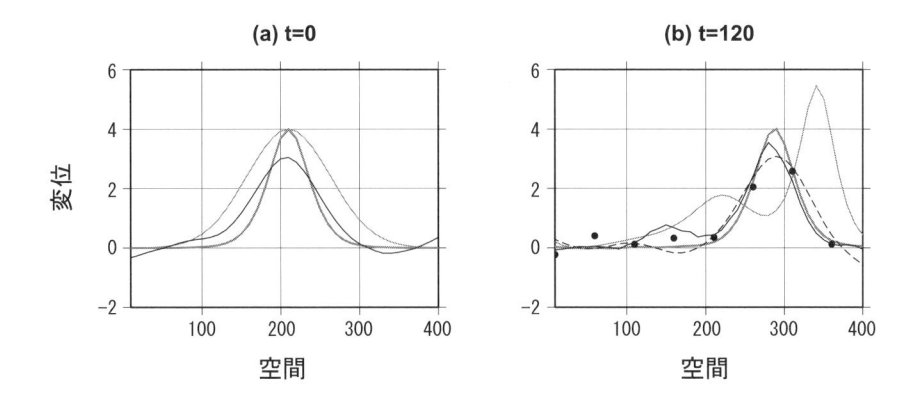

5.4 例題 3: 粘性項付き KdV 方程式モデルを使って非線形問題を考える

図 5.20　図 5.18 と同じ．ただし，アジョイント法 D の場合．

とによって高周波のノイズが押さえられ，空間方向に滑らかな推定結果が得られるとともに，誤差も小さくなっているように見える．さらに，図 5.19(c) を見ると，前節でも述べたように粘性係数を真の状態より大きく設定しているため，孤立波のピークがやや小さくなるが，ノイズは押さえられ，孤立波の移動速度は良好に再現されるなど，真の状態に一層近づいていることがわかる．表 5.4 の RMS 誤差からも精度が向上していることが明瞭にわかる．このように，アジョイント法は適切な拘束条件を追加することによって，精度を向上させることができる．ただし，拘束条件を加えると，評価関数のヘッセ行列が恒等行列から離れるようになるので降下法の収束が遅くなり，より多くの繰り返し計算が必要となる（付録 A.4）．本例題では，拘束条件を使わなかった場合，収束条件を満たすまでの繰り返し回数が 25 回程度だったのに対し，拘束条件を付加した場合は 50 回程度とおおよそ 2 倍であった．

ここで，$t=60$ において同化期間 $t=0 \sim 60$ の解析値と，同化期間 $t=60 \sim 120$ の解析値を比較すると，拘束条件の有無にかかわらず，必ずしも後の同化結果の方が良くなっているとは言えない．これは，同化を繰り返すほど結果が良くなるというデータ同化の理想に反している．この原因は，前の同化期間では $t=60$ の時刻の観測値が直接同化されているのに対し，後の同化期間ではデータの重複利用を避けるためこのデータは同化されていない上，アジョイント法ではモデルの予報値が未来の観測値に合うようにこの時刻の分布を修正するた

165

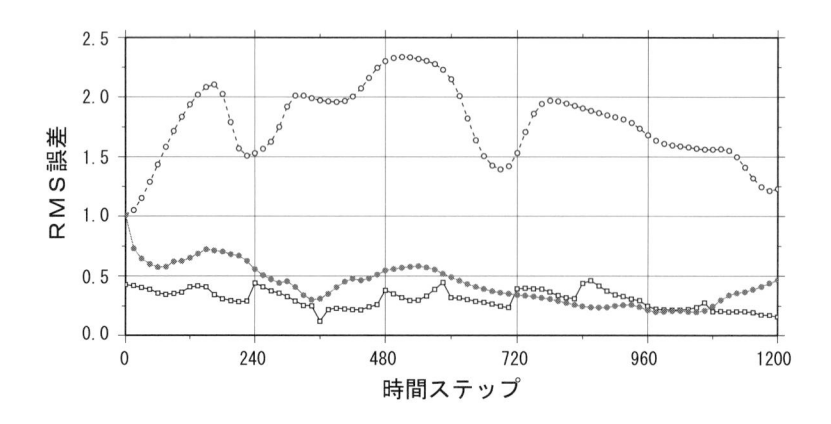

図 5.21 例題 3 の RMS 誤差の時系列図．白丸破線：シミュレーション値，灰丸：カルマンフィルターによる解析値，白四角：アジョイント法 B による解析値．

め，今の場合はこの時刻の真値との差がかえって大きくなってしまったからだと思われる．このようにモデルの精度はデータ同化の結果を左右する．自然現象をシミュレーションする場合，完全なモデルを作成するのは不可能であるが，よりよい解析値を得るためには，できるだけモデルの精度を向上させるよう努力する必要がある．

問題 5.6
例題 3 の接線形モデルとアジョイントモデルを作成せよ．また，(5.17) から，連続系における KdV 方程式のアジョイント方程式を求めよ．

5.4.4 カルマンフィルター・スムーザーとアジョイント法の比較

表 5.4 に示したように，カルマンフィルターに比べて，拘束条件を利用したアジョイント法 D の解析値の誤差は小さい．ただし，拘束条件を利用しないアジョイント法 B の誤差はカルマンフィルターよりやや大きい．

各ステップでの RMS 誤差の時系列 (図 5.21) は，アジョイント法 D に比べカルマンフィルターでは同化後の誤差の減少が遅い．この結果は例題 2 の移流拡散方程式の場合と異なっている．原因としては，アジョイント法 D では拘

束条件を加えることによって近接する格子点間での誤差の相関が暗に仮定されているが，カルマンフィルターでは同化期間の初めは無相関であることを仮定したため予報誤差が十分に修正されずに過小評価となり，その結果，解析場の予報値への重みが過大となってしまうことや，対象が非線形モデルのため，モデルの統計的性質を反映した誤差行列を得るまでに時間がかかることなどが考えられる．実際，同化を十分に実行した後の誤差はアジョイント法 D と同程度となっている．

本例題からもわかるように，非線形性を持つような複雑系問題については，カルマンフィルターとアジョイント法のどちらを採用するにしても，解析精度はモデルや観測にどのような誤差を仮定するか，どのような近似や拘束条件を適用するかなどに大きく依存する．従って，どちらの手法が適切であるかは問題によって異なるので，現状では両者に優劣の差はないと考えるのが妥当であろう．

問題 5.7
予報誤差が過小評価されていることを示すにはどうすればよいか，考察せよ．（P, R, K 等を用いよ．）

Column

地震学におけるインバージョン解析とデータ同化

　地震学をはじめとする固体地球物理学では，データ同化はまだあまり用いられていない．それにはいくつかの理由がある．一つは，地下の状態を直接観測することができないため，地球表面での観測に頼らざるを得ないことが挙げられる．一般に地震観測や地殻変動観測などは海底では難しいため，観測点が陸上に限られる．その一方，繰り返し発生する巨大地震は，海溝付近の海底下で発生することが多く，観測の分解能に限界があった．このため，せっかくデータを取得して同化を行っても，データにモデルを修正させるだけの能力が不足していた．しかし最近では，海底地震観測や海底地殻変動観測が想像以上の進展を示し，日本に関して言えば，陸上での観測網の整備もかなり進んでいる．このまま順調に推移すれば，陸上での密な観測網に加えて近い将来海底観測網も，断層面すべりの状態を十分な分解能を持って推定できるまでに整備されると期待される．

　巨大地震の場合，繰返し周期が100年以上ときわめて長く，データの蓄積が不十分であるのに加えて，蓄積した歪は1-2分で解消されてしまう．このような系はしばしば「硬い」システムといわれ，硬くないシステムに比べて数値的な時間ステップを短く取る必要があり，フォワードの計算に大変時間がかかる．

　さらに，特に地震発生物理に関しては，断層面に働く摩擦力に関する構成則がどの程度正しいかわかっていない．これはデータ同化を行う上でクリティカルな問題である．なぜなら，用いる微分方程式系が正確でなければ，状態をデータによって修正しても不正確な予測でしかないからである．例えば，地震発生に関するシミュレーションでよく用いられる摩擦構成則は，岩石実験の結果から導かれた経験則であり，あくまでも現象論的な，単純化された構成則に過ぎない．しかし，この構成則を用いれば，地震や地震に関連する諸現象がよく再現できることが多くの研究によって明らかになってきた．これらの状況を受け，最近ではこの摩擦構成則に基づいた数値モデルに観測データを同化することによって，地下の応力や断層面上のすべりの状態を予測しようという機運が高まってきた．以下では主として地下の応力や断層面上のすべりの状態を予測する問題において，データ同化がどのように期待されているのかを紹介す

る.

（1） 地震発生予測のシミュレーションに関して

　地震発生に関するシミュレーションについて述べる前に，地震が発生する場に関する現段階での理解についてごく簡単に述べる．我々が体感する地震には，内陸で起こる直下型地震と太平洋側で起こる海溝型地震があり，前者は内陸に存在する活断層の深さ数キロから15キロ程度，後者はプレート境界の深さ約15-40キロ程度にある一部分が，数 m/s という高速ですべることに起因している．海溝型地震は，日本列島の太平洋側のように，海のプレートが陸のプレート下に一定速度で沈み込んでいるような領域で発生するため，同程度の規模の地震が繰り返し発生する．図コラム5.1は，地震波のデータの解析により，太平洋プレートが東北日本の下に沈み込む領域における地震発生についての最近の理解を描いたものである．この図から，一度の地震ですべるプレート境界面の領域が限られていることがわかる．また，地震が発生していない領域が存在していることもわかるだろう．このように，地震が繰り返し発生するような場所を「アスペリティー」と呼ぶ．地震波の丹念な解析によって，アスペリティーでは同程度の規模の地震が繰り返し起こることが明らかになった．では，なぜこのようなすべりの空間的な不均質が発生するのだろうか．

　アスペリティーか否かを規定しているのは，今のところ，断層面上の摩擦特性であると考えられている．摩擦係数は単純には静止摩擦係数と動摩擦係数の2種類に区分され，静止しているときは前者，動き始めた後は後者が作用するとされる．しかし，岩石実験によって，摩擦係数自体がすべり速度と接触面の状態に規定されていることが現象論的に明らかにされた．この摩擦構成則は「速度・状態依存摩擦構成則」と呼ばれるもので，以下のような式で表される（詳しくは，例えば吉田（2002）参照）．

$$\mu = \mu_0 + a\ln(v/v_0) + b\ln(v_0\theta/L)$$
$$\frac{d\theta}{dt} = 1 - v\theta/L$$

Column

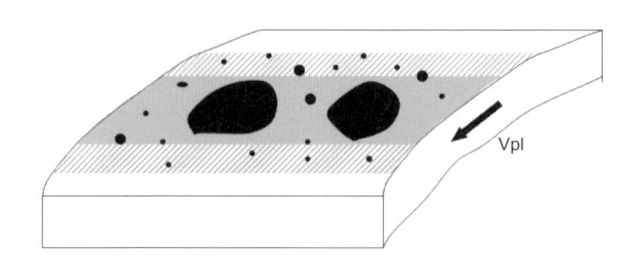

図コラム 5.1 大陸プレートの下に海洋プレートが沈み込むプレート境界面の状態．海洋プレートは一定の速度 V_{pl} で沈み込んでいる．巨視的に見ると，地震間ではプレート境界面のうち，浅い領域および深い領域（図の白い領域）では摩擦は作用しておらず，プレート境界面は沈み込み速度と同じ速度 V_{pl} ですべっている．「遷移域」と呼ばれる斜線で覆われた領域では摩擦力が作用し始め，V_{pl} より遅い速度ですべっている．「固着域」と呼ばれる灰色で覆われた領域では摩擦力が大きく作用し，ほぼ完全に固着している．地震間では，固着域で最も応力の増加が大きく，歪が蓄積するので，この領域で地震が発生する．もう少し細かく見ると，固着域は黒塗りの領域（アスペリティー）とそれ以外の領域とからなっており，地震間はアスペリティーのみ固着している．従って，アスペリティーでは地震が繰り返し発生するが，固着域の中でもアスペリティー以外の領域では地震が発生せず，地震の後に余効すべりと呼ばれるゆっくりとしたすべりが発生することが多い．なお，固着域や遷移域には小さなアスペリティーも存在し，地震間や地震後に小さな地震が発生する．特に大地震の後では大地震を起こしたアスペリティーの周辺の小さなアスペリティーで余震が多く発生する．

ここで，μ は摩擦係数，μ_0 はその基準値，v は断層面のすべり速度，v_0 はその基準値，θ は面の接触状態に関する状態変数，a, b, L は摩擦特性を決める摩擦パラメーターである．この摩擦構成則の意味を図コラム 5.2 に示したバネ・ブロックの系を利用して簡単に説明しておこう．ブロックが速度 v_1 ですべっている定常状態 ($d\theta/dt = 0$) にあるとき摩擦係数は，

$$\mu = \mu_0 + (a - b)\ln(v_1/v_0)$$

となる．ブロックのすべり速度を v_1 から v_2 に瞬間的に増大させ，再び定常状

Column

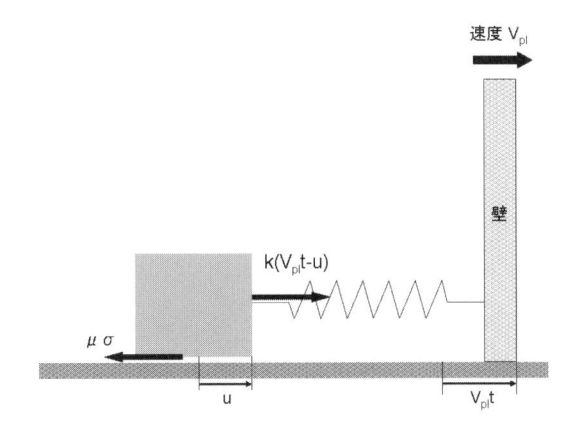

図コラム 5.2 バネ・ブロックによる地震発生域のモデル．ブロックはバネ定数 k のバネによって壁に連結されており，壁が速度 V_{pl} でバネを引いている．このときブロックの変位を u とすると，ブロックにはバネによる力 $k(V_{pl}t - u)$ と摩擦力 $\mu\sigma$ が作用する．

態に落ち着いたときにブロックにかかる摩擦係数は

$$\mu = \mu_0 + (a - b)\ln(v_2/v_0)$$

であるから，速度変化による摩擦係数の変化分は

$$\Delta\mu = (a - b)\ln(v_2/v_1)$$

となる．$v_2 > v_1$ だから，摩擦力は $a - b > 0$ のとき増加，$a - b < 0$ のとき減少する．

　従って，$a - b > 0$ の場合はすべり速度が大きくなるほど摩擦力が大きくなるため加速できないが，$a - b < 0$ の場合はすべり速度が大きくなるほど摩擦力が小さくなるため，高速すべり，すなわち地震が起こりうることになる．ただし，$a - b < 0$ の場合でも，バネ定数が大きくて剛体棒のような場合は，摩擦力が増加してもバネが歪を蓄積できないためブロックは定常的にすべるが，バネ定数が小さければ，ばねが伸びてバネによる力とつりあいながら摩擦力が増加し，限界を超えるとブロックは高速ですべり出す．

Column

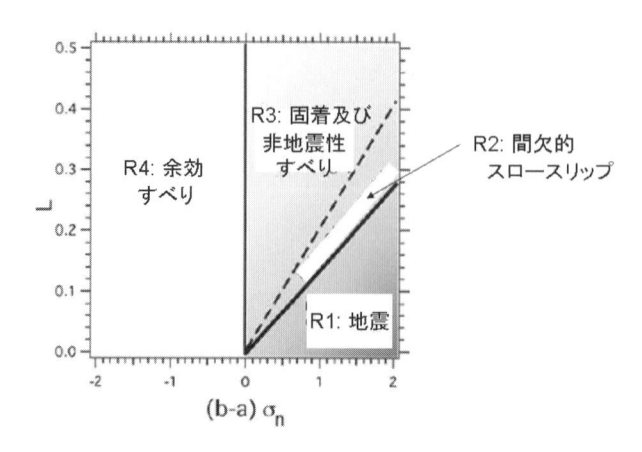

図コラム 5.3 すべり様式の摩擦パラメーターによる分類（Yoshida and Kato, 2003 を加筆修正したもの http://www.eri.u-tokyo.ac.jp/YOSHIDA-LAB/sokatei_a.html）．摩擦パラメーター (a,b,L) の組み合わせによって，地震性すべり（R1），間欠的スロースリップ（R2），固着および非地震性すべり（R3），余効すべり・非地震性すべり（R4）のように，すべりの様式を分類できる．このうち，間欠的スロースリップとは，地震のように自発的に発生する断層すべりだが，すべり速度が遅くて地震波を放射しないようなものであり，余効すべりとは隣接する領域で発生する地震に誘引される，ゆっくりとした断層すべりを指す．

図コラム 5.3 は様々なパラメーター–に対するブロックの応答を示したものである．$a-b<0$ かつバネ定数 k が $k_c = \sigma(b-a)/L$ より小さい場合に地震が起こる．（連続体の場合は，$a-b<0$ かつすべっている領域の広さが臨界値より広い場合に地震になり，領域が狭い場合はゆっくりとしたすべりが発生する．）また，摩擦パラメーター a, b, L を変化させれば地震の規模や再来間隔なども変化する．従って，地震の発生予測を行う上では，これら摩擦パラメーターを正確に知ることが重要となる．しかし，これらのパラメーターの値は岩石実験でも推定するのは難しく，また岩石資料の結果をそのまま自然の断層に適用できるかどうかわかっていない．つまり，摩擦パラメーター a, b, L を実際の観測データから推定することが地震発生予測を行う上で最初の大きな目標と言えよう．

（2）これまでどうしてきたか

地球内部の直接観測が現時点では不可能なため，地震学では地表面での観測データを用いたインバージョン解析によって地下の状態を推定している．地震学の理論では，地表面の変位 $\mathbf{u}(\mathbf{x},t)$ は時刻 τ，位置 ξ における断層すべり $\mathbf{s}(\xi,\tau)$ の線形結合で表される．

$$\mathbf{u}_i(\mathbf{x},t) = \int d\tau \iint d\xi A_{ij}(\mathbf{x},\xi;t-\tau)s_j(\xi,\tau) \tag{1}$$

ここで，$A_{ij}(\mathbf{x},\xi;t-\tau)$ は時刻 τ，位置 ξ における j 方向の単位のすべりインパルスに対する時刻 t，位置 $\mathbf{x}$ における i 方向の変位応答である．従って，断層すべりの時空間分布が与えられれば地表面の変位を計算できる．我々が知りたいのは地震計や GPS で観測される地表面の変位（実際には多くの場合は加速度を観測しているが，ここでは簡単のため変位を観測するものとする）から推定される断層すべり分布であり，以下に示すように (1) 式を使うなどして逆問題を解いている．

地震波動のように，断層面ですべりが発生してから地表面が変位するまでの時間遅れを考慮しなければならない場合は，すべりの時空間分布を一挙に推定する．一方，数時間から数年程度かけて断層面がゆっくりとすべる現象（その意味では地震ではない）がある．具体的には，自発的に発生するスローイベントと呼ばれる現象や，地震に引き続いて隣接領域がゆっくりとすべる余効すべりという現象，さらには地震に先立つ前兆的なすべりなどで，GPS や水準測量などの測地学的手法で観測されている．この場合，断層面ですべりが発生してから地表面が変位するまでの伝播時間は無視できるので，これらは同時に発生したとみなして各時刻 t で順次逆問題を解けばよく，観測方程式は各時刻で独立なのでカルマンフィルターが利用されることが多い．その際，時間に対して断層すべりを滑らかに変化させるために，ランダムウォークなどの確率論的な遷移方程式を用いる．このようなカルマンフィルターを用いたゆっくりとした断層すべりの推定は，地震に先立つ前兆的なすべりの検出を主な目的として Segall and Matthews, (1997) により提唱された．それ以後，前兆的なすべりの検出はなされてないが，この手法はゆっくりとした断層運動の推定に成功を

Column

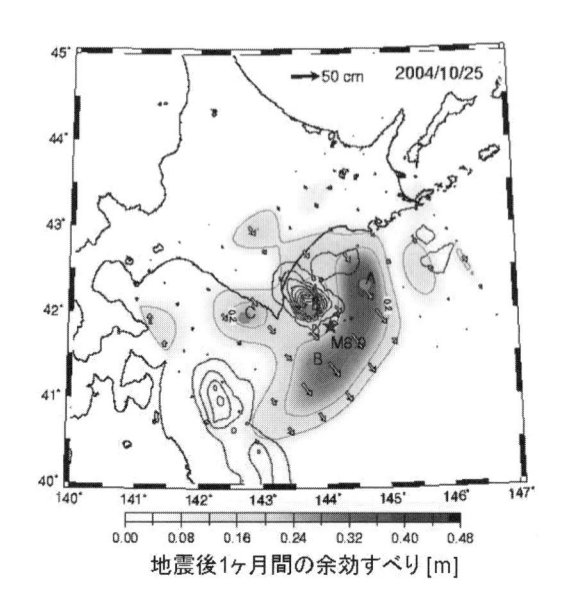

図コラム 5.4　GPS データのインバージョン解析によって得られた，2003年十勝沖地震時すべりおよび余効すべり（Miyazaki *et al.*, 2004）．震源が星印，襟裳岬周辺のコンターが地震時のすべり量である．地震時すべり領域の周辺では 1 ヶ月で最大約 50 センチ程度の余効すべりが観測された．このように，地震時にすべる領域と地震後にゆっくりとすべる領域とは相補的になっており，これはすべり様式の違いが断層面の摩擦特性の違いによることを反映している（図コラム 5.3 参照）．カラー図は巻頭参照．

収めている．例えば，2003 年の十勝沖地震後に大規模な余効すべりが観測され，このインバージョン手法を適用することにより，地震発生領域を取り囲む形で余効すべりが発生していることが明らかになった（図コラム 5.4）．このカルマンフィルターを用いた手法では，時間発展式として確率論的な遷移方程式が用いられているに過ぎず，将来の状態を予測することはできない．しかし，遷移方程式を断層すべりやそれを生み出す応力の物理法則と入れ替えれば，将来の予測ができるのではないかということが 2000 年頃から話題に上り始めた．

（3）これからどうしたいか

断層面のすべりの時間発展を記述できそうなものとして，準静的な弾性体の運動方程式（すなわち，つりあいの式）

$$0 = \iint K(\mathbf{x},\xi)(s(\xi,t) - v_{pl}(\mathbf{x})t)d\xi - \mu(\mathbf{x},t)\sigma(\mathbf{x}) \tag{2}$$

と摩擦に関する構成則

$$\mu(\mathbf{x},t) = \mu_0 + a(\mathbf{x})\ln(v(\mathbf{x},t)/v_0) + b(\mathbf{x})\ln(v_0\theta(\mathbf{x},t)/L(\mathbf{x}))$$
$$\frac{d\theta(\mathbf{x},t)}{dt} = 1 - v(\mathbf{x},t)\theta(\mathbf{x},t)/L(\mathbf{x}) \tag{3}$$

が考えられる．ここで，$K(\mathbf{x},\xi)$ はすべり応答関数とよばれ，位置 ξ における単位すべりによる位置 $\mathbf{x}$ におけるせん断応力の変化を表す．また，v_{pl} はプレート収束速度，σ は面に働く法線応力，μ は摩擦係数，v は断層面のすべり速度，θ は面の接触状態に関する状態変数，a, b, L は摩擦特性を決める摩擦パラメーターである．断層すべりの予測を行うには，第 1 段階として，断層面のすべりと地表面変位を結ぶ観測方程式（1 式）と，断層すべり速度・面に作用する応力・面の接触状態の時間発展を記述する方程式（2 および 3 式）とを組み合わせた数値モデル，およびこれまでに得られている観測データとを用いて摩擦パラメーターを推定し，第 2 段階として，得られたパラメーターを用いて数値モデルにより将来のすべりを予測するという手順になる．現在は第 1 段階のデータに最もよく合う摩擦パラメーターの推定が主な関心事となっている．最初に述べたように，地震現象そのものは扱いが難しいため，現段階の地震発生予測研究では，断層面上の地震発生領域以外の部分を対象としたデータ同化を行うことや，その結果と地震時に得られるデータとをあわせて地震発生領域の摩擦パラメーターに拘束を与える手法の構築が検討されている．その際，まずは「余効すべり」を起こした領域の摩擦パラメーターをデータ同化によって推定することが目標になるだろう．そして，この余効すべりが発生するためには，地震発生領域でどの程度の「地震」が必要なのかを検討することで，地震発生領域での摩擦パラメーター推定に迫ることが期待されている．

Column

（4）その他の話題

　地震発生予測に関するシミュレーション以外でも，逆問題が活躍している研究領域は多い．固体地球物理学におけるインバージョン解析に関しては，松浦(1991)ならびに深畑（2009）が良いレビューを行っているので参照されたい．ここではその中でもデータ同化，あるいはその関連手法が用いられている，津波による震源過程の推定と，地球内部の3次元地震波速度構造推定（地震波トモグラフィー）について簡単に紹介する．断層すべりが発生すると，本コラムの(1)式に従って海底面が隆起・沈降する．波長の長いこのような海底地殻変動はそのまま海面に伝わり，津波となって伝播する．津波は，すべり速度が速い通常の地震だけでなく，すべり速度が遅くて地表面の揺れが小さいような地震でも発生する．後者の場合は，地震によって放出されるエネルギーに比して地表面で観測される地震動は小さくなるため，小さい地震の割りには津波が大きいという現象が起こる．このような地震を津波地震という．例えば1896年の明治三陸地震では，地震動が震度3程度だったのに対し，津波は三陸沿岸各地で10mを超えて最大約38mにも達した．このような津波地震の場合，地震計記録から断層すべり分布を推定すると小さく推定されてしまうため，津波データや測地データを用いた解析が重要になってくる．

　では，津波記録から断層すべりを推定するにはどのようにすればよいだろうか．前述の通り，断層すべりが発生すると，(1)式によって海底面の隆起・沈降が起こる．この海底地殻変動をそのまま初期の海面の形として浅水波の方程式を解けば，津波の伝播が計算できて観測点での水位変化が求まる．津波記録から断層すべり分布を推定するためには，これを逆に解けばよい．

　また，古くからの問題である地球内部構造推定では，(1)式の未知パラメーターは断層面上のすべり履歴 $\mathbf{s}(\xi,t)$ ではなく，右辺の $A(\rho, C_{ijkl}; \mathbf{x}, \xi; t)$ に含まれる3次元空間の関数である密度 ρ，弾性定数 $C_{i,j,k,l}$（または，P波およびS波速度）である．構造とすべり履歴は同時に求める必要があるが，多くの地震データを用いて共通する構造と個々の地震のすべり履歴を推定する．構造推定の場合には波動方程式を解くだけで，通常は震源でのすべり履歴を記述する(2),(3)式のような摩擦モデルは用いない．

　さて，アジョイント法を用いた構造推定を紹介する前に，地震波走時トモグ

Column

　ラフィーと呼ばれる手法を紹介しよう．この手法では，P 波や S 波の伝播時間（走時と呼ぶ）をデータとし，波線理論を用いて P 波や S 波の速度構造を，震源位置と同時に求める逆問題を取り扱う．1970 年代前半までは深さまたは地球半径を関数とする 1 次元構造（地殻・マントル・核）を求めたが，1970 年代後半に安芸敬一により，3 次元構造を求める研究が開始された．当初は小領域の構造や大きな領域でも大まかな構造を対象とし，未知数の数を 10^3 程度に抑えていたので，空間的滑らかさなどを拘束条件とした最小 2 乗解を行列解法で求めていた．1980 年代に詳細な構造や地球全体の 3 次元構造を求めるようになると，未知数は 10^6 を超えるようになり，医学のトモグラフィー (CT) 分野で用いられている逐次近似解法で解を求めるという，地震波トモグラフィーの手法が開発された．この手法によって，沈み込むプレートの構造やマントル対流（マントルプルーム）の姿が浮き彫りにされるなど，大きな成果が得られた．

　一方，地震波形全体をデータとするインバージョン手法については，1980 年代に Tarantola がアジョイント法を用いて反射波探査などの物理探査分野で地震波形インバージョンの定式化を行った．しかし，不均質媒質中での波形計算は差分法などの数値解法しかなく，当時の計算機では大きな成果を上げられなかった．現在でも物理探査で扱う小さな領域や浅い構造が主であるが，2000 年に入って波線理論に基づく走時トモグラフィーを拡充した有限波長トモグラフィーの必要性が叫ばれ，またスペクトルエレメント法など並列化に適した波形計算の優れた数値解法が開発されたことにより，アジョイント法を用いた地震波形トモグラフィーの手法が見直された．現在ではこの手法を用いた地殻やマントルの 3 次元構造研究が行われつつある．

応 用 編

6章　簡便に使える静的データ同化手法の応用

7章　カルマンフィルターの応用
　　　　　—日本海変動予報を中心として—

8章　アジョイント法の応用

CHAPTER 6
簡便に使える静的データ同化手法の応用

　本章では，基礎編2章で学んだデータ同化手法が，運用現場で実際にどのように構築・利用されているのかを，現業機関の例を紹介しながら説明する．現実の海洋は広大かつ込み入った地形に囲まれた複雑な空間で，そこには異なった時間・空間スケールの現象が混在している (図序.4 参照)．従って，このような海洋の常時監視・予測を目的とする現業同化システムの構築と運用には，現象の解像に多大な格子点等が必要となり様々な工夫が要求される．ここでは，運用にあたり重要な前処理である入力用現場観測データの品質管理と客観解析に用いる誤差相関についてまず説明する (6.1 節)．その後 6.2 節で，3次元変分法適用時の拘束条件の付加やそれによる現象の抽出ならびに適用の拡張等について説明し，6.3 節では現業運用の例として，黒潮や中規模渦の再現・予測例について紹介する．

　なお，現業同化にあたっては迅速性と安定運用が特に重要となる．そのため，時空間的に散在した観測値から（カルマンフィルターや4次元変分法に比べて簡単であるという意味で）簡便かつ相対的に小さな計算負荷で格子点値を作成できるという利点を持つ最適内挿法や3次元変分法が，システム構築にあたって採用されることが多い．簡便とは言っても（確かに手法の数式表示は簡単ではあるが），誤差共分散行列の設定など運用に必要な知識や技術はそう簡単ではないことに留意されたい．

6.1 観測データの取り扱いの重要性
6.1.1 同化に使用する観測データの品質管理

　基礎編で述べたように，観測データには種々の誤差が含まれている．そのため，同化に使用する前段階で，それらの誤差はどのようなものか，その原因は何かを特定し，必要に応じて修正や除去するプロセスが必要になる．このような作業を「品質管理 (quality control)」（以降 QC）と呼んでいる．観測データ（特に船舶による現場観測データ）には一般に，偶然誤差（ランダム誤差）や系統誤差（バイアス）に加えて，人為的ミスによる誤差が含まれている．既に学んだように，データ同化に際してこれらの偶然誤差や系統誤差は，表現誤差とともに観測誤差共分散行列に考慮されるべき量である．系統誤差は可能であればあらかじめ除去することが望ましい．一方，人為的ミスによる誤差は，観測誤差共分散行列としての見積りが大変難しく，そのようなミスが想定される場合は事前に対処する必要がある．

　観測の少ない海域では，たとえ誤差の大きい観測データであっても，できるだけ有用な情報を抽出して解析精度を向上させる努力が必要となる一方で，解析に要するコスト (計算に要する時間や計算機の記憶容量) 更には観測データの取得から社会への発信までの時間制約も勘案して対処することが求められる．通常，解析に利用できるコストには限度があるので，目的に応じた効率的な解析を行うために，大きな誤差を持つデータを入力しない場合もある．

　品質管理は，観測日時や観測地点のようなメタデータ[*1]に対するチェックと，観測値そのものに対するチェックに大別できる．観測データの中には，そもそもありえない日付や位置が記入されていたり，観測時刻が通報時刻よりも遅れている場合がある．さらに，観測地点が陸上だったり，水深よりも深い層の観測データが含まれていたりする場合もある．後者については，例えば，投下式水温水深計 (XBT) が海底に到達した着底後も通報してきたとき等に起こり得る．観測点が海洋であったとしても，通報用の電文作成時の誤りや，海の中を漂流するフロート等の信号送受信ミスなどにより誤った観測点が通報され

[*1] メタデータとは一般に，観測データに関わるすべての付加情報を指す．例えば，観測の位置，時刻，使用測器，目的，記録のフォーマット，観測機関等が記載されている．

6.1 観測データの取り扱いの重要性

こともある．このような場合は，航路チェックと呼ばれる同一船舶の前後の通報や別種の通報（例えば海上気象通報）を用いて観測点の妥当性を検証する．

観測値そのものに対する最も簡単な品質管理は目視で概査するやりかた（ヴィジュアルチェック）であろう．例えば，海洋では水温が-10℃以下や40℃以上であったり，塩分が50psuを超えるようなことは通常起こらない．目視はまた，電気的ノイズや伝送ミス等に起因すると考えられる水温や塩分の鉛直分布に見られるスパイクを取り除くのにも有効である．鉛直分布のチェックには，水温と塩分から計算される密度の鉛直方向の変化率を指標として使うこともある．ただし，このような概査を行うには海洋物理学などの専門的知識と経験が必要である．

観測値の数値そのものを扱う代表的な品質管理としては，観測場所での標準偏差を尺度として，観測値が平均値(気候値)からどの程度離れているのかを調べて異常値を抽出する，気候学的チェックと呼ばれる方法がある．例えば，平均値から標準偏差の3倍以上離れた観測を異常値とみなす場合は3σ-チェックと呼ばれている．観測値の母集団は正規分布をすると仮定すると，3σ-チェックで除外されるのは全体の1％程度である．ただし，通常，データ数（標本集団）は有限であり，正規分布よりも扁平な分布をすると想定されるので，閾値を標準偏差の3倍とした場合には1％以上の観測が棄却される可能性が高い．以上のような観測データに対する事前の品質管理を行うと，解析精度の劣化や計算効率の低下を防ぐことができる．なお，品質管理の際，疑わしい観測についてはその場で除去すべきではなく，例えばどの段階のチェックで判明したかを示す品質管理情報(フラグ)を付加して記録しておけば，後に品質管理の妥当性を検証する際に有益となる場合がある．フラグの付いた観測データを同化に使用するかどうかは，目的にあわせて判断すればよい．なお，上述の品質管理については杉本ら(2005)に詳しい．最近は同化システムの中で一体的に品質管理を行う変分QC法が提案され注目を集めている（基礎編2章参照）．

品質管理の重要性を端的に示すために，誤ったデータの影響を受けて解析の精度が著しく低下する場合を紹介しよう．特に，誤った観測データ以外に周辺にデータがない場合，そのデータが大きな重みを持つので注意を要する．図6.1は，観測データに対する品質管理(5σ-検定)を行った場合（上図）と行わなかった場合（下図）の水温・塩分解析から得られた太平洋熱帯域の海面高度

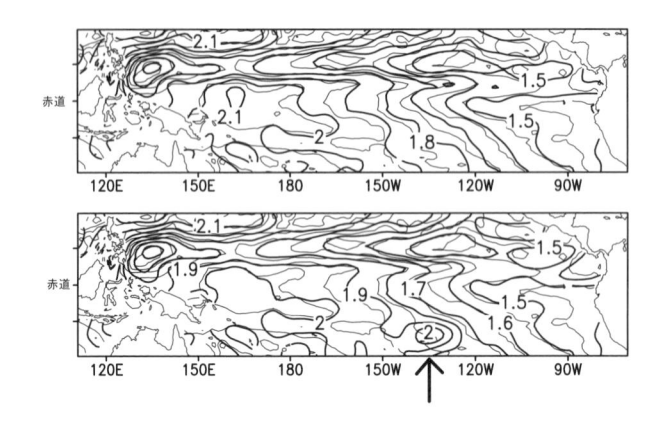

図 6.1 熱帯太平洋における品質管理の違いによる結果への影響の度合い．上図は品質管理を行った場合で，下図は行わなかった場合の海面高度の分布を太い実線で表す．薄い実線が衛星海面高度計による観測データである．

分布である．衛星海面高度計による直接観測と比較すると，品質管理を行わない場合には解析精度が低下しており，特に南緯 10°，西経 135° 付近に顕著な異常値が見られる (図中の矢印の付近)．使用した観測データをチェックすると，南緯 16°，西経 134° 付近に海面から水深約 300m まで水温が 27.1°C で一定の鉛直分布を持つデータが含まれていた．この海域の混合層深度がそれ以浅であることを考えると，このような鉛直分布は本来なら存在しなく，品質管理を行えば棄却されるはずのデータが解析精度に影響を与えた一例である．

以上の標準偏差を閾値とした品質管理は，同化システムとは独立に前段階の処理として行うので，機械的にオフラインで実行可能で，統計的な合理性もある程度備えている．ただし，現実には気候学的な平均から大きく逸脱した現象がしばしば観測されることに注意する必要がある．その代表例として気象分野では台風，海洋分野ではエルニーニョ現象が挙げられる．以下ではエルニーニョの場合を紹介しよう．例えば，エルニーニョ期における太平洋東部赤道域の海面水温は平年値よりも 2-3°C 高い．一方，この海域での海面水温変動の標準偏差は 0.4°C 弱なので，3σ-検定を行うと，エルニーニョ期における太平洋東部赤道域の海面水温観測値の多くは棄却されてしまうことになり，その結果，エルニーニョ現象の振幅は過小評価される危険性がある．実は，このよ

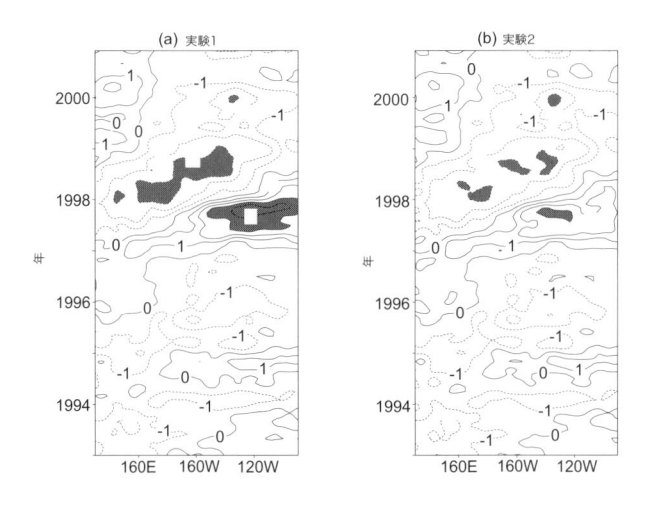

図 6.2 赤道における鉛直平均水温偏差の時系列（単位：℃）．左図：変分 QC を適用した場合．右図：変分 QC を適用しない場合．

うな問題を合理的・実用的に回避したいという要請が，2 章で述べた変分 QC（または動的 QC）開発の背景の一つとなっている．

具体的に結果を見てみよう．図 6.2 は 変分 QC を施した場合と 通常の 3σ-検定を行った場合の赤道における 鉛直平均水温 (0-300m) の経度-時間断面の分布図である．実際には 1997/98 年のエルニーニョ現象に伴い，平年は西部赤道域に偏在する表層の高温域が東へと伝播して，太平洋東部赤道域では海面水温が平年よりも 4°C 以上高い状態となった．変分 QC を行わない場合には，太平洋東部赤道における高温の観測が棄却されてしまい，観測情報が解析に反映されにくい．その結果，高温の偏差の伝搬は正しく再現されているが，その振幅は小さくなる．一方，変分 QC を行った場合には，現実に生じていると思われる高温の観測情報がそのまま解析に反映されるため，太平洋東部赤道域に大きな振幅を伴った高温の偏差が現実的に再現されている．

6.1.2　誤差相関スケール

最適内挿法や 3 次元変分法では，同化計算を行う前に，第一推定値と観測値との重みの比や，各格子点での観測やモデル結果の情報の取り入れ方，また行列 **B** や **R** といった誤差共分散行列などを決定しておかねばならない（基礎編

2.3 節参照).ここでは,後者の誤差相関の水平スケール(例えば基礎編 2 章問題 2.3[2] の r)に関し,その選択による解析結果の違いを紹介する.

図 6.3 は,軌道直下でしか得られない衛星海面高度計データを用いて,海面の各格子点での高度を水平相関のスケール(ここではガウス分布を仮定し,その値が e^{-1} になる距離)を 40, 100, 300km と変えて求めた場合の結果である.相関スケールが大きい場合には,広範囲の観測値が各格子点に反映されるため,平滑化に相当する効果が生じ,黒潮流軸の変動 (直進や蛇行) の有無にかかわらず黒潮の分布は似たようなものとなる.従って,中規模渦の活発な海域での誤差相関スケールとしては,対象とする現象のスケールや高度計データの分解能,さらには計算機資源を考慮しながら,小さめの空間スケールを選択したほうがよい.

一方,大きなスケールの現象が卓越する海域では事情は異なる.ここでは,熱帯での東西流速の鉛直分布を観測結果と比較してみる (Usui *et al.*, 2006a).図は省くが,同化結果は同化を行わないモデルの計算結果を観測値に近づけるよう改善され,更に相関スケールを適切に選んだ場合には最良の結果がえられる.例えば,相関スケールが $1° \times 1°$ のような小さい場合には,流速場は観測データと整合的とはいえない.これは,熱帯太平洋海域では観測データが断片的で,解析値に観測情報が反映されない格子が多くなるためだと考えられる.そのような格子では解析値は第一推定値からほとんど変化しない.一方,相関スケールを大きめにとった場合 (例えば東西 $10° \times$ 南北 $10°$) には,それぞれの格子に観測データの情報が反映され,その分だけ解析値は第一推定値から変化して観測値に近づくようになるものの,南北に分岐して西流するはずの南赤道海流が分解されないなど,詳細な海洋構造の再現に問題がある.従って,現実を反映した解析値を得るには,東西方向に細長い海洋構造をしている熱帯域の海洋構造の特性を反映した解析,つまり,現象の空間構造の特徴に応じた相関の水平スケールを用いる (例えば東西 $10° \times$ 南北 $1°$) ことが大事である.それには長期間の観測データを用いて現象の統計的特性量を算出しておくことが有益である (例えば Kuragano and Kamachi, 2000).このような操作によって得られた誤差共分散は,後の 6.2.1 節や 7, 8 章で力学的にあるいは誤差の時間発展として求められる「流れに依存した (flow dependent)」誤差共分散を,経験的かつ統計的に近似したことになっている.

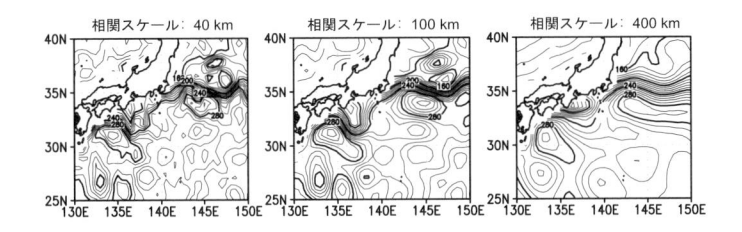

図 6.3 黒潮および黒潮続流域における最適内挿法による海面高度解析．水平の相関スケールを左から 40km，100km，300km とした場合の比較．等値線は海面高度の値を示す．カラー図は巻頭参照．

6.2 拡張性のある 3 次元変分法の応用―付加的な拘束条件の重要性

拡張が容易であるという変分法の最大の特徴を活かした成功例を紹介しよう．3 次元変分法を基本形から拡張する最も簡単な例は，評価関数に付加項を拘束条件として追加することである．これにより，解析精度の向上や，混在する信号から対象とする現象のシグナルを効果的に取り出すことができる．3 次元変分法はまた，拘束条件が直感的にわかりやすく，2 次形式における行列計算が簡単になる可能性があり，計算効率やコーディングの容易さの点でも，さらには計算資源の節約という点でも有利である．そのため，3 次元変分法は実用システムに数多く採用されている．

6.2.1 非線形の付加項

付加的な拘束条件を追加する利点は，線形問題よりも非線形問題に対して一層強力になる．黒潮変動を例にとり説明しよう．Ishikawa *et al.* (1999) は，海面高度計データをモデルに同化するために，移流を表す非線形項を拘束条件に付加して 3 次元変分法の拡張を試みた．従来の 3 次元変分法では，地衡流バランスを仮定した誤差共分散行列を用いて，海面高度場と流速場が相互に関連づけられてきたが，その場合，西岸境界流域のように移流項などの非地衡成分が無視できない海域に適用すると，力学的に整合性のとれた解析値が得られない．そこで，非地衡流成分まで含めてバランスした解析場を得るために，変分

法の拘束条件として，数値モデルの時間変化項を除いた移流項等の部分の 2 乗を付加項として加えるという拡張を行った．

Komori *et al.* (2003) は，変動の激しい日本南岸の黒潮変動に対して，この非線形の付加項を用いた同化手法の有効性を示した．図 6.4 は流速の推定値の誤差を非線形の拘束条件がある場合（下図）とない場合（上図）について比較したものである．非線形の拘束条件による誤差の低減は，移流項などの非地衡成分が無視できない黒潮流軸付近で特に有効であり，約 30 ％ の誤差を減少させることに成功した．さらに，流速だけでなく他の物理量（例えば境界面変位）についても効果が見られた．これは非線形項まで含めた力学バランスを満たすことにより，境界面変位場を一層修正できたためである．また，誤差共分散行列の非対角成分に等方的なガウス関数近似が従来用いられてきたが，黒潮のように流れの強い領域では，流軸方向の誤差の相関は流れを横断する方向に比べて大きいと考えられるために，解析場に大きな誤差が残ってしまう．そこで，数値モデルの力学を拘束条件として用いた結果，このような誤差が減少して境界面変位場の再現性が向上するなど，「流れに依存した (flow dependent)」誤差共分散を用いたのと同様の効果を得ることができたと考えられる．

さらに Komori *et al.* (2003) は，黒潮の流軸変動の予測可能性について調べ，短期的な大蛇行への遷移予測に成功した．これは，彼らが用いた付加的な拘束条件が，数値モデルの時間変化項の 2 乗を小さくするよう作用するので，予報場の汚染原因である予報初期に発生する高周波の重力波ノイズを除去するローパスフィルターとして作用したためである．従って，力学バランスを満たす拘束条件を課せば，得られた解析場を初期条件に用いれば黒潮変動等の数値予報の改善に有用であることがわかる．

6.2.2 非線形の観測演算子

前節の例の他にも，観測行列を非線形の観測演算子に拡張するなど，多くの試みがなされている．Fujii and Kamachi (2003) は，観測値の水温・塩分から非線形の状態方程式を用いて密度を計算し，力学高度を求める非線形観測演算子を導入して，高度計データも併せて同化した．このようにして，海洋内部の水温・塩分構造の精緻な再現に成功した．図 6.5 に，非線形の状態方程式を用いた場合と線形化した場合の日本近海での水温構造の推定結果を，観測結果と

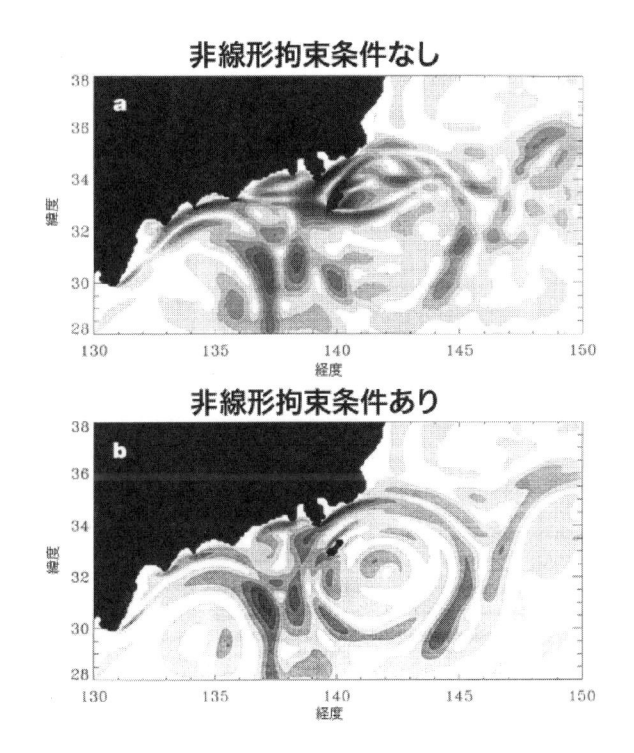

6.2 拡張性のある3次元変分法の応用—付加的な拘束条件の重要性

図 6.4 流速の誤差の分布．非線形拘束条件のない場合（上図）とある場合（下図）の比較．

対比的に示した．水温と塩分分布の観測データを同化しないシミュレーション結果と，線形の状態方程式を用いて同化した結果の各々の誤差（規格化して表示してある）を，非線形の状態方程式を使用した非線形観測演算子を用いて同化した結果と比べると，非線形の演算子を用いた解析場の方が観測値に近い．このように，非線形現象に対しては，当然ながら，非線形の観測演算子を用いたほうが良い結果を得られるので，取扱い易さの点や利用範囲を広げる点でも変分法のこの種の利点は意義深いと言えよう．

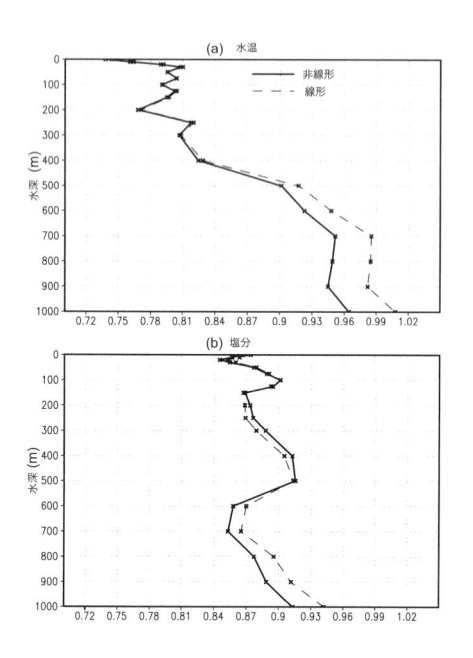

図 6.5 観測演算子を非線形（実線）と線形（破線）で比較した結果．(a):水温，(b):塩分の誤差の鉛直分布．観測演算子が非線形の場合，線形で近似した結果よりも誤差が小さいことがわかる．

6.3 実際に運用されている現業システムへの応用例
6.3.1 データ同化システムの特徴

さて，現業機関で実運用されている海洋データ同化システムは，全球を対象にしたものと，北西太平洋や日本海のような限られた海域を対象とした2通りに大別できる．前者は，エルニーニョなど季節スケール以上の大きな時空間スケールにわたって発生する海洋変動や水塊（大気の気団に相当）の移動およびそれに伴う大気・海洋・海氷相互作用といった「海の気候予測」を主な対象としている．後者は，例えば日本周辺の黒潮や親潮，さらには対馬暖流や中規模渦の変動といった領域の現況監視と予測を主な目的とした，いわゆる「海況予報」システムで，それらの現状の紹介を中心に現業システムの特徴を述べる．

国内外の主要な現業機関や研究センターは，特に1990年代半ば以降に海流

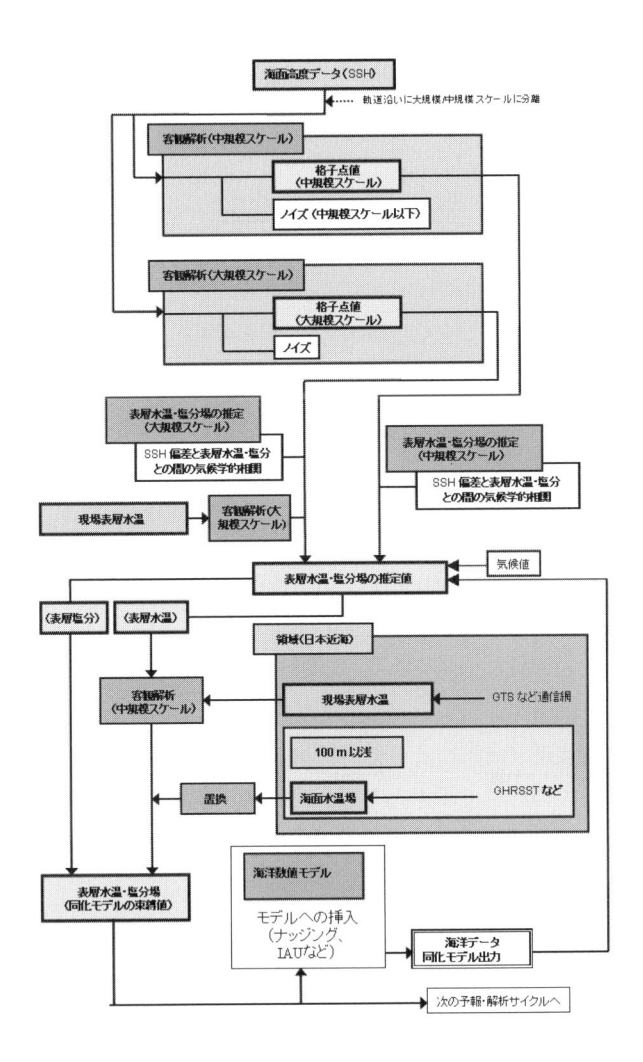

図 6.6 現業機関で運用されている同化システムの構造の例（杉本，吉岡，2004, Personal Communication）．カラー図は巻頭参照．

や海水温等の海況を監視・予測するための総合的な海洋解析システムの開発に精力的に取り組み、実装・実利用の段階を経て、現在では社会にアピールする成功事例をあげるなど精度が向上し、その実効性が認知されるようになった．これらのシステムでは、中規模渦を表現できる解像度（数 km から 10km 程度）や、モデルの物理性能を左右する非線形項や混合層の過程ならびに海底地形の効果や海氷過程等に精度の良い数値スキームが採用される等、同化システムのプラットフォームである大循環モデルそれ自体に改良が加えられている（例えば、石川ら，2005）．

実利用システムの性能は対象海域の側壁境界でのデータや大気からの外力に関するデータの精度にも大きく左右されるので、対象海域内部の観測データや境界条件として用いるデータの入手・処理から、同化結果の社会への提供までの流れをシームレスに実施できる高度で総合的な機能が要求される（GODAE IGST, 2000）．図 6.6 は現業システムの代表例で、黒潮大蛇行のチャンピオン予測と評価された 2004 年の一連の海況変動予測のプラットフォーム (Kamachi et al., 2004) でもある．まず、工夫を凝らした最適内挿法や 3 次元変分法のスキームを用いて入手・前処理した観測データの客観解析を行い、次に、計算負荷と同化結果とのバランスを考慮して、この例では中難度のナッジング法や IAU という手法を用いて監視・予報情報の定期発信を安定的に行えるようにしている．

このような現業システムにとって、海面高度や海面水温など多様な観測量を広域かつ準即時的に計測できる人工衛星観測データは基幹的と言え、その高品質データを中心に作業工程が編成されていることが現業システム（特にリアルタイム予報システム）の構造的特徴である．例えば図 6.6 では、まず衛星海面高度計データを海洋現象のスケールに応じて区分し（ここでは 2 種類）、それぞれについて比較的観測数の多い船舶等の表層水温・塩分データ等と融合して、表層水温・塩分場の推定値（解析場）を各格子で作成する．そのデータ（格子点値）を基礎編 2 章で述べた方法を用いてモデルに挿入し同化する．品質管理やデータ同化モデル、解析値の検証等は一連の作業の流れの中に埋め込まれている．

最近では、空間方向の誤差相関に加えて、時間軸方向にも誤差相関を用いることができるよう、最適内挿法や 3 次元変分法の機能を拡張した同化システム

の改良も試みられている．海洋における現象や誤差の情報は一般に，海流の上流側から下流側へと伝わり，さらにまたロスビー波に代表されるような波動で東西に伝わる場合もある．そのため，力学量である海面高度場を軌道に沿って時間的に順次観測を行う衛星の海面高度計データから，ある時刻における海面高度分布を得るには，観測の時間的なずれを考慮する必要がある．図 6.7 は北太平洋のある格子点での水平および時間方向の相関係数分布を示している．傾いた楕円状の分布は，対象とする時刻以前の東側の誤差情報と以後の西側で観測された情報との関係を示している (Kuragano and Kamachi, 2000).

　海洋は大気と同様に複雑系であり，時空間的に様々なスケールの現象が混在しているので，現象に応じて誤差の統計的特性が異なるのは容易に想像がつく．客観解析においては，このような誤差特性の違いを考慮する必要がある．例えば海面高度偏差の場合，水平面解析に先立って軌道沿いに海盆スケールの大規模な変動と中規模渦を表現する変動とに分離し，それぞれのスケールに対して海面高度偏差の格子点値を最適内挿法を使って作成している (図 6.6, および Kuragano and Kamachi, 2000)．当然ながら，このような時空間スケールの相違を考慮するかしないかで，解析誤差に違いが生じることになる．

　なお，ここで述べた相関分布（例えば図 6.7）は誤差の相関分布ではない．一般に，誤差の値そのものの推定とその統計量の算出は非常に困難であり，そのため多くのシステムでは図 6.7 のような現象の相関分布を誤差の相関分布として代用している．このような考え方は，モデルの誤差は現象に応じて大小があり，誤差の相関分布もそのような分布をしているだろうと仮定している．

6.3.2　海況予報への応用例

　現業データ同化システムの結果を観測結果と 2, 3 比較してみよう (Usui *et al.*, 2006b; 2008ab)．図 6.8(左図) はデータ同化で得られた日本南岸沖 100m 深の流速分布（矢印）を超音波流速計の結果（太矢印）と比べたもので，観測結果の特徴を良く再現しているのがわかるだろう．比較に用いた観測データは同化には使用していない「独立なデータ」である点に注意されたい．図 6.8 の中（右）図は，東西（南北）の流速成分を同化結果と観測結果で比べたものである．また，図 6.9 はそれらのデータの散布図で，東西（南北）流速成分についての相関係数は 0.84(0.47) である．図 6.10 は，黒潮と親潮の各続流（日本

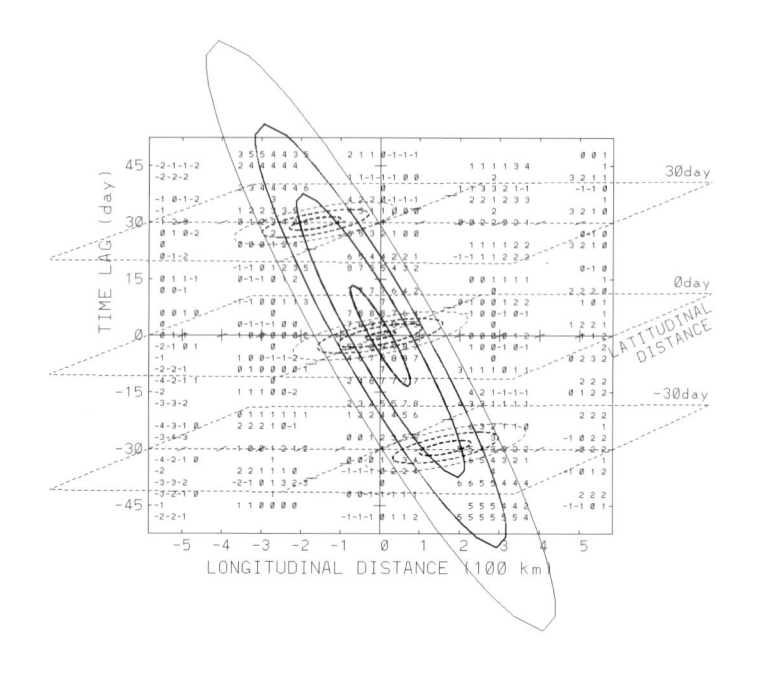

図 6.7 時間・空間での相関係数の分布の例．水平面が東西・南北方向を表し，縦軸が時間方向を表す．斜めの楕円は，東西-時間断面での相関係数の等値線を表す (Kuragano and Kamachi, 2000)．カラー図は巻頭参照．

から離岸後，東に向かう流れ）が隣接して流れ，変動の激しいことで有名な三陸沖の"混合水域"を南北に横切る東経 144 度線での鉛直断面の水温（左上図：同化，左下図：船舶観測）と塩分（中上図：同化，中下図：船舶観測）の分布，ならびに東経 165 度線に沿った塩分分布（右上図：同化，右下図：船舶観測）の比較結果を示している．詳細は省くが，亜熱帯循環や亜寒帯循環系の水の広がりや東経 165 度に沿った塩分極小で特徴づけられる北太平洋中層水の水塊分布がよく再現されている．このように，同化・予測結果を検証してそのパフォーマンスを調べることは重要である。このような検証を行う際の基準 (検証基準, metrics と呼ばれる) は，国際的にも GODAE や CLIVAR で議論，策定されつつある．

「海況予報」の情報は外洋だけでなく，人間の社会経済活動と密接に関わる沿岸域の海洋変動の監視や予測ならびに防災対策の観点からも重要である．確

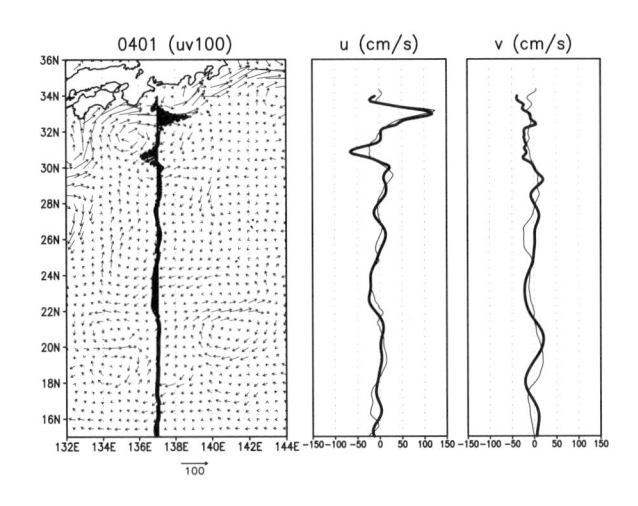

図 6.8 日本近海での流速場の比較．同化結果（細矢印）と観測結果（太矢印）の水平流速分布．中・右図はそれぞれ東西・南北流速の比較．

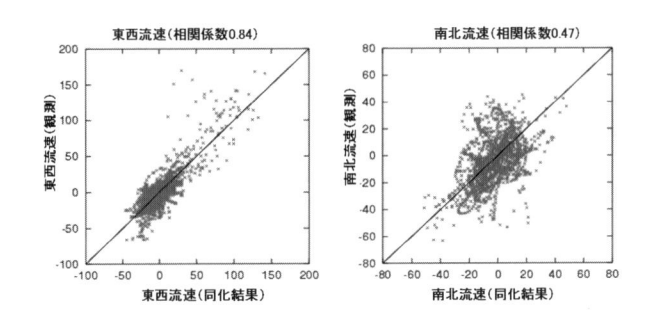

図 6.9 同化と観測の流速場の散布図．左図は東西流速，右図は南北流速に関するデータで，縦軸は観測結果，横軸は同化結果による値を表す．

かに，データ同化は現実的な循環場の再現に強力なツールではあるが，実際の沿岸域に適用するとなると未だ多くの問題を抱えている．例えば，沿岸域の循環場を現実的に再現するには時空間分解能の高い数値モデルが必要であるが，観測データはそれほど密には得られない．そのため，数理科学的には「ill posed」な問題となり，データ同化を適切に行うのは難しい．また，沿岸領域モデルでは領域端での開境界条件が必要となる．この条件はしばしばモデル結

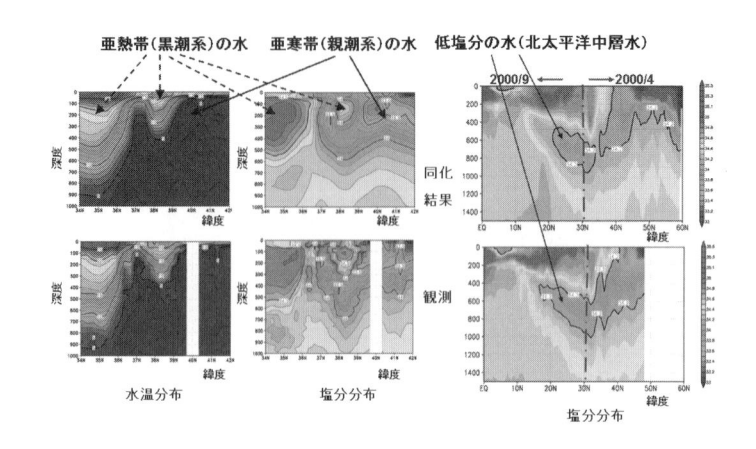

図 6.10　東経 144°に沿った 2000 年 10 月の鉛直断面での水温（左上図：同化，左下図：船舶観測）と塩分（中上図：同化，中下図：船舶観測），および東経 165°に沿った 2004 年 4 月と 9 月の塩分分布の合成図（右上図：同化，右下図：船舶観測）の比較．カラー図は巻頭参照．

果に決定的な影響を与えるが，データ同化による開境界条件の推定は原理的には可能であっても，現状の観測網で精度良く推定することはとても難しい．そのため，外洋域のデータ同化結果を境界条件に使うダウンスケーリングと呼ばれる手法が，沿岸域の現実的な循環場の再現に用いられるようになっている．

ダウンスケーリングとは数値モデルで用いられているネスティング技術を応用したもので，空間分解能は粗いが広範囲をカバーするデータ同化の結果を，その領域に含まれる高分解能の数値モデルの初期条件および境界条件に用いることにより，対象海域の現象を詳しく再現しようというものであり，沿岸域だけでなく台風予測に用いる領域大気海洋結合モデルにも使用され成果を上げている（Wada and Usui, 2007）．

ダウンスケーリングアプローチの例として，太平洋に面した青森県下北沖モニタリングシステムを紹介しよう．対象海域である下北沖の海況の特徴としては，1) 冬季には津軽暖流は日本海から津軽海峡を流出後，東北沿岸に沿って南下する（沿岸モードという）が，2) 夏季には津軽海峡通過後そのまま東進して陸棚端に渦を形成する（渦モードという）という明白な季節変化がみられることである．さらに，北海道東岸に沿って南下する低温・低塩の親潮水の沿岸分

6.3 実際に運用されている現業システムへの応用例

枝の変動や，南方の黒潮続流域で切離して三陸沖を北上する高温高塩分の中規模渦などが，六ヶ所沖の対象海域に影響を与えているため，海盆スケールの循環場と津軽海峡付近の詳細な海洋構造のどちらも再現する必要がある．その意味では，沿岸・陸棚系の再現・予測に関する総合力が問われる格好の問題と言える．

ダウンスケーリング実験では，北太平洋全域を約15kmの分解能でカバーする海洋大循環モデルから，下北沖周辺海域の約1.5kmの水平分解能モデルまで，4つのモデルのネスティングが試みられた．その際，アジョイント法を用いて使用モデルの力学に従った解析場を求め，ネスティング時に発生するノイズを極力軽減するよう工夫されている．図6.11にダウンスケーリングの概念図，青森県下北沖のモデル結果を示した．同時期に行われた観測結果と比較すると，モデルの水温は若干高めではあるが，渦モードや沿岸モード構造は大変良く再現されている．また，このモデルでは沿岸モードから渦モードへの遷移についても，ダウンスケーリングの結果は観測的特徴を良く再現している．これらの成功は同化手法を用いたダウンスケーリングによって初めて可能となったものであり，沿岸域の循環場のモニタリングが現業運用可能な域まで達したことを示している．

階層的ダウンスケーリングは水産分野にも有用である．数値漁海況予報を行い，漁業資源の確保だけでなく資源管理にも用いる基礎資料として，数ヶ月先の水塊分布を予測しようと，水産関係の研究センターでは研究開発に取り組んでいる．例えば，大型クラゲの来遊予測に「海況予報」の情報を用いた例がある．大型クラゲは例年，黄海や東シナ海で発生し，日本海を北上するが，その一部は津軽海峡を通って太平洋側まで移動してくる様子がよく再現できることが報告されている．

安定的な現業運用を行うには，観測データの収集からプロダクトの公開までを効率的・効果的に行う必要がある．そのために，同化や予測に利用した観測データの提供主体に，インセンティブとして品質管理済の観測データとともに同化プロダクトを提供・還元することが望ましい．このような考えから，水産分野では「利益還元システム」（植原ら，2006）が構築されている．これによって，水産関係の現業機関では，魚を獲るための漁海況予報から，資源管理に必要な情報創生，あるいは海洋環境を考慮した資源動向の予測へ向かいつつ

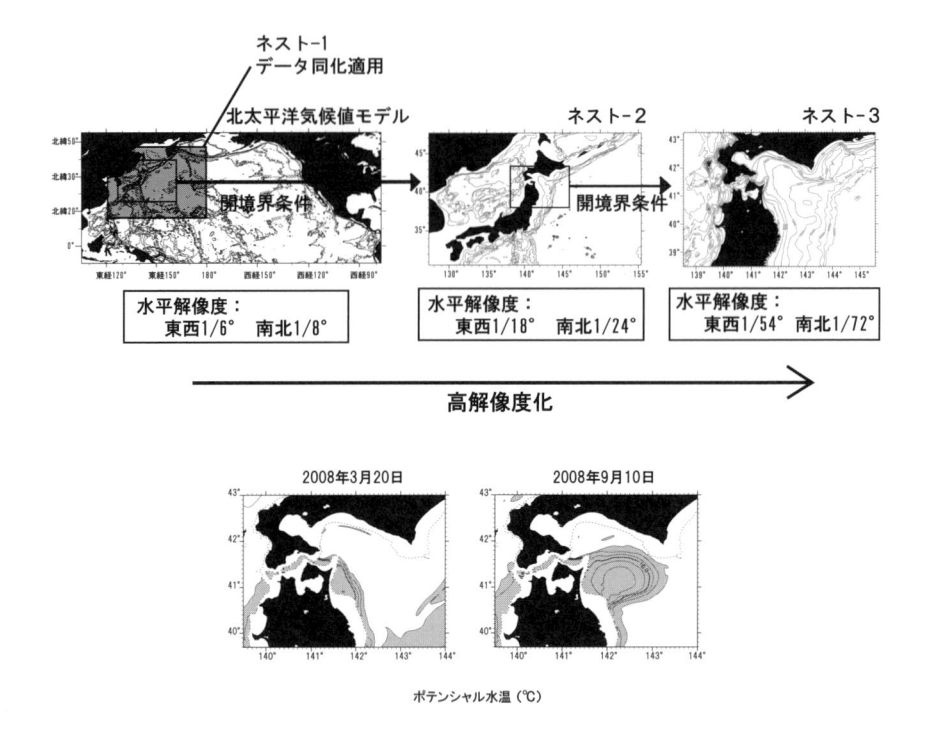

図 6.11 上図 3 枚は，北太平洋から下北沖までの 3 種類のモデルをつないでいく概念を表している．下図は，2008 年 3 月 20 日（左），9 月 10 日（右）における 200m 深水温．コンター間隔は 2°C で 4°C 以上の領域にハッチをつけている．カラー図は巻頭参照．

ある．紙数の関係で説明は省略するが，地球温暖化に伴う海洋環境の統合的把握に向けた生態系モデルと海洋循環モデルの学際融合データ同化システムの開発と高度化・多機能化は，水産資源確保や管理も含め今後ますます重要になると思われる．

CHAPTER 7

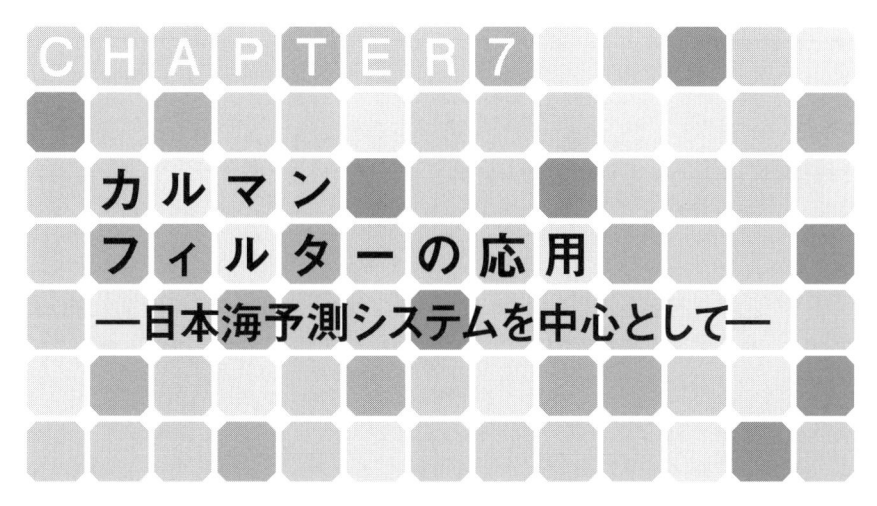

カルマンフィルターの応用
—日本海予測システムを中心として—

　カルマンフィルターあるいは最適スムーザーを近似すれば，海洋循環モデルを用いた現実の海況の再現と予測が可能である．本章では，まず7.1節で手法の歴史的背景を紹介し，7.2節ではミニ大洋である日本海を対象とした現業的データ同化・予測システムの構築を題材に，カルマンフィルターの利用方法を紹介する．そのシステムに関連した話題（7.3節）や社会への情報発信（7.4節）と今後の方向性（7.5節）についても紹介する．

7.1　歴史的背景

　制御工学等の分野で利用されていたカルマンフィルターの機能と実績に着目して，気象学や海洋学への学際的応用を提唱したのは Ghil et al. (1981) や Miller (1986) であろう．しかし，基礎編で述べたように，カルマンフィルターを厳密に実行するにはモデル計算の約 2 乗倍の記憶容量と約 3 乗倍もの計算量が必要なため，計算機資源の制約から大気や海洋のモデルをかなり理想化（簡略化）する必要がある．事実，1990 年代前半までは，多くの学者がカルマンフィルターを高解像度モデルに適用することは非現実的だと考えていた．実際それまでは，浅水波モデル (Heemink, 1988) やロスビー波の理論モデル (Gaspar and Wunsch, 1989)，ならびに準地衡二層モデル (Evensen, 1992) や 1.5 層赤道波モデル (Fu et al., 1993)，さらには低解像度 GCM (Fukumori et al., 1993) など，総じて自由度が O(1000) 以下の低負荷のモデルに限定されていた．当時の計算機の主記憶は 10^6〜10^7 byte 程度であり，カルマンフィル

ターを適用するとなると，モデルの自由度はその平方根程度しか許されなかったためである．

1990年代になって，カルマンフィルターの計算量を節約する2つの重要な方向性が示された．その第1は，モンテカルロ法に基づいたアンサンブルカルマンフィルター (Evensen, 1994) の出現である．異なる誤差量を与えた多数のモデル計算（メンバー）の集合から誤差共分散行列を確率平均的に求めるアンサンブルカルマンフィルターは，計算負荷が膨大になるという印象を受けるが，メンバー数をある程度増やすと，誤差の特性はあまり変化せず，頭打ちの状態になる傾向がある．例えば Evensen (1994) は，数百程度のメンバー数で統計的に十分正確な誤差共分散を得ることができると報告している．これなら，カルマンフィルターの適応に要求される「モデル自由度の3乗」の計算量と比較すると，十分に低コストで誤差分布を得ることができ，さらに非線形問題の誤差推定も可能である，という利点も享受できる．現在では，そのアプローチをさらに発展させて非正規の誤差分布も推定可能な粒子フィルターも開発され，注目を集めるようになっている (Manda *et al.*, 2003; Van Leeuwen, 2003)．

もう一方は，誤差モデルを直接縮小化した近似線形フィルターである．Fukumori and Malanotte-Rizzoli (1995) は，有限差分モデルではそもそも数グリッド以内の小スケールの変化を満足に再現できない，という事実に着目して，大スケールの変動だけを誤差として選択的に評価することで，誤差モデルの自由度を $1/10 \sim 1/100$ 程度に抑制することに成功した．誤差共分散行列の大きさという観点からは，その2乗で節約効果が得られるので，モデル計算と同程度以内の計算コストでデータ同化を実行できるようになる．近年では，SEEK filter に代表されるように，EOF や SVD の上位モードを選択する縮小近似も利用されるようになった (Verlaan and Heemink, 1995; Cane *et al.*,1996; Pham *et al.*, 1998; Verron *et al.*, 1999)

誤差共分散行列の漸近解を用いた定常カルマンフィルターを導入することによって，さらに計算量を節約することも可能である（3章）．時間変化しない定常カルマンゲインは，もはや地衡流の関係に基づいた最適内挿法と大差ない，という考え方もあるが，カルマンフィルターでは「流れに依存した」(flow dependent) 誤差共分散を求めることができるので，より現実的な海洋力学を

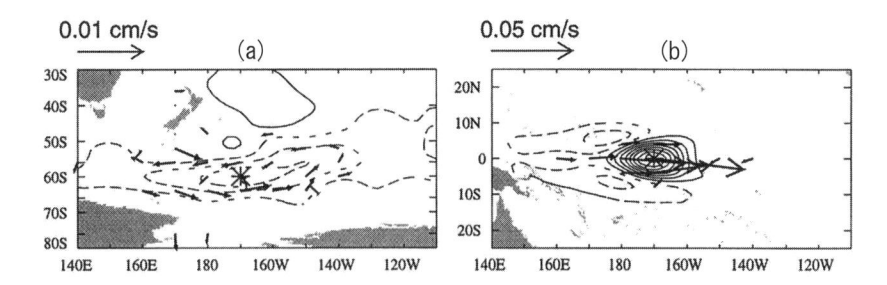

図 7.1 カルマンゲインの水平構造の例．米印の点で海面高度のデータとモデル間に 1cm の差 (innovation) が認められた場合におけるモデル結果の修正．(a) 順圧流線関数分布，(b) 175m 深における水温分布．ベクトルは修正後の流速で，(a) 順圧成分，(b) 傾圧成分を示している (Fukumori et al., 1999).

表現できる．一例として，近似線形フィルターで得られた定常ゲインを図 7.1 に示す (Fukumori et al., 1999)．南大洋では強い南極周極流の影響を受けて修正量が東西に伸びた構造を示し，低緯度では赤道波の影響を受けた三波構造をしており，修正後の海洋構造は局所的にかなり複雑かつ非等方的な分布をしている．すなわち，リカッチ方程式から得られた「流れに依存した (flow dependent)」誤差共分散を用いているので，このようなカルマンゲインは，単調な関数では近似できない複雑な海洋力学構造を正確に評価しうるのである．

アンサンブル法も縮小近似も，誤差分布の計算量を減らし，より自由度の高いモデルにカルマンフィルターを適用しようとするもので，さらに双方の利点を活かした同化法が模索されるようになった．例えば，EOF 等で選択した誤差の上位モードの時間発展を非線型モデルによってアンサンブル計算する近似解法が考案された (Lermusiaux and Robinson, 1999; Verlaan and Heemink, 2001; Brusdal et al., 2003)．アンサンブルカルマンフィルターにおいて誤差共分散行列を局所化 (localization) する解法も，2 つの近似を併用したものとみなせる．

以上のような大規模な数値モデルを対象としたカルマンフィルターの派生解法のうち，海洋データ同化において現業レベルにまで発展した代表例は，アメリカの NASA/JPL を中心とした海洋気候推定プロジェクト ECCO (Fukumori *et al.*, 2002) やフランスの海況予報プロジェクト Mercator (Testut *et al.*, 2004),そして九州大学応用力学研究所の日本海予測プロジェクト (Hirose *et al.*, 2007) で,これらは基本的に線形近似解法を用いている.今後は非線形（アンサンブル）フィルターの現業化が進むと予想されるが,以降では現時点で完成度の高い日本海予報システムを中心に紹介する.

7.2 日本海海況予報システム
7.2.1 日本海の海洋学的な特徴

日本海は太平洋北西部に位置する縁辺海で,太古の昔は湖であったといわれる通りかなり閉鎖的で,水深 4000m にも達する深い海盆を有する.太平洋や大西洋と同様に,亜寒帯および亜熱帯循環ならびにそれぞれの西岸境界流も存在し,中層・深層には隣接する太平洋とは独立に形成された日本海固有水と呼ばれる独自の水塊が存在する.例えば,日本海南西部から流入した亜熱帯循環を構成する対馬暖流はその大半が津軽海峡や宗谷海峡から流出する一方,その北部には独立した亜寒帯循環が存在する.中層・深層の水塊は,ほぼ100%この亜寒帯循環域で冬季に形成されたものだと考えられており,太平洋の同深度の水よりもかなり冷たい.加えて,西岸境界流域や亜熱帯・亜寒帯前線域では暖水渦や前線波動などの中規模変動も激しく,北部では海氷まで生成することから,日本海は大洋の多くの特性を保持した「ミニ大洋」としばしば称される.その一方,領域が小さく観測活動を行いやすいため,外洋と比較すると現場観測の密度がかなり高い.従って,先駆的な数値シミュレーションや同化モデリングの試行や検証に有利な海域だといえよう.

7.2.2 データ同化システムの構成

図 7.2 に日本海予報システムの概略を示す.その基本構造は日本海循環モデルを中心に,データ同化に必要な各種観測データの入力にはじまり,予報値の出力および結果の配信という一連の流れになっている.予測対象は海洋循環や潮汐などの物理場が第一義的であるが,社会的要請を考慮して,海洋環境の変化を幅広く予測するよう,生物・化学過程や各種物質拡散の予報計算も試行されている.

モデル計算に必要な海面の風応力や熱・水フラックスのような外力（強制力）

日本海海況予報システム

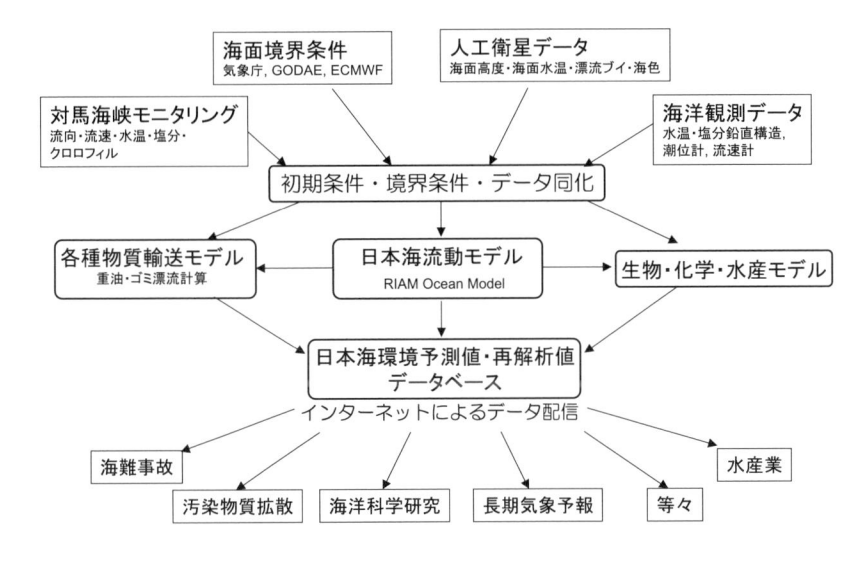

```
                    海面境界条件          人工衛星データ
                    気象庁、GODAE、ECMWF   海面高度・海面水温・漂流ブイ・海色
  対馬海峡モニタリング                                     海洋観測データ
  流向・流速・水温・塩分・                                  水温・塩分鉛直構造、
  クロロフィル                                           潮位計、流速計
                    ↓         ↓         ↓
                   初期条件・境界条件・データ同化
                    ↓         ↓         ↓
   各種物質輸送モデル      日本海流動モデル      生物・化学・水産モデル
   重油・ゴミ漂流計算     RIAM Ocean Model
                    ↓         ↓         ↓
                   日本海環境予測値・再解析値
                        データベース
                   インターネットによるデータ配信
           ↓      ↓       ↓       ↓      ↓
         海難事故                              水産業
              汚染物質拡散  海洋科学研究  長期気象予報  等々
```

図 7.2　日本海海況予報システムの構成

は，各国気象センターの解析値や予報値から，それぞれの解像度や予報期間等の相違を考慮して作成・使用されている．重要な水平境界条件である対馬海峡の流入部は，主に日韓往復フェリーでモニタリングされている流速・水温・塩分等の観測データをベースに，人工衛星や現場観測で得られた観測値，例えば海面高度や海面水温，あるいは水温・塩分の鉛直プロファイリングデータ等をモデルに同化し，なるべく現実的な推定値が得られるよう工夫されている．

同化方法や計算結果の公開については以降で解説することとし，ここでは，ベースとなる数値モデルについて簡単に紹介しておこう（詳しくは Hirose et al., 2007）．数値モデルとして使用される海洋循環モデルは球面座標系・静水圧近似を用いた RIAM Ocean Model で，海面変化も陽に計算できる．運動量移流項の保存性や拡散過程の表現を高めるために，一般化された荒川スキーム (Ishizaki and Motoi, 1999) や乱流混合スキーム (Noh and Kim, 1999) および等密度渦拡散スキーム (Gent and McWilliams, 1990) が実装されている．

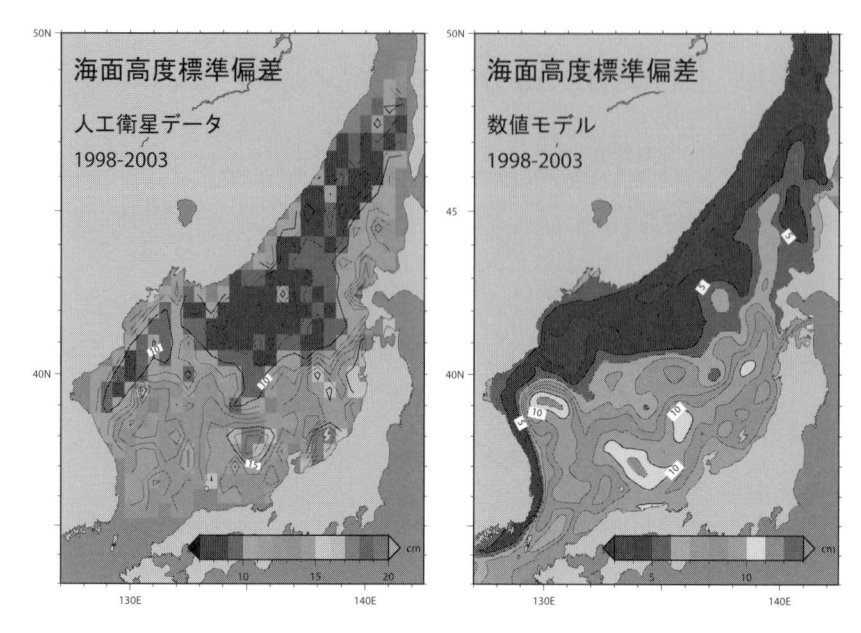

応用編7章 カルマンフィルターの応用 —日本海予測システムを中心として—

図7.3 (a) 衛星観測と (b) 数値モデルで得られた海面高度の標準偏差. 等高線間隔は1cm. 潮汐や気圧などの標準的な補正済み. カラー図は巻頭参照.

モデルの水平格子間隔は中規模渦を表現できるように水平$1/12°$, 鉛直方向には表層混合過程の再現性を高めるため可変で, 第1層目の厚さは5mである.

予報にあたっては, 1週間程度先までの短周期変化（潮汐変動や急潮など）を予測する短期用モデルと, 1〜2ヶ月以上の季節予報を目指した長期用の2種類の数値モデルが用意されている. 海上気象データは, 衛星海面水温・高度データとの残差を最小化するよう最適化したバルク公式を用いて, 運動量・熱・水フラックスに変換した後, 海面の境界条件として使用されている.

図7.3は長期用モデルで得た海面高度変化の標準偏差である. 衛星による海面高度観測結果と比べると, 日本海内部の流動場や渦変動はよく再現されていると言える. しかし, 全体的な変動強度は衛星観測の方が大きい. これは観測データにはあらゆる海洋変化が含まれているが, 数値モデルは計算対象（例えば分解可能な現象のスケール等）が限定されているためだと考えられ, 言うならば表現誤差（2.3.1節）に由来する相違である. その他, 今回用いた高度計

データは誤差補正の不十分な速報値 I-GDR のため，観測誤差そのものが大きい可能性もある．

一方，数値モデルには領域全体の体積保存を課しているため，日本海の平均水位は診断的に得るしかなく，例えば，気圧変化に伴う水位の非平衡変化 (Inazu et al., 2006) などは明らかな表現誤差となり，モデルが過小評価に陥りやすい傾向がある．しかしながら，高度計データを同化していない段階で，既に変動強度の分布は衛星観測の結果とよく似ている等，モデルの性能は高く，次節で紹介するように，データ同化による修正を施せば診断・予報が一層正確になると期待できる．

7.3 データ同化の効果
7.3.1 海底地形の推定

沿岸・陸棚域と同様に，縁辺海の循環は海底地形に影響を受けやすい．本節では日本海循環の本格的なデータ同化実験に先立って実施された，海底地形データの精度向上の取り組み例を紹介する．

水深データは既知のデータとして利用されることが多いが，実は衛星海面高度計データの解析から南大洋に新たな海山が発見されるなど，その精度は未だ不確さを抱えていることは否めない．事実，日本近海でも各種の水深データセット間には有意な差が見受けられる．そこで Hirose (2005) は，より正確な循環場を得るために，海底地形が海流に直接的に作用すると考えられる浅い対馬海峡を対象に，データ同化の手法を使って水深データの精度の検証と改善を試みた．

まず，代表的な海底地形データである DBDB-V（米海軍），ETOPO2 (Smith and Sandwell, 1997)，SKKU (SungKyunKwan University, Choi et al., 2002)，および JTOPO1 (海洋情報研究センター, 2003) の 4 種類を比較した．各データセット間の RMS 誤差を調べたところ，10m〜20m にも達することが判明した．この数値は対馬海峡の平均水深が 100m 程度であることを考えると，地形データの誤差は 10〜20% 程度とかなり大きい．

このような水深データ間の相違の影響を調べるために，それぞれのデータを用いて，1/12° の日本海循環モデルで対馬海峡の流れをシミュレーションし，計算値を日韓往復フェリーで長期間観測された海流の平均値と比較した．図

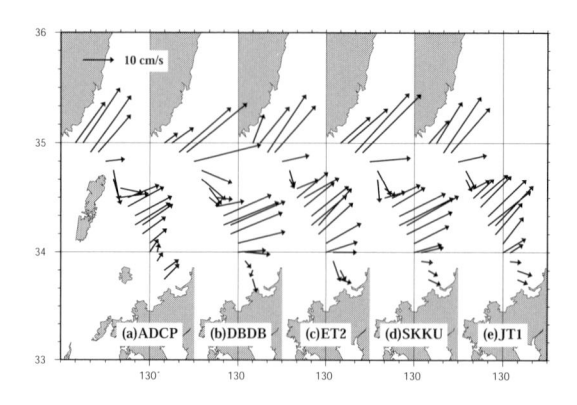

応用編7章 カルマンフィルターの応用 —日本海予測システムを中心として—

図7.4 対馬海峡におけるフェリー観測と海洋循環モデルによって得られた長期間冬季平均流速分布との比較. なお, モデル計算には4種類の海底地形データを用いた.

7.4 は観測とモデル結果の冬季平均流速分布を示している. この海域では対馬暖流が平均的に北東方向へ通過することが知られており, 特に冬季には, 海面冷却によって密度や流速分布が鉛直方向に均質化するので, 流れはほぼ順圧流とみなされる.

図7.4 および表7.1 からわかるように, 計算結果と観測値との差は DBDB-V を用いた場合には大きくなるが, 他の3データを用いた場合はある程度観測値に近づき, 水平速度分布も類似するようになることがわかる.

データ同化の基礎理論を使って, 観測された流速データを満足する海底地形を逆問題の解として推定してみよう. 簡単化のため, 冬季の平均流速データとの RMS 差を最小にする最小二乗問題を定義し, 各水深データセットの線形和として海底地形を推定する.

$$\mathbf{y} \sim \mathbf{A}\mathbf{w} \tag{7.1}$$

ここで, ベクトル $\mathbf{y}$ は観測された流速データ, 行列 $\mathbf{A}$ は図7.4 に示すモデルの流速分布に対する応答関数, ベクトル $\mathbf{w}$ が求めるべき各水深データセットの重み係数である. 加重平均として解を得るため,

$$\sum_i w_i = 1 \tag{7.2}$$

の条件も付加した.

表 7.1　ADCP 観測値とシミュレーションの流速差を最小にする最適重み係数.

	RMS (cm/s)	E1	E2	E3	E4	E5	E6
DBDB-V	6.34	−0.24	−	−	−	−0.32	−
ETOPO-2	4.05	−0.11	−0.14	−	−0.02	0.47	0.52
SKKU	4.09	0.56	0.27	0.25	−	0.85	0.48
JTOPO1	3.38	0.79	0.87	0.75	1.02	−	−
RMS (cm/s)	−	3.16	3.27	3.28	3.38	3.53	3.71

　この程度の線形最小二乗問題なら，市販あるいはフリーの統計ソフトウェアでも簡単に解くことができる．得られた最適重み係数 (表 7.1) を見ると，日韓のデータセットの重みが一番大きく，DBDB-V や ETOPO2 は負の重みとなった (E1, E2, E5)．前述したように，DBDB-V は他の 3 データよりも精度が劣ると考えらるので，大きな負の重みは有意かどうかは疑わしい．そこで，正の加重平均だけに限定し，JTOPO1 に 3/4，SKKU には 1/4 の重みをかけて推定値を作成すると精度は向上し，その RMS 差は 3.28cm/s と小さく，正確な水深データが得られた (E3)．観測値との RMS 差では，SKKU より ETOPO2 の方がわずかに正確であったにもかかわらず，線形結合で ETOPO2 が除外されたのは，JTOPO1 と ETOPO2 との間に相関があるためだろう．両者とも，海面高度分布から海底地形を推定する際に同じ手法を使っているため，JTOPO1 と ETOPO2 を結合しても有意ではない (E4)．海洋流動は非線形過程であり，上記のような線形解析は必ずしも保証されるものではないが，実際に 3/4 JTOPO1 + 1/4 SKKU の加重平均地形でモデル計算すると，期待通りの流速分布が再現できた．従って，冬季平均流速と海底地形の間にはほぼ線形関係が成立しているとみなせる．なお，JTOPO1 以外の供用の水深データを使って，同様に最適値を求めた E6 のような等価平均データも推奨に値すると考えられる．

　複雑な浅海域で再現される流動場は，平坦な海盆に比べて海底地形に強く依存する．この物理関係を逆に利用して，流速データから海底地形を推定することは，まさに逆問題を解く作業である．データ同化は，予報の初期値を得るための技法と限定されがちであるが，この一例からも，その本質は逆問題である

と理解できよう．逆解法としての特性を利用して，過去の状態推定，モデルパラメーターの同定，観測ネットワークの改善など，様々な用途へデータ同化手法を利用することができる．

7.3.2 海面水温データ同化

フェリー観測により，その往復線に沿って海洋環境諸量の継続的・断面的なモニタリングができるようになったが，水平的な代表性には乏しい．一方，人工衛星による遠隔観測は地球上の平面観測を広域かつ準同時に行うことができる．海洋変動に関しては，特に海面水温と海面高度が長期間に渡ってモニタリングされている．

まず，気象条件と表層混合の力学を強く反映する海面水温データの同化について考えてみよう．このデータを数値モデルに同化させれば，海洋混合層や海面熱フラックスの再現性の向上が期待できる．その一方で，日本海の冬季の海面過程を特徴づける対流混合過程に対して，地球流体力学の基本的な近似である静水圧平衡が成立しないなど，線形的同化手法は適用が困難となり，非線形・非正規分布を考慮した同化手法が要求される．しかし，非線形手法をGCM へ適用するにあたっては，常に膨大な計算量が問題となる．

そこで，Manda et al. (2003; 2005) は，鉛直 1 次元の乱流混合層モデルを用いて，海面水温データをアンサンブルカルマンフィルター (EnKF; Evensen, 1994) や粒子フィルターの一種である sampling importance resampling filter (SIR; Gordon et al., 1993) 等で同化する実験を行い，簡便なナッジング法との比較・検討を行った．

海面水温のナッジング法とは，

$$Q = Q^* + \rho C_p \Delta z_1 (T_s^* - T_s)/\tau \tag{7.3}$$

で示されるように，大気と交換される海面熱フラックス値 Q^* を，右辺第 2 項によって海面水温のモデル値 T_s^* が観測値 T_s に近づくよう徐々に（時間スケール τ で）緩和する方法である．ここで，ρ, C_p, Δz_1 はそれぞれ，海水の密度，比熱，モデル鉛直 1 層目の厚さである．EnKF や SIR では，この緩和項の代わりに，全支配変数（水温・流速・乱流混合エネルギー等の鉛直分布）の誤差変化の非線形性（非正規性）まで評価して適切な修正を行えるので，高精

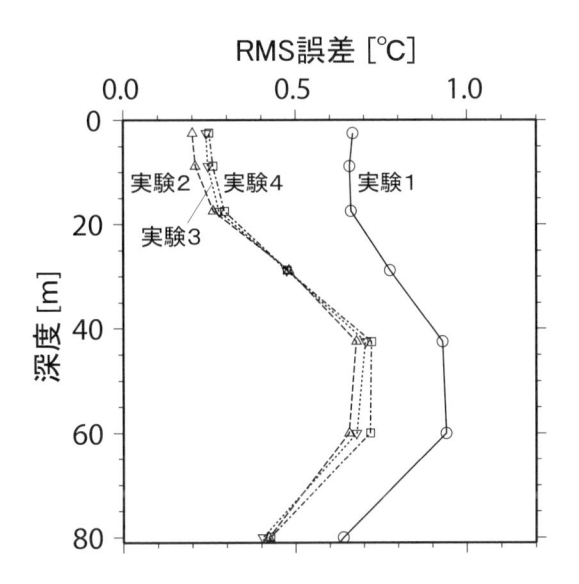

図 7.5 海洋観測定点 Papa (50°N, 145°E) における鉛直 1 次元データ同化モデル結果と観測値との RMS 差 (°C). ◯実線, △破線, ▽点線, □一点鎖線はそれぞれ実験 1（海面フラックスのみ）, 実験 2（EnKF）, 実験 3（SIR）, 実験 4（ナッジング法）の実験結果を示す.

度なデータ同化が期待できる半面, 計算負荷が桁違いに大きくなるという欠点がある.

ここでは, Burchard et al. (1999) を参考に, 海洋観測定点 Papa (50°N, 145°E) における 1961 年 3 月 25 日～1962 年 3 月 24 日 (1 年間) の海上風や海面熱条件を用いて, 鉛直 1 次元混合層同化実験を行った. 具体的には, 定点 Papa における現場海面水温データに標準偏差 0.6°C の白色誤差を加え, これを擬似的な衛星海面水温データとみなした.

データ同化の効果を評価するために, 海面水温データを同化せず, 単純に風応力と熱フラックスでモデルを駆動したシミュレーション実験 (Run 1) での海面から水深 80m までの水温の RMS 誤差を求めると 0.75°C となった (図 7.5). 一方, EnKF と SIR により海面水温データをモデルに同化した場合, RMS 差はそれぞれ 0.42, 0.43°C となり, シミュレーションに比べ約半分に減少した. ナッジング法を用いた場合でも, 重み係数（時定数）を最適化するこ

とで RMS 差は 0.45°C まで減少し（時定数約 0.5 日の場合），EnKF や SIR と比べてそれほど見劣らない結果となった．

以上から，ナッジング法は現実的な計算コストで衛星海面水温データを適当な精度で同化できる手法だといえる．日本海モデルでも，時定数 1 日程度で衛星水温データをナッジングすれば，混合層水温を良好に再現できることが確認できる．ただし，現実の海洋では，海面近傍での鉛直混合の後に再成層化して水平輸送の影響を受けるなど，複雑な 3 次元の熱（密度）再配分過程が存在する．従って，上述したナッジング法の有効性は，あくまで鉛直一次元の混合過程が卓越している場合に限定される点に注意する必要がある．

7.3.3 海面高度計データ同化

海面水温データとともに海面変動を記述する代表的な観測量である海面高度計データは，海面水温がごく表層の水温変動を代表するのに比べると，むしろ海洋内部の上層変動を反映しやすい観測値である．すなわち，海面の変位は外部波のみならず海洋内部の密度や流動の変化にも起因し，熱膨張や地衡流の関係によってかなり説明できる．従って，海面高度計データから内部変化を逆推定することも期待できる．近年では，Jason, Envisat, および GFO 等の複数の人工衛星によって海面高度計データが提供されるようになり，しかも 10 日程度の時間間隔で海面の凹凸を広範囲にわたって知ることができるようになった．そこで，時空間的に高密度に入手できる海面高度計データの同化効果について考えてみよう．

日本海システムでは，アメリカ海軍研究所 (Naval Research Laboratory) で統合化された海面高度計データを取得し，200m 以浅のデータを除去したり，標準偏差の 3 倍を超える異常値を除去する等の品質検査を施した後，モデルの格子間隔に合わせて 1/12°, 1 日毎に平均値を求め，モデルに同化している．

同化手法としては，近似カルマンフィルターが実装されている．計算簡略化のため，ここではまず第 1 に，モデルとデータの時間平均値は修正の対象とはしない．確かに，それぞれの平均値に誤差がないわけでなく，例えば，衛星高度データの平均分布（ジオイド面）は特に大洋縁辺部では信頼できないし，海洋モデルの深層温度は実際より高温化しやすい．しかし，通常のカルマンフィルターでは，いわゆる不偏最適推定（1 章）の前提条件として，モデルとデー

タにバイアスが存在してはならない．この「不偏」条件を満たすために，ここでは両者の時間平均値を無視して，偏差（アノマリー）のみを同化の対象としている．従って，各システム行列はモデルの時間平均値を基準に作成されることになる．このことから，今回の同化方法は，時間的に変化しない基準値を中心とした拡張カルマンフィルター（3.2.4 節）であるとみなすことができる．なお，時間変化しない（平均値の）誤差を同化の対象とする場合は，適応フィルター（3.2.5 節）などを使用する必要がある．

第 2 に，カルマンフィルターの計算量を節約するために，誤差共分散行列は縮小・分割した格子で計算している（3.5.2 節）．例えば，水平方向には $1/3°$ 間隔で誤差を定義する．有限差分モデルでは短波長の再現性が悪くなるので，水平格子間隔 $1/12°$ モデルの実質的な解像度は水平格子間隔の数倍程度となり，$1/3°$ 毎に誤差共分散行列を計算しても，ほとんどのモデル変化に対応した誤差を推定することができると考えられる．なお，低解像度の誤差分布から高解像度のモデルの修正量をなるべく正確に求めるために，最適内挿法を用いている．また，大規模な風成循環はいくつかの鉛直モードに縮退していることが多いので，日本海システムにおいても，固有値分解により，速度水平成分の上位 2 モード（順圧モードと傾圧第 1 モード）と密度分布の最上位モード（傾圧第 1 モード）のみの誤差を分離して計算するという縮小近似を行った．結局，順圧モードと傾圧第 1 モードの誤差行列 $\mathbf{P}'_{BT}, \mathbf{P}'_{BC}$ は，鉛直変位と速度成分の合計 3000 以下の行数（＝列数）で構成されている．

システム行列の各列は，仮想変位の原理を利用して数値的に作成されている（3.5.1 節）が，初期摂動により発生する多様な時間スケールの波動には注意を要する．例えば図 7.6(a) に示すように，Arakawa B grid の海洋循環モデルに単位摂動を与えると，大スケールの慣性重力波（物理モードではない計算モードの重力波）に伴うモザイク模様 (2D wave) が生じやすい．その対策として，初期摂動を一定期間与え続け，応答も同期間だけ平均化して短周期変動を除去した応答を求めるようにされている．具体的には，1 日間のモデル時間発展に対応する状態遷移行列を作成するために，単位摂動を 1 日間与え続け，次の 1 日間のモデル応答を平均して，対応する各行列の列ベクトルとしている（図 7.6b）．この措置により，1 日以内の高周波変動（そのほとんどは慣性重力波）のエイリアシングを防ぐことができ，制御可能な順圧モードの遷移行列 $\mathbf{M}'_{BT}$

応用編 7 章　カルマンフィルターの応用 ―日本海予測システムを中心として―

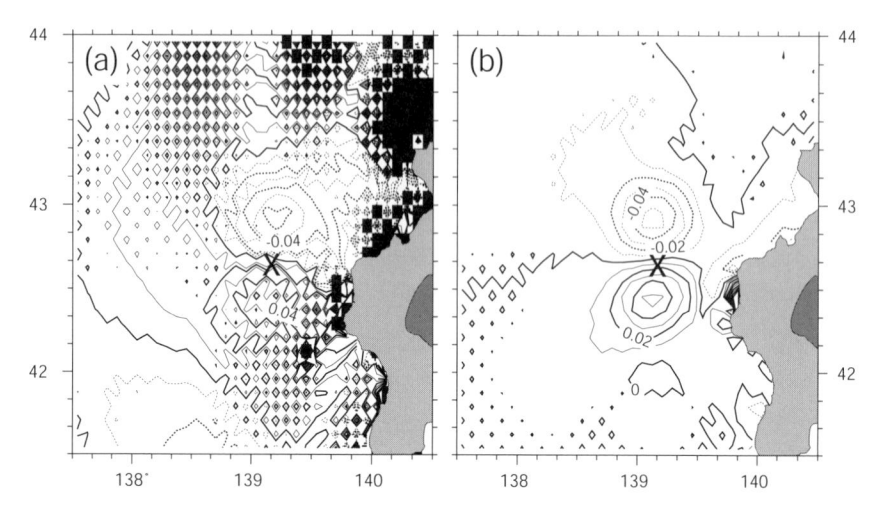

図 7.6　$42°40'\text{N}$, $139°10'\text{E}$ ("x" 印) における東向き流速成分に単位量 (1 cm/s) の摂動を与えた 1 日後の海面高度分布 (cm). (a) は瞬間値，(b) は 1 日平均した応答を示す．等値線は $-0.1\,\text{cm} \sim 0.1\,\text{cm}$ の範囲で，間隔は $0.01\,\text{cm}$.

の作成に成功している．

　日本海循環を駆動する主要因 (強制力) は海上風なので，システム誤差 $\mathbf{Q}$ は風応力の形で定義し，海面風応力に 1 日間微小な摂動を加え，その応答結果を各列ベクトルとして外力行列を作成している．

　順圧モードに対しては観測行列は，海面高度が陽に含まれるため単純に定義できるが，傾圧第 1 モードに対しては，密度変化を鉛直方向に積算して海面高度変化相当量を求め，各列が定義されている．その際，これまでと同様に各モードに単位量の変化を加え，基準値との差を観測行列の各列としている．

　システム誤差 $\mathbf{Q}$ と観測誤差 $\mathbf{R}$ は，非同化のシミュレーション結果と海面高度計データを各地点毎に比較し，2.3.2 節のコバリアンス・マッチングの手法により推定している．ここでは平均値を日本海全域で求めてみよう．表 7.2 に海面高度計データと数値モデルの残差分散等を掲載した．同期間における高度計データの分散は $82.60\,\text{cm}^2$ で，(2.60) 式および (2.61) 式の右辺に各分散を入力すると，観測誤差とシステム誤差の分散はそれぞれ $52.86\,\text{cm}^2$, $24.66\,\text{cm}^2$ と見積れる．従って，観測やシミュレーションの分散の半分程度の大きさとし

7.3 データ同化の効果

表 7.2 シミュレーション，あるいは同化結果と海面高度データを比較した統計量．分散の単位は cm^2．計算時間は 1cpu 当たり．(略号などは本文参照)

実験	モデル分散	残差分散	説明分散	相関係数	計算時間
TAN	54.40	77.52	5.07	0.444	1.800
HAS ($\mathbf{x}^f$)	46.03	57.93	24.67	0.573	1.870
HAS ($\mathbf{x}^a$)	45.19	50.30	32.29	0.634	-
HAR ($\mathbf{x}^f$)	44.13	54.32	28.27	0.600	2.167
HAR ($\mathbf{x}^a$)	44.13	38.95	43.65	0.727	-

て誤差が推定されたことになり，表現誤差などを考慮しても妥当な大きさだと思われる．

さらに近似を進めた漸近定常な誤差共分散行列の使用についても検討されている．その背景には，人工衛星による高度観測はかなり規則的なので，実質的に観測行列を一定値とみなして（遷移行列や外力行列も時間不変），リカッチ方程式を時間積分すると（倍化法を利用），多くの場合，漸近定常な誤差共分散行列 $\mathbf{P}'$ が得られると期待できるからである (3.2.6 節参照)．定常誤差が得られれば同化毎にリカッチ方程式を実行する必要がなくなり，計算量を節約できる．

図 7.7 は定常カルマンフィルターの実験によって得られた日本海南部の 1 地点における順圧び傾圧成分の誤差の時間変化である．それを見ると，順圧誤差以上に傾圧成分の誤差の時間変化が大きい．これは，同化間隔（1 日）内に，順圧成分に対する同化効果はほとんど失われ，順圧予報誤差は漸近的に定常とみなせることを意味している．一方，傾圧成分のメモリーは長いため，傾圧成分の精度は一度のデータ同化で向上した後，緩やかに悪化する．従って，定常近似した場合には，傾圧成分の誤差の時間変化を表現することができず，カルマンゲインが不正確となる．

表 7.2 は計算結果の統計的評価を示している．モデルの海面変動量（分散）は，高度計データを同化しない場合 (TAN) よりも同化した場合 (HAS, HAR) の方が小さいにもかかわらず，海面高度観測データとの残差分散が小さくな

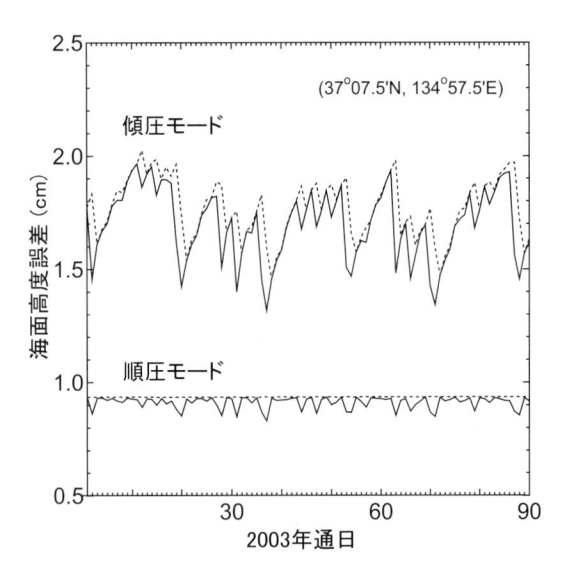

図 7.7 2003 年 1〜3 月の $37°7.5'$N, $134°57.5'$E における同化計算の期待誤差．順圧と傾圧モードの各誤差共分散行列を海面高度に換算した．点線と実線はそれぞれ同化前後の状態を示す．

り，説明分散[*1]と相関係数がそれぞれ向上している．これは，過大であった中規模変動がデータ同化により修正されたと解釈できる．定常近似した場合 (HAS) でも，海面変化を相当程度説明できるが，誤差変化を逐次的に計算する方 (HAR) が正確である．事実，同化直後の修正値 (filtered estimates) $\mathbf{x}^a$ だけでなく，同化前の予測値 (predicted estimates) $\mathbf{x}^f$ についても約 $3.6\,\mathrm{cm}^2$ の差がある．定常近似した誤差を用いてデータ同化を行う場合，計算時間はほとんどモデル計算で占められるが，逐次誤差の場合，リカッチ方程式の計算に（縮小近似したにもかかわらず），モデル計算の 2 割程度の計算時間を要する．そこで，現行の日本海予報システムでは，この程度の計算量増加は覚悟して，再現性の良い逐次誤差計算 HAR を採用している．

システム誤差と観測誤差はコバリアンス・マッチング（2.3.2 節）によって

[*1] 説明分散 (explained variance) とは，データの分散 data variance からモデルとデータの残差分散 residual variance を差し引いた量である．残差分散は unexplained variance といえるので，残りは説明（検出）できた分散，とみなすこともできる．

7.3 データ同化の効果

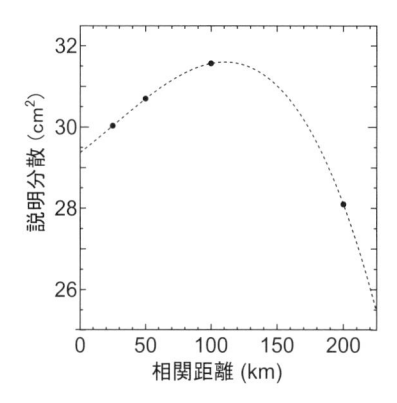

図7.8 システム誤差（海面風応力）の相関スケールに対する同化結果（1日予報値）の説明分散量（海面高度）の依存性．説明分散はデータ分散と残差分散の差で定義される．

推定したが，同化結果をさらに改善する方策として，観測値 $\mathbf{y}$ と予報値 $\mathbf{x}^f$ の残差分散を最小化するよう（あるいは説明分散を最大化するよう）チューニングする方法もある（Gaspar and Wunsch, 1989）．例えば図7.8 に示すように，システム誤差 $\mathbf{Q}$ の空間（非対角）スケールは，約100km 程度と推定され，これは日本海の表層循環や渦構造の典型的な大きさから判断すると妥当な相関スケールである．この最適スケールは上述した同化計算で既に使用されている．加えて，システム誤差の大きさ自体も最適化しているので，逐次に誤差計算する HAR の場合，コバリアンス・マッチングの結果通り，誤差分散の最適値は約 $0.9\mathrm{dyn}^2\mathrm{cm}^{-4}$ であるが，定常近似した HAS では約 $0.6\mathrm{dyn}^2\mathrm{cm}^{-4}$ に減じる必要がある．従って，不規則に入力される観測情報を一定間隔と仮定（$\mathbf{H}'_t \to \mathbf{H}'$）して定常解を得るためには，相対的に観測誤差 $\mathbf{R}$ を大きく，あるいはシステム誤差 $\mathbf{Q}$ を小さく与える必要がありそうである．

図7.9 にモデルで説明可能な海面変動量を示す．非同化のシミュレーション（FSR, TAN）の場合，日本沿岸部や朝鮮半島東岸で説明分散が大きく，内部領域では相対的に小さい．これは，流入条件として対馬海峡の流量観測データを与えているため，日本海に流入した対馬暖流の直接的影響が強い海域の再現性が高いためだと考えられる．また，高度計データの同化によって中規模渦や流動構造が修正され，特に南部中央海域で観測結果との対応が向上している

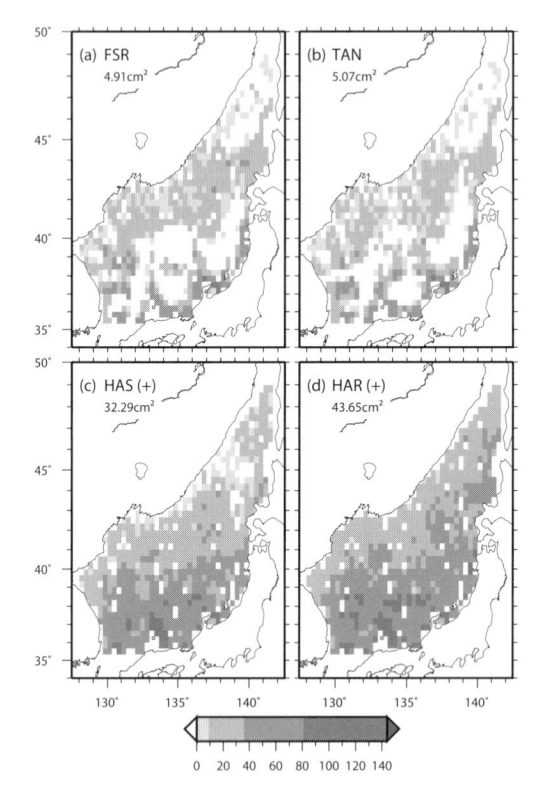

応用編 7 章　カルマンフィルターの応用 —日本海予測システムを中心として—

図 7.9　海面高度における説明分散の水平分布 (cm^2). 1/3° 格子毎に平均した. (略号などは本文参照)

(HAS, HAR). 北部の亜寒帯循環域でも改善効果が認められるが, 修正値と予測値の差が大きいことから, 同化効果の持続性は短いと言える. 冷水域では成層が弱く, 変化の早い順圧成分が卓越するため, 風応力などの強制力に対する応答が早く, 相対的に同化効果が早く消失する傾向にある. 一方, 傾圧成分が卓越する南部の対馬暖流域では, 表層循環や渦活動に対するデータ同化の効果は数ヶ月間持続可能という解析結果となっている（後述）. なお, 定常同化 HAS の場合, 北海道から樺太沿岸で説明分散が小さくなっているが, 逐次同化 HAR では改善している. この結果は, 上記の海域が日本海の中でも狭い海域であるため, 観測データの有無を適切に処理する必要があることを示唆している.

7.3 データ同化の効果

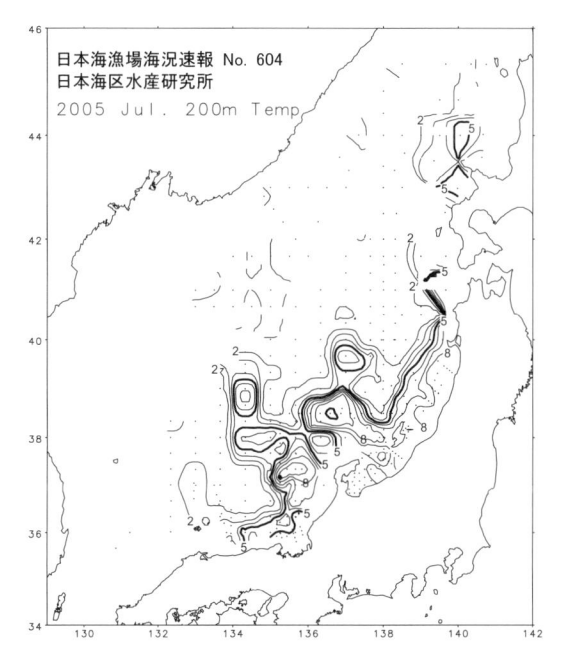

図 7.10 船舶観測による 2005 年 7 月初旬の 200m 深水温分布 (°C). 水産総合研究センター日本海区水産研究所による日本海漁場海況速報.

データ同化の効果は，海面高度だけでなく，独立した（同化に使用していない）海洋内部データでも検証すべきである．その一例として 2005 年夏季の水温分布を図 7.10 と 7.11 に示す．非同化のシミュレーションでは，5°C 以上の暖水域がかなり広く分布していたが，高度計データの同化により，現場観測値に近い推定値がある程度得られるようになっている．特に，能登半島北部の 10°C を超える暖水渦や隠岐諸島東部の冷水塊などで改善が顕著である．このように，説明分散が高い海域 (図 7.9) では，第 1 傾圧モードの鉛直構造から特に亜表層 (100~200m) の水温分布が修正可能と期待できるので，日本の観測が及ばない韓国水域でも，かなり現実的状態が推定できていると考えてよいだろう．燃料代や人的コストなど現場船舶観測資源には限界があるので，時空間的な空白を埋める手段としてデータ同化に寄せられる期待は大きいと判断できる．

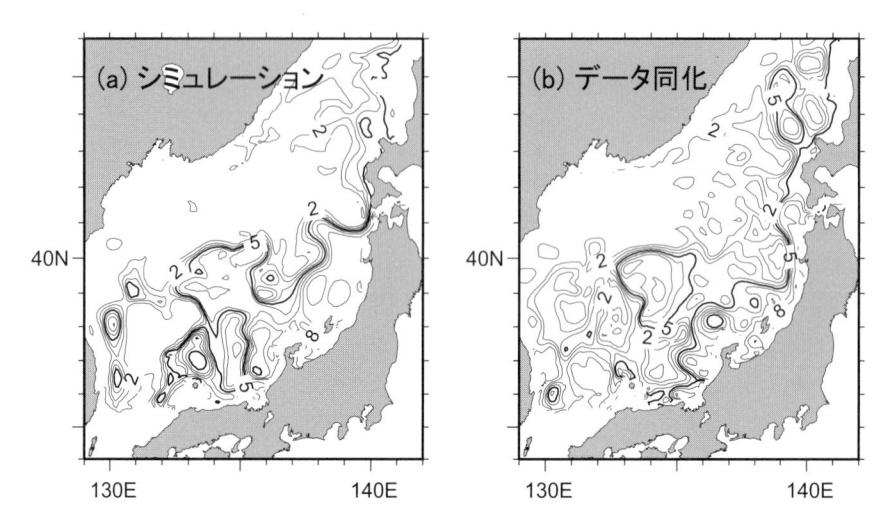

図 7.11 本研究のシミュレーションと高度計同化による 2005 年 7 月 4 日の 200m 深水温推定値 (°C).

7.3.4 日本海の海況予報例

カルマンフィルターによるデータ同化とモデル計算を繰り返し，継続的な予報計算を実施することができる．しかし，必要不可欠な境界条件である将来の気象条件を知ることができないので，日本海システムでは予報期間（現在は 10 週間）の外力として，1 年前の気象解析値を使用してモデル計算を行っている．外力が不明な場合，気候値が用いられることもあるが，過去の気象データを用いれば総観規模の気象条件を陽に与えることができ，季節変化も表現できるので，時間的不整合も小さくなると考えられる．Hirose et al. (2007) は，このようにして 2002 年から 2005 年の期間で 40 回の予報実験を行い，日本海の海況予報の可能性を調べた．

図 7.12 に 40 回平均した予報 RMS 誤差（解析値に対する予報値の RMS 差）を示す．予報誤差は時間経過と共に単調に増加し，やがて同化をしない（1 年前の外力で駆動した）シミュレーションの結果に漸近する．この予報誤差がシミュレーションと解析値との RMS 差の半分になる時間を半減期と定義し，図中に黒点で示した．この予報半減期を比較すると，水温の方が水平速度成分よ

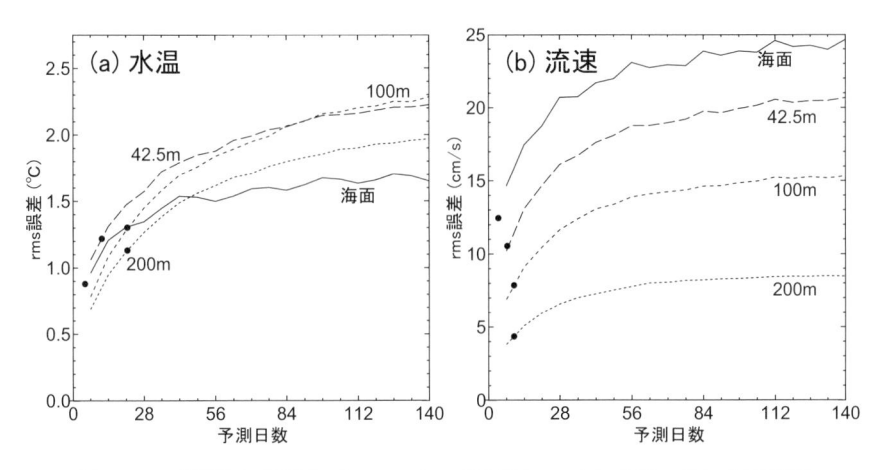

図 7.12　予測値と解析値（フィルター修正値）の (a) 水温，(b) 水平流速成分における RMS 差の時間変化．黒点は予報の半減期とその RMS 差を示す．

りも同化効果の持続性が長いことがわかる．例えば 100m 深での水温と速度の予報半減期は，それぞれ約 21 日と約 10 日で 2 倍の差がある．速度成分は短周期の順圧成分と長周期の傾圧成分に分離できるが，水温（密度）分布の変動はほぼ傾圧応答で説明できるため，時間変化が緩やかなためだろう．

一般に，予報持続性は海面付近で短く亜表層で長い．例えば，海面水温の半減期はわずか 4.8 日だが，水深 100 および 200m の水温変化は約 3 週間以上精度よく予報することが可能である．おそらく，海面の境界条件として与えられる短周期の気象変化が海洋表層（特に混合層）に直接作用するため，海面付近の予報可能性は気象の時間スケールに強く支配されるためと考えられる．一方，亜表層では中規模変動が卓越しており，気象の総観規模変動と比較するとかなり長い予報期間が可能である．実際，亜表層の予報値は半年後でもまだシミュレーション値とは有意な差を保持している．日本海の海面混合層の厚さは大きく季節変化するので，季節によって混合層の内外に位置する深度 42.5m の予報持続性は，冬季では海面と同様に短く，夏季は亜表層と同じく長くなるだろう．

予報可能性の深度変化は，水平速度成分についてはその予報 RMS 差は深度と共に単調に減少しているが，水温はやや複雑である．例えば，海面近傍の水

温は予報初期から短周期気象変化の影響を受けて誤差が大きくなるが，100m深の水温の再現性は徐々に悪化し，約3ヶ月でそのRMS誤差は他の深さよりも大きくなっている．亜表層における水温の誤差は傾圧第1モード成分の大きさに関連している．これは主温度躍層の上下変位が水温の再現性に強く影響するためである．従って，逐次的（連続的）データ同化による傾圧構造の修正は，かなり持続性が長いと結論できる．なお，表層変動の有意な予報期間は，渦解像モデルを用いた他の研究と同様，1～2ヶ月である (Komori et al., 2003; Miyazawa and Yamagata 2003; Hirose et al., 2005; Usui et al., 2006b)．また，深度や変数によって予報期間が異なると述べたが，海域毎にも大きく異なる．日本海の場合，沿岸域より内部領域，北部より南部の方が予報可能時間は長い．この結果は傾圧変化が卓越するほど予報期間が伸びることを反映している．

7.4 社会への情報発信例：結果の公開と利用

日本海循環の予報結果はwwwサーバー (http://jes.riam.kyushu-u.ac.jp/) で閲覧できる．潮汐を含む1週間予測は12時間毎に，データ同化に基づく10週間予測は毎週更新されている．代表的な海面の水温や流動場の分布画像をトップページで紹介し，さらに任意の時刻の水温・塩分・海面高度・流速等の水平・鉛直断面分布を，ユーザーが対話的に選択・閲覧できるサービス機能も付与されている．

海況予報の結果を利用した物質輸送モデルの一環として，流出重油の漂流予測モデルが既に現業サービス化されている (Varlamov et al., 1999)．流出重油は単純に海表面を漂って風や海流に運ばれるだけではなく，蒸発・沈降・乳化・分解・酸化などの複雑な変質を受けるので，可能な限り現実的な過程が組み込まれている点も注目される．この重油漂流モデルは1997年1月の石川県沖タンカー（ナホトカ号）事故をきっかけに作成され，その後2002年3月の隠岐諸島南東部のタンカーの沈没事故，2004年12月の志賀島沖コンテナ船座礁事故，ならびに韓国海域でのタンカー沈没事故等での即時予測に役立った．

ここでは，予報された流速値を利用したエチゼンクラゲの漂流シミュレーションの成功事例を紹介しておこう（渡邊ら，2006）．2005年8月中旬を初期値として，1ヵ月後までの漂流計算を行い，9月15日頃にエチゼンクラゲが津

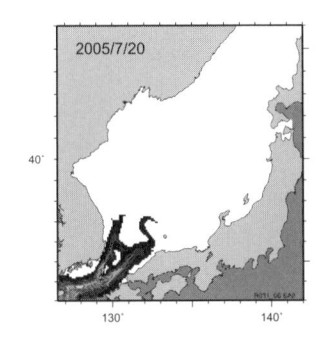

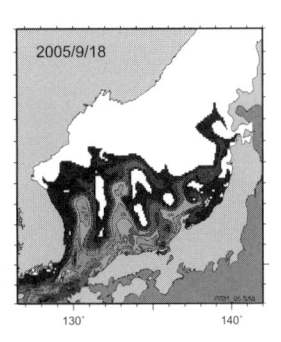

図 7.13 日本海データ同化モデルの流動場から予測されたエチゼンクラゲの分布域．黒〜灰色は低〜高密度域を表す（日本海区水産研究所）．カラー図は巻頭参照．

軽海峡に達する予測を発表したところ (図 7.13)，実際に 9 月 11 〜 12 日に下北半島で目撃情報があった．従って，表層の流動場をかなり正確に再現できたと判定できる．その他，低次生態系モデル (Yanagi *et al.*, 2001) やスルメイカ卵稚仔の輸送シミュレーション（藤井ら，2004），現実的な海面水温分布を利用したメソ気象シミュレーション等への応用も検討されている．

7.5 今後の課題

本章では，カルマンフィルターに種々の近似を施して現実的な計算量と精度を両立した日本海予報システムの運用例を紹介した．非同化のシミュレーションに比べ，海面高度データとの残差分散は半減し，現実的な海況を再現・予報して各種トレーサーの現実的な輸送計算を行う等の実効的成果が確認できた．こうした海況予測技術が海上警備や水産関係の各機関で利用される機会も増えており，実社会に利益を還元できるところまで手が届いたと言えよう．

今後，現況解析や予報の精度を一層向上させるには，例えば対馬海峡でモニタリングした流速・水温・塩分等の現場観測データを実効的に複合同化して，日本海南部の変動をより現実的に再現・予報することなどが課題として残っている．また，推定精度がそれほど向上しなかった北部の亜寒帯循環については，アルゴフロートのデータ同化により，かなり改善されることがわかってきたので，そのオペレーション利用も試みる必要があろう（笹島ら，2003）．さらに，

数値モデルの改善，入力データの品質管理，適切な同化手法の選択など，検討すべき項目は多い．

　逐次的に誤差共分散を推定する現業的な海況予報システムは未だ数少ないが，計算機能力の向上と共に，今後はより広域の誤差共分散を連続計算することが可能となるだろう．特に現在，アンサンブル手法による逐次的（連続的）データ同化手法が注目されつつあるが，盲目的に高精度・高負荷の同化手法に頼ると反って非効率になりかねない．要求される精度と計算負荷をよく検討して，実用的な逆解法を選択することが重要である．

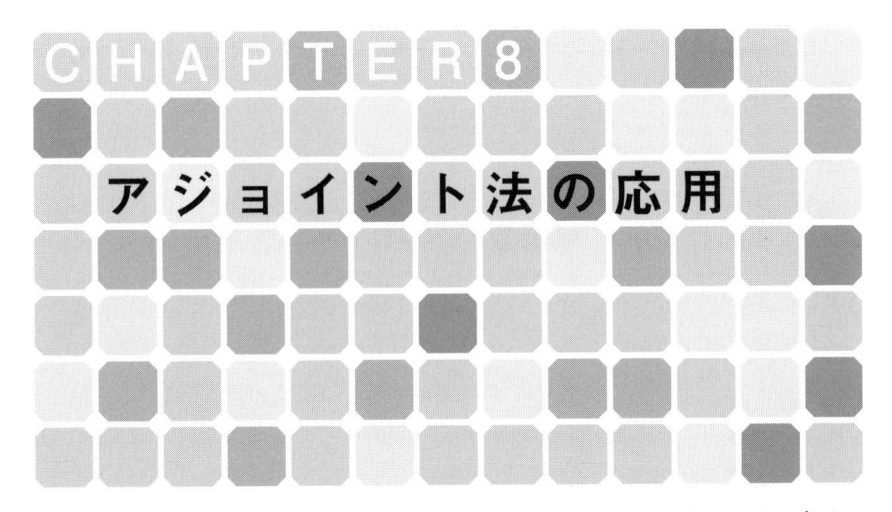

CHAPTER 8 アジョイント法の応用

　変分法を用いたデータ同化手法は Sasaki(1970) による定式化以降，多くのデータ同化システムに利用されている．例えば，気象予報分野の現業機関では3次元変分法が一般的に用いられるようになり，さらにヨーロッパ中期予報センターや日本の気象庁などの一部の先進的なシステムではアジョイント法と呼ばれる4次元変分法が採用され，非常によい成果をあげている．本章ではアジョイント法の利点に焦点を当てながら (8.1節)，実際にこの手法を用いたデータ同化システムとその事例を8.2節から8.4節で紹介するとともに，力学解析や観測システムの設計など幅広い応用の可能性をもつアジョイントモデルを利用した感度解析についても8.5節で触れる．

8.1　はじめに:アジョイント法の特徴のまとめ

　アジョイント法の最大の特徴は，カルマンフィルターや3次元変分法などのように，観測データをある特定の時刻に集約して同化し，その時刻の瞬間的な場の推定を改善するのではなく，ある一定期間の観測データを各取得時刻にモデルに同化して，一連の観測データにベストフィットする時系列解析値を得る固定区間スムーザーであるという点である．このとき，基礎編で学んだように，数値モデルの方程式系を完全に満たすという強拘束条件によって，数値モデルの物理過程に従いながら観測データに近い時系列データセットを得ることができる．その意味では，6,7章で述べた「流れに依存した (flow dependent)」誤差共分散を用いたのと同様の効果を，数値モデルの力学によって得ているこ

とになる．この機能を利用して，アジョイント法は以下のような問題に威力を発揮する．

- 数値モデルを利用した観測データの力学的内・外挿や統合
- 数値モデルの物理過程に従う利点を活かした数値予報向けの初期値化
- モデルパラメータの修正による数値モデル機能の改良

さらに，時間を遡ってアジョイントモデルを積分すれば，特定の変動現象に対する影響要因や起源がわかるという利点があるなど，逆解析機能を持つ強力なツールである．この種の感度解析は観測データと数値モデルの融合という点ではデータ同化とは言えないが，同化手法の応用としては有益なので 8.5 節で紹介する．

8.2 数値モデルの物理過程を利用した観測データの補間・統合

アジョイント法は，数値モデルの支配方程式系を制約条件に用いて，観測データを物理的に内・外挿し，整合性のある均一な時系列データセットを作成する手法である．観測データは一般に時空間的に不均一で，海洋で最も観測データの多い人工衛星によるリモートセンシングデータでさえ，特性上，海面近傍のデータ取得に限られるという制約がある．アジョイント法を用いれば，数値モデルを介してリモートセンシングデータから海洋内部構造を推定できる．

例えば Cong et al. (1998) は，メキシコ湾流が東向流となって蛇行と中規模渦を形成するカナダ沖の海域で，GEOSAT 高度計から得られた海面高度データをアジョイント法を用いて準地衡 2 層モデルに同化し，下層 (300 m 以深) の循環場の再構築を試みている．図 8.1 は，34 日間にわたる (a) 上層と (b) 下層の流線関数の同化結果を示している．上層で蛇行が発達するのに伴い下層で渦が形成される様子がわかる．このような構造は大気の偏西風波動と類似している．同化により得られた流速をある固定点での現場観測の流速データと比較したところ，その東西成分および南北成分の相関係数はそれぞれ，上層で約 0.7，下層で 0.4〜0.5 であった．

このようにアジョイント法を用いて海面高度計データから力学的に海洋内部構造の推定ができるのは，観測データとモデル結果との差異を時間軸を遡って

8.2 数値モデルの物理過程を利用した観測データの補間・統合

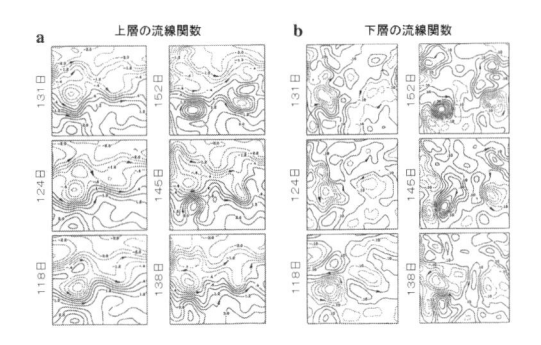

図 8.1 準地衡 2 層モデルによって求められたメキシコ湾流の変動 (a) 上層，(b) 下層の流線関数

上下左右に伝え，最終的にモデル結果が亜表層も含む全観測データにフィットするよう初期条件やパラメーターなどの制御変数を修正するからである．例えば，傾圧ロスビー波の位相速度は海洋内部構造によって決まるが，複数の時刻の海面高度計データには位相速度の情報が含まれているので，アジョイントモデルにより海洋内部構造を逆推定できる．つまり，海洋内部の構造が海面高度や海面水温に影響を与えていれば，その力学関係をつてにアジョイントモデルにより内部構造を合理的に修正できる．

このように，特別な仮定なしに海洋内部構造を推定できるというアジョイント法の特性は，統計的な関係式を必要とする 3 次元変分法や最適内挿法と対照的である．さらに言えば，海面と海洋内部の物理量の関係は季節変化や循環場の変動等で変わるので，統計量を用いた 3 次元変分法や最適内挿法では，そのような変動に対応するのは現実的に難しい．一方，アジョイント法を用いた観測情報の力学的な内・外挿によって，たとえ循環場が変化しても変動への対応が可能であり，変動の大きな海域で特にその有効性が発揮されると期待できる (Ishikawa et al., 2008)．

アジョイント法は，異種の観測データを同時に同化する際にも有効なので，多種類の観測データを横断的に統合した再解析データセットの作成にも優れている．この特色を活かして大気分野では既に再解析データセットが作成されて

おり，様々な解析に利用されている．近年は海洋でも同様の統合データセットが作られるようになった．中でも，アジョイント法による再解析データセットは力学解析に耐えうるので，海の診断と予測に存在感を示し始めている．

例えば，Masuda et al. (2003) や Awaji et al. (2003) は，アジョイント法を用いて全球海洋の統合データセットを作成した．用いた予報モデルは米国 Geophysical Fluid Dynamics Laboratory / National Oceanic and Atmospheric Administration で開発された Modular Ocean Model ver.3 (MOM3) で，nonlocal K Profile Parameterization（混合層スキーム）や Gent and McWilliams の等密度面拡散スキーム，quicker advection scheme（トレーサ移流スキーム）など最新のパラメタリゼーション・物理スキームが実装されており，アジョイント法の適用にふさわしいベースモデルとなるようパフォーマンスを高めた海洋大循環モデルである．水平解像度は緯度・経度とも1度，鉛直方向には36層あり，海面付近では10m，海底付近では400mと力学的見地に基づき可変設定されている．同化したデータは World Ocean Atlas 1998 (WOA98) の気候値水温・塩分データと，World Ocean Database 2001(WOD01) から得られた経年変動水温・塩分データ，Reynolds の海面水温 (SST) データおよび TOPEX/POSEIDON の海面高度偏差データである．海面では10日間隔で，海洋内部では1ヶ月間隔で観測データを取り込み，海面フラックス（海上風応力，熱および淡水フラックス）と初期値を制御変数として評価関数の最小化問題を解き，解析値データ（再解析データセット）を求めている．その際，制御変数の空間微分を小さくする拘束条件を加えることにより，短周期ノイズを効果的に除去している．

図 8.2a は赤道太平洋域の海面水温場を 1990 年から 2000 年までプロットしたもので，史上最大と言われている 1997/98 年のエルニーニョ現象の気候変動の様子がよく再現されている (Masuda et al., 2008; 2009)．この期間におけるニーニョ 3 海域における海面水温の観測値と同化結果の rms 差は 0.81K で，シミュレーション結果との差 1.67K に比べ半減している (図 8.2b)．ニーニョ 3 海域では大気との結合が活発で，ここでの海面水温を正確に再現することは気候変動の力学予測ならびに解読に特に重要で，再解析データのレベルを判断する試金石とみなされている．

次に，制御変数の一つである海面熱フラックスの推定結果を見てみよう．海

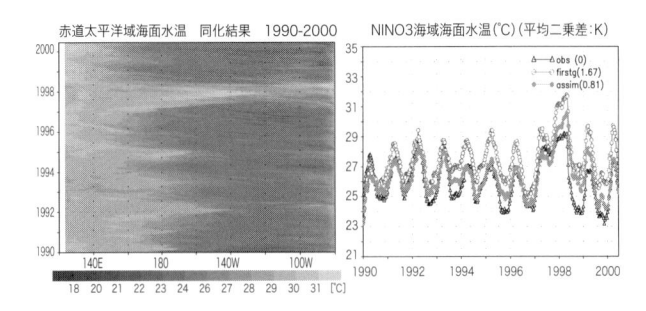

8.2 数値モデルの物理過程を利用した観測データの補間・統合

図 8.2 (a)1990 年から 2000 年の期間における赤道太平洋域の海面水温の時間変化. (b)NINO3 海域での平均海面水温の時間変化.

面フラックスは大気・海洋結合系の力学を考える上で最も重要な物理量であり，さらに大気・海洋中の南北熱輸送量を正確に把握するためにも不可欠である．図 8.3 はデータ同化によって修正されたエルニーニョ期間中の 1997 年 12 月における正味の海面熱フラックスと，1990 年代の平均値からの偏差の分布である．エルニーニョ期間中に，東部熱帯域を中心にもつ負の偏差が存在するなど，大気再解析データをはじめとする過去の研究結果と矛盾しないものとなっている．また，データ同化による海面フラックスの修正量は経年的に変化しており，この再解析実験では $O(10)Wm^{-2}$ 程度の修正が見られる．

アジョイント法を用いて作成された再解析データセットは，未観測の量も含めて，複数の物理量間の変動に関連した力学過程の解明に適している．例えば，1997/98 年に生じたエルニーニョ現象に注目すると (図 8.4)，この現象が西部赤道域における一連の西風バーストによって引き起こされ (図 8.4 左)，その情報が，海洋中のケルビン波を介して東部海域まで増幅しながら東進して (図 8.4 中央)，海面水温の上昇 (図 8.4 右) を引き起こしていることがわかる．これらの様相は近年の衛星観測結果と符合している．

次に，亜表層の代表水塊である北太平洋中層水（NPIW）の広がりについて，その再現性を WOD98 の観測データと比べてみた．図 8.5 は日付変更線に沿った鉛直断面における冬季の気候学的塩分分布で，同化結果 (図 8.5 c) は観測結果 (図 8.5a) と同様，北太平洋中層水を特徴づける 34.2psu の塩分極小層の広がりをよく再現している．一方，データ同化を行わなかったシミュレーション結果 (図 8.5 b) では塩分極小層は現れるものの，観測値ほどの低塩分を

応用編 8 章　アジョイント法の応用

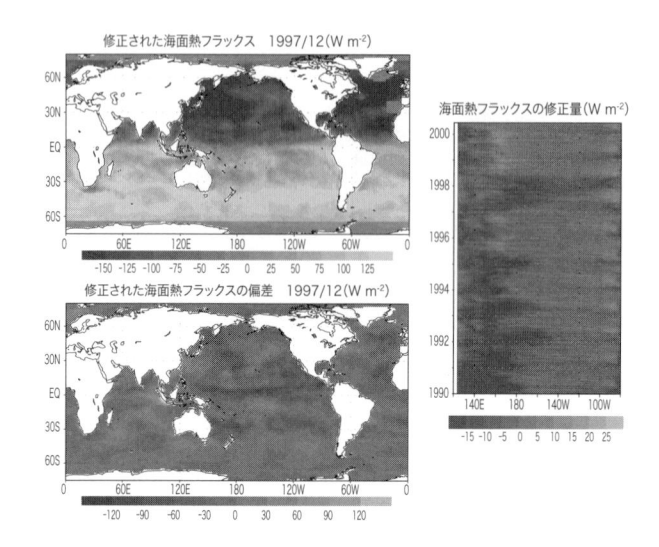

図 8.3　データ同化によって修正されたエルニーニョ期間（1997 年 12 月）の正味の熱フラックスとその偏差の分布（左）．1990 年から 2000 年の期間での赤道域におけるデータ同化による修正量の時系列（右）．カラー図は巻頭参照．

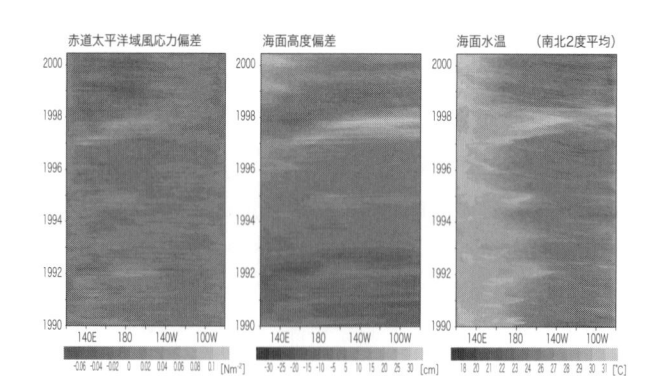

図 8.4　データ同化によって修正された緯線方向の風応力偏差（左図），得られた海面高度偏差（中央図），および海面水温偏差（右図）の赤道断面における時間-経度断面図．1990 年 1 月から 2000 年 6 月までの分布．

再現できておらず,その南下の様子も再現できていない.北太平洋中層水の分布は亜表層の循環場の特徴を大きく反映することが知られており,中層循環場の妥当性の判断指標とみなされているので,その良好な再現はアジョイント法の優位性を示唆していると言える.さらにまた,図 8.5 の塩分分布に見られる特徴として,赤道をまたいで両半球に存在する塩分極大層 (南太平洋熱帯水: SPTW など) の分布がデータ同化により改善されている (南緯 10-20 度,北緯 20-30 度; 図 8.5c).このような亜表層過程も含む観測事実とのよい一致は,アジョイント法データ同化によって改善されたサブダクション過程と表層循環場の競演によるものであり,海洋再解析データセットが気候変動に関し多くの情報を保有することを示唆している.

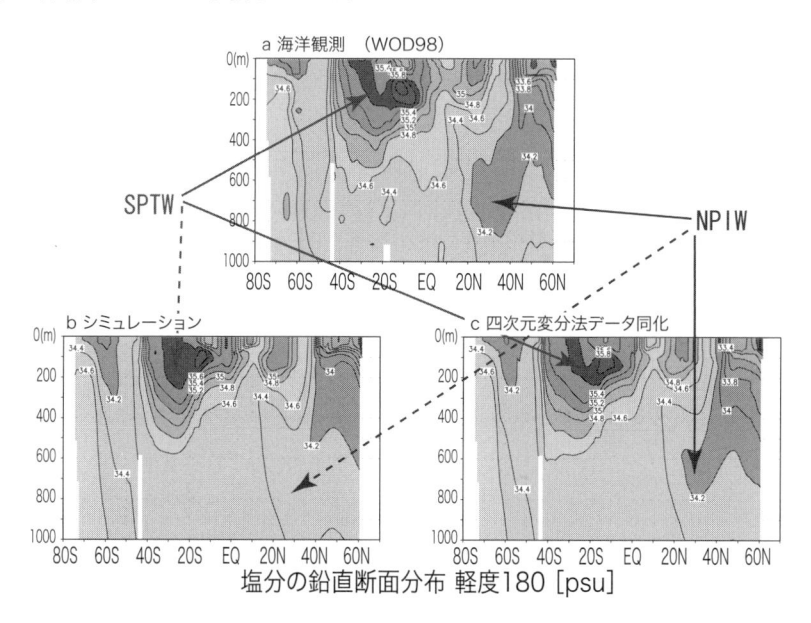

図 8.5 データ同化によって修正された気候学的冬季の日付け変更線における塩分鉛直断面.(a) 観測結果 (WOA98),(b) シミュレーション結果,および (c) 同化結果.

8.3 パラメータの最適推定による数値モデルの改良

海洋・大気分野で広く使われている数値モデルには，例えば混合層スキームのように，モデルでは直接再現できない現象の影響をパラメタライズしたスキームが使われている．ここで重要な点は，スキームで用いるパラメータ値の選択が数値モデルの性能を左右することである．良いパラメータ値は現実の状態やその変化の良好な再現につながるという点を考慮すれば，観測データをもとに，データ同化でパラメータ値を合理的に推定しようというのは自然な発想である．このようなパラメーター推定に対しても，アジョイント法は有効である．すなわち，基礎編1および3章で学んだように，求めたいパラメータを制御変数として設定し，その値の時間・空間変化が例えば過去の知見の範囲内におさまるような付加条件を課すことにより，現実的なパラメーター値を決定できる．

そのような例として，文部科学省による「共生プロジェクト」で行われた大気海洋結合データ同化実験 (Sugiura et al., 2008) を紹介しよう．この実験は，大気・海洋間の運動量・熱・水の交換を定式化するバルク法のパラメータ値をアジョイント法を用いて最適化することにより，大気海洋結合モデルのパフォーマンスを向上させようという，世界に先駆けた試みであり，次のような特徴がある．1) 観測データを同化するための数値モデルとして初めて大気海洋結合モデルを使用したこと．2) 境界条件ではなく，パラメータを制御変数としていること．3) 評価関数の観測データに気候学的平均操作を加えていること．

大気や海洋のモデルを単体で用いて比較的長期間のデータ同化実験を行う場合，境界条件である海面フラックスを制御変数として修正することが多いが，大気海洋結合モデルを用いた場合には海面フラックスは内部変数になるので，それを制御変数として長期間のデータ同化実験を行うのは難しい．従って，単なる海面フラックスの修正ではなく，変動する大気と海洋の両方の力学状態を同時に満足するよう，バルク法に関わるパラメータ推定を行う必要がある．バルク係数は大気の安定度や表面の粗度から算定されるが，その値にはある程度の不確実性があるので，その修正係数を制御変数として導入し，データ同化によって最適化している．例えば海洋単体モデルの同化実験で推定された海面フ

ラックスは，大気モデルの力学を必ずしも満たしている保証はないが，結合モデルを用いた同化実験を行うことにより，大気と海洋それぞれの物理過程を満たした時系列解析値を求めることができる．

彼らの評価関数は，修正係数に対する背景値ならびに大気および海洋の観測値に関するミスフィット項と時間的周期性に関する拘束条件から構成されている．季節スケール以上の気候状態の再現性を高めるという目的のために，観測データとのミスフィット項は単純なモデルとの差ではなく，初期値を変えて積分した複数のモデル結果を平均するという，いわゆるアンサンブル平均と気候学的観測値の差として定義されている．換言すると，大気海洋結合場には，短周期変動成分 (weather mode)，季節変動成分，経年変動成分などの多様な時間スケールの現象が存在するが，この同化実験では月変化以上のシグナルを抽出して修正できるような評価関数を設定している．

バルク修正係数の最適化により，結合モデルの気候値 (ここでは 20 年平均値として定義する) がどの程度現実的になるのかを，季節変動の代表例とみなせるアジアモンスーンを例にとり，バルク係数を修正しなかった場合（つまりバルク修正係数を 1 に固定した気候場）と比較しながら説明する（Mochizuki et al., 2007）．アジアモンスーンの季節進行を結合モデルでシミュレートすることは容易ではなく，特にインドシナ半島が雨季に入る 5 月の気候場の再現は難しいことで知られている．

バルク修正係数を 1 に固定した場合にシミュレートされた降水量と風の季節進行は，5 月ごろ赤道付近で降水量が多くなる一方，インドシナ半島を含む北緯 10 度から 20 度付近の降水量は非常に少なく，雨季が訪れていない (図 8.6a)．ところが，インドシナ半島の雨季の入りは通常 5 月に観測され，赤道インド洋からベンガル湾を通る南西風 (モンスーン循環) が多くの水蒸気をインドシナ半島へ運ぶ (図 8.6c)．図 8.6b に示した最適化されたバルク修正係数を用いた場合には，このようなインドシナ半島に雨期の入りをもたらすプロセスは現実的にシミュレートされている．さらに，大気の状態だけではなく海面水温についても，最適化されたバルク修正係数を用いた場合のほうが再現性が大きく向上している．

従来の大気単体モデルによる同化では，現実的な降水量をシミュレートしようとするあまりに，過度の水蒸気供給や過度の水温低下が起こりがちであった

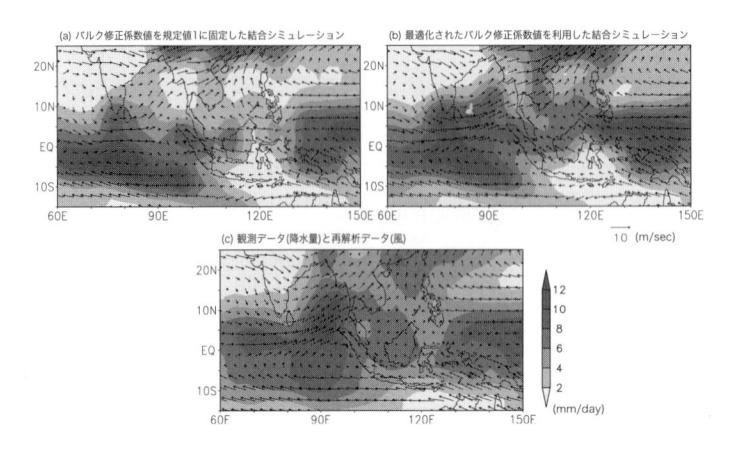

図 8.6 5月の降水量気候値 (色) と 850hPa 風気候値 (矢印). (a) 最適化されたバルク修正係数値を利用しない (規定値 1 に固定した) 場合の結合シミュレーション結果と (b) 利用した場合の結合シミュレーション結果，および (c)CMAP 観測データの降水量と ERA40 再解析データの風. Mochizuki et al. (2007) より引用.

が，結合モデルの内部パラメータとして大気と海洋の観測データを同時に利用し最適化された水，熱，運動量の収支は，多圏にわたって閉じているので，そのような欠点は回避できる．

では，図 8.6a と図 8.6b の相違に，バルク修正係数の最適化はどのように寄与したのであろうか．図 8.7 を見ると，ベンガル湾から南シナ海，フィリピン近海にかけては，潜熱フラックス計算に用いるバルク修正係数の値は 1 より大きく (図 8.7a)，従って海洋から大気への潜熱放出量を増大させるよう調節している (図 8.7c)．これに伴い，下層大気に一層多くの水蒸気が供給されると同時に，潜熱放出により海面水温が低下して大規模なモンスーン循環が励起されやすくなったと考えられる．一方，運動量フラックス計算に使用するバルク修正係数の値が 1 から大きくずれているのは海陸分布の複雑な多島海付近のみであり (図 8.7b)，この例ではデータ同化による運動量フラックスへの直接的影響は小さい．(図 8.7d)．

以上のようなアジョイント法を用いたパラメーター推定の試みは近年，海洋生態系モデルの分野でも盛んに行われるようになった．1980 年代後半〜1990

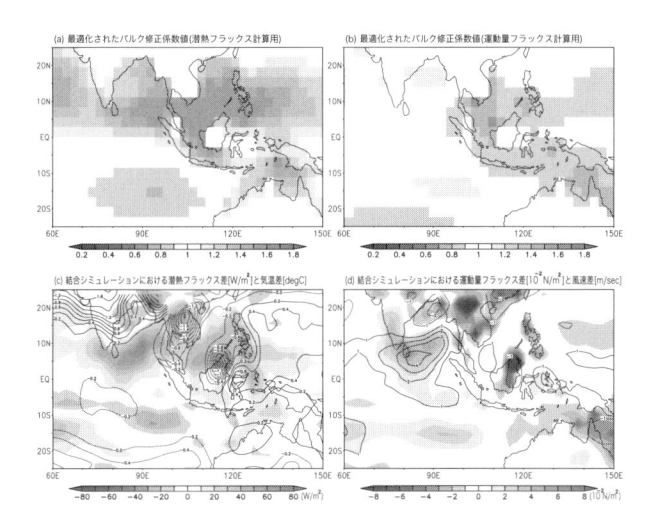

図 8.7 (上段) 最適化されたバルク修正係数値の空間分布 (5 月). (a) 潜熱フラックス計算時に使用する値と (b) 運動量フラックス計算時に使用する値. (下段) 最適化されたバルク修正係数値を利用した場合の結合シミュレーション結果と利用しない (規定値 1 に固定した) 場合の結合シミュレーション結果の差 (5 月). (c) 潜熱フラックス (濃淡) と 925hPa 気温 (等値線). (d) 運動量フラックス (濃淡) と 925hPa 風速 (等値線). Mochizuki *et al.* (2007) より引用.

年代前半に実施された全球海洋フラックス合同研究計画 (JGOFS) や全球海洋生態系動態研究計画 (GLOBEC) などの大型プロジェクトに先導されて，生物・地球化学データが集中的に取得されるようになると，データ同化を用いてプランクトンの成長速度や死亡率，粒子状有機物の分解・無機化の速度など生態系モデルに使用されているパラメータ値の改良が試みられた（例えば Friedrichs *et al.*, 2006; 2007 など）．

生態系モデルは，生物・地球化学過程が海域によって大きく異なるので，対象海域により多様化し，様々な構造を持つモデルが出現した．このような状況にあっては，例えば将来の全球的な気候変動に対する海洋生態系の応答を予測するために，生態系モデルがどのような機能を備えていなければならないかを調べておくことは重要であろう．実際，モデルに導入されている生物化学パラメータの値を決定する際，過去の観測値の参照に加えて，個々のモデラーの勘

や経験に頼った主観的な部分も少なからず散見される．このような事情から，各種の生態系モデルを共通の物理モデルと結合させ，かつ共通の境界条件のもとに駆動し，得られた結果を比較することによって現状の生態系モデルの信頼性や汎用性を評価することが推奨された．例えば，米国JGOFSの生態系モデル相互比較実験(http://www.ccpo.odu.edu/RTBproject/)では，個々の生態系モデルを同一の鉛直1次元混合層モデルと結合させて，タイプの異なるアラビア海と赤道東太平洋で比較実験を行っている．さらに各海域における5種類の予報変数（クロロフィル濃度，植物プランクトン光合成量，動物プランクトン量，硝酸濃度，海洋下層への粒子状有機窒素フラックス）のモデル結果が各海域で観測値に最も近づくように，アジョイント法を用いてモデルの生物・地球化学パラメータの値の推定が試みられた (Friedrichs *et al.*, 2006; 2007).

この実験から以下のことが明らかになった．1) 予報変数が少ない簡単な生態系モデルで推定されたパラメータ値の不確かさは小さく，モデル結果の信頼性は高いが，例えば植物プランクトンによる光合成の制限要因（光量，水温，栄養塩濃度，動物プランクトンによる捕食圧など）の海域による多様性を精緻に再現できないため，汎用性は低い．2) 一方，予報変数の多い複雑な生態系モデルは生物・地球化学過程の海域ごとの多様性をより現実的に再現できるため，汎用性は高い．しかし，予報変数と共にその数が増加するパラメータの値を推定するのに必要な情報（観測データ）が現時点では十分ではないので，パラメータ推定値に不確かさが残り，モデル結果の信頼性は低くなる．

以上の結果は，生態系モデルの信頼性と汎用性を両立させるには，モデルの複雑化に見合う情報量（観測データ）が必要であることを示している．現在の相互比較実験は，対象海域を熱帯・亜熱帯の外洋に限定しており，亜寒帯や極域ならびに沿岸域の情報を含んでいなく，またデータ同化の対象となる予報変数は上記の5種類だけで，それ以外の予報変数は評価外である．このような事情を改善するために，亜寒帯北大西洋や南極海など新たな海域を実験対象に加えることや，珪藻の光合成に対する制限要因として重要なケイ酸濃度を評価の対象に加えることなどが検討されている．

生態系モデルに導入されている生物・地球化学パラメータの多くは経験式に基づいて設定されてきたものである．生態系はとても非線形の強いシステムである以上，データ同化を用いた生物・地球化学パラメータ値の推定は完全な方

法とは言えないが，パラメータの客観的で有力な推定方法としてデータ同化は今後ますます普及していくと思われる．

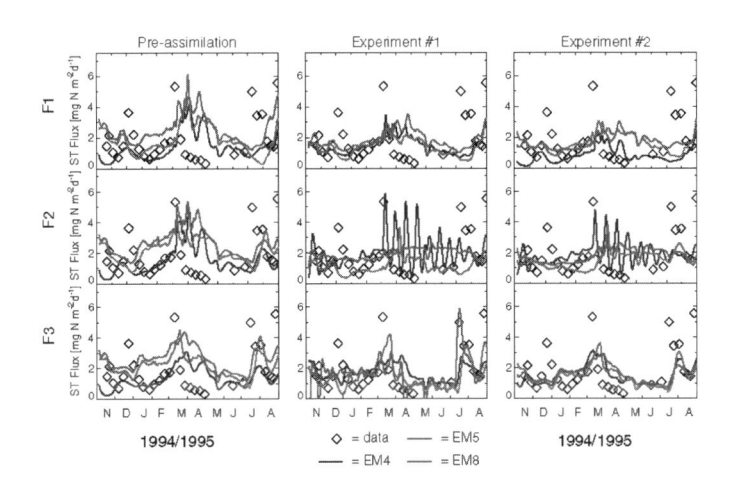

図 8.8 アラビア海 800m 深での粒子状有機窒素フラックス ($mgNm^{-2}d^{-1}$) の観測結果 (data) と 3 つの生態系モデル EM5（5 コンパートメントモデル），EM4（4 コンパートメントモデル），EM8（8 コンパートメントモデル）の結果の時系列．F1，F2，F3 はそれぞれ異なる境界条件でモデルを駆動した結果．Pre-assimilation はモデルの生物化学パラメータ値の推定にアジョイントを用いなかった場合の結果．Experiment 1 は全てのパラメータ値をアジョイント法により推定した結果．Experiment 2 は確からしいパラメータを数種類選択し，それらの値をアジョイント法により推定した結果．Friedrichs *et al.* (2006) より．カラー図は巻頭参照．

8.4 数値天気予報のための初期値の作成とその効果

データ同化は歴史的には数値天気予報のために発展してきたということもあり，数値予報のための初期値化というテーマはデータ同化システムに共通する目的の一つである．中でもアジョイント法は，予報に使う数値モデルをそのまま制約条件にしている固定区間スムーザーであるという点で，予報精度の向上に特に有効な手法とみなされている．初期値に使用する解析場と予報モデルとの力学的不整合に起因するノイズの発生をいかに防ぐのかという問題は，数値

予報精度の向上のための長年にわたる重要かつ難題であった．このノイズの発生を抑えるために，非線形ノーマルモードイニシャリゼーション (Nonlinear Normal Mode Initialization) などの統計的あるいは力学的なフィルターを最適内挿法や 3 次元変分法と組み合わせるというアプローチがある程度成功をおさめてきたが，アジョイント法はこれらのフィルターを用いたアプローチよりも本質的に優れたものである．というのは，アジョイント法においても初期値を求める際にも同様に不整合性によるノイズが発生することは十分にあり得るが，その時刻は同化期間の最初であり，予報の初期時刻すなわち同化期間の最後には数値モデルの内部の力学によって調節がなされ，調節後の時系列は観測データに近いことが保証されているため，その後の予報の精度向上が期待できるからである．実際，ヨーロッパ中期予報センター (ECMWF) では 1998 年より現業予報のための初期値化にアジョイント法を用いており，世界最高の予報精度を誇っている．

　ここで，現業数値天気予報におけるデータ同化の歴史を簡単に振り返っておこう．1970 年代になると予報モデルの支配方程式としてプリミティブ方程式系が採用されるようになり，これに伴って力学的にバランスした初期値が求められるようになった．この頃，解析に利用される第一推定値と観測の品質を示す誤差情報を考慮した初めての解析手法として最適内挿法が広く利用され始めていた．1980 年代になると気象衛星や地球観測衛星が次々と打ち上げられ始めるようになり，新しい観測の幕開けを迎えたが，最適内挿法では衛星に搭載されたセンサーで観測される物理量を直接同化することが出来ないため，これに代わる解析手法として 3 次元変分法が登場した．これにより，衛星観測による放射輝度温度の直接同化が可能となり，解析の品質が大幅に向上した．そして現在では，3 次元変分法を更に発展させたアジョイント法が現業数値予報センターで用いられる先端的な解析手法の主流となっている．

　我国の気象庁は現在，全球・領域・メソの 3 つの数値予報システムでアジョイント法を用いた初期値化を行っている．気象庁の業務用計算機システムが第 7 世代を迎えたのが 2001 年 3 月で，その年の 9 月には全球解析システムに 3 次元変分法が導入された．アジョイント法に更新されるのは 2005 年 2 月のことである．1997 年 11 月に欧州中期予報センター (ECMWF) でアジョイント法が全球解析システムに利用され始めてから 7 年以上が経過していたが，気象

8.4 数値天気予報のための初期値の作成とその効果

庁は 2002 年 3 月にメソ解析としては世界に先駆けてアジョイント法の現業化を実施した．続いて 2003 年 6 月には，領域解析にもアジョイント法を導入した．このように，第 7 世代計算機システムが稼働していた 2001 年 3 月～2006 年 2 月の間に全球・領域・メソの 3 つの数値予報システムの全てにアジョイント法が導入されたことになる．以下で，これらの結果を見てみよう．

図 8.9 は，全球モデルの予報精度の指標としてよく使われる 500hPa での高度の平方根平均二乗誤差 (RMSE) の経月変化図である．変分法導入前の 10 年間と比較して，導入後は予報精度の向上が顕著である．3 次元変分法導入以降には，鉛直探査計 (サウンダ) による放射輝度温度の直接同化を始め，マイクロ波散乱計の海上風やマイクロ波放射計の可降水量など，多くの衛星データの同化が開始された．最近では，変分法バイアス補正という技術を導入して，衛星データのバイアス補正量をデータ同化サイクルの中で調節できるようになった．なお，近年の予報精度の向上に予報モデル自体の改良も大きく寄与していることは言うまでもない．

一方，メソ解析については，世界初のアジョイント法の現業化を行ったことに加えて，降水量データ (レーダー・アメダス解析雨量) の同化を同時に開始したことも注目される．予報モデルにおける診断量である降水量を他の観測データと一緒に同化できることは，アジョイント法の特徴の一つである．メソスケールの解析を向上させるには，解析システムを高度化するだけでは不十分で，メソスケールの現象を捉えた観測データを同化することが重要である．しかしながら，このような観測データは一般には少なく，時空間分解能が高いレーダー・アメダス解析雨量はメソ解析にとって重要かつ貴重な観測データと言える．レーダー・アメダス解析雨量の同化により，量的降水予報の精度は予報初期に大幅に改善し，その影響は 12 時間を超えても持続することが統計的に検証された．

現在のメソ数値予報システムに用いられている予報モデルには，静力学近似を行わない非静力学モデルが採用されている．一方，メソ解析のアジョイント法で採用されている予報モデルは静力学モデルのままである（2008 年現在）．予報モデルの初期値作成の観点からは，アジョイント法による解析システム本体でも非静力学モデルを採用することが望ましい．その意味から，現業化には至っていないが，非静力学モデルを採用したアジョイント法解析システムも開

発されている．図8.10は2004年の福井豪雨の事例について，それぞれの4次元変分法解析システムで求めた場を初期値とした予報結果を示している．予報はどちらも非静力学モデルを用いている．両解析ともレーダー・アメダス解析雨量を同化しているので，予報初期の3時間後の降水量予報は実況に近いものが再現されている．予報後半では，非静力学モデルを採用したアジョイント法による解析場からの予報の方が線状降水帯を良く再現している．

昨今，気象学のデータ同化の分野では，アンサンブルカルマンフィルターによるデータ同化研究が盛んになってきた．この手法は非線形システムに適したものであるが，実績は今後の展開次第である．迅速な処理と確かな結果といった厳しい諸条件が要求される現業の解析システムに関して，アジョイント法とアンサンブルカルマンフィルターをどのような基準で選択すべきか，あるいは併用すればよいのかといった問題は今後の重要な課題である．

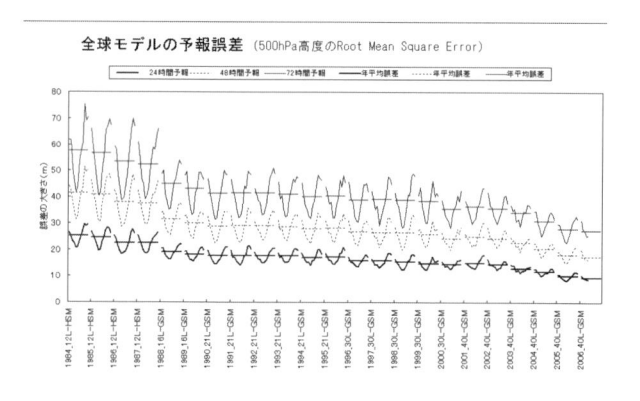

図 8.9　気象庁全球数値予報システムの 500hPa の平方根平均二乗誤差の1984年3月～2006年7月までの経月変化図．

さて，気候変動の予測に関してもアジョイント法による初期値化が用いられている．海洋研究開発機構のグループは，前節で紹介したアジョイント法を用いた大気海洋結合データ同化システムを用いて，1996から1998年の間の1月1日と7月1日をスタートとする計6期間の再解析データを用いてエルニーニョの予測可能性を調べている．まず，アジョイント法で求めた海洋初期値が「エルニーニョ予測」スキルを向上させているのかを確かめるために，最適

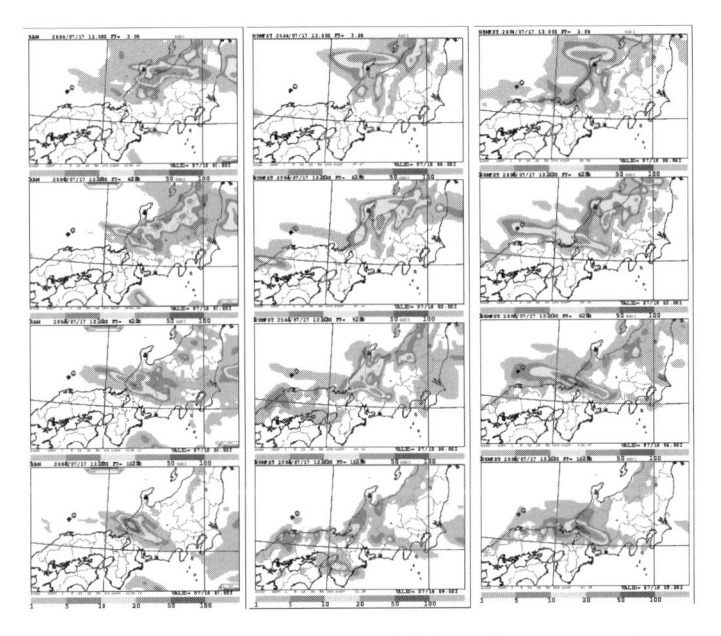

図 8.10 3 時間積算降水量の 12 時間の時系列図. 左から，レーダー・アメダス解析雨量，静力学モデルを採用したアジョイント法による解析場からの予報結果と，非静力学モデルを採用したアジョイント法による解析場からの予報結果.

化された海洋初期値から（最適化されたバルク修正係数は用いずに）2 年間大気海洋結合モデルの予報計算を行ない，エルニーニョがどこまで再現予測できるかを調べた．図 8.11 は NINO3.4SST のアノマリを予測対象として，6 期間のケースの観測とモデル（アンサンブル平均）の相関という形で，予測のリードタイムごとにスコアをつけたもので，ここでは 5% の有意水準で約 0.8 以上の予測スキルであることを示している．破線はパーシステンス（初期値のまま変化しない持続予報）の場合のスキルで，せいぜい 2，3 ヶ月の予測スキルしかない．また最適化される前の IAU で得られた初期値ではほとんど意味のある予測ができていない（点線）．それに対して，最適化した初期値から出発した大気海洋結合モデルでのスキル（細実線）は，パーシステンスのスキルをはるかに上回り，トータルで 1 年半近い予測が可能であった．

もちろん，このケースでは 9 ヶ月の観測値を取り込んだアジョイント法によ

り初期値を作成しているので，少なくとも最初の9ヶ月間についてはこれを純粋な予測計算ということはできないが，その後の数か月にわたりモデルの時間発展を制御できる初期値を推定することができたという事実は，予測可能性という点で重要な知見だと言える．このことは，chaoticで予測可能性のほとんどない (lead time が短い) システムなら，そもそも初期値を見つけるのは不可能であることを考えれば明らかである．結合モデルを用いた4次元変分法データ同化の開発に成功し，代表的な大気海洋結合現象であるエルニーニョの時間発展は予測可能であることが示唆された．

4次元変分法データ同化は，瞬間的な観測値を用いて初期値化を行う他の同化手法とは異なり，有限期間にわたる観測の時間発展を取り込んで初期値化を行なうのが特徴である．この特徴をうまく活用すれば，エルニーニョの経年変動を担うモードを見つけることができると期待できる．つまり，観測期間を助走として取りこんで初期値化を行なえば，従来手法よりも長期の予測が行なえる可能性が示されたと言えよう．

上記の例では，1996-1998年間の顕著年同化で得られたバルク修正係数を用いていない．バルク修正係数は結合モデルのバイアスを減らすようモデルに作用し，パフォーマンスを改善すると考えられるので，最適化されたバルク修正係数を用いれば，より良い予測可能性が期待できる．ただし，顕著年同化では期間ごとに異なるバルク修正係数を求めているので，そのままでは予測に利用できない．そこで，3年分の同化期間の結果を平均して (ただし3年間のスプレッドが10%を越える場合は，平均値が信用できないと考え，修正は無しとした)，気候学的な旬ごとのバルク係数を作成し，これを用いて予測実験を行なった．図8.11の太実線はこの場合の予測スキル結果である．予測スキルはさらに改善し，2年近い予測スキルを示している．このことは，予報スキルの改善には，最適な初期値を求めるのみならず，モデルの改善も有効であることを実証しており，パラメータのチューニングによるモデルの改善もアジョイント法の有力なアプリケーションのひとつであるなど，アジョイント法を用いたデータ同化システムは今後の長期予測を勇気づけるとともに，多様な応用の可能性を示唆している．

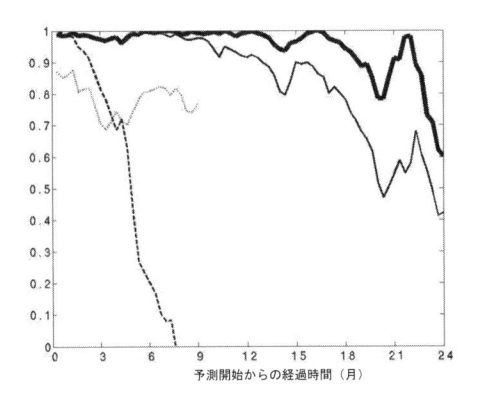

8.4 数値天気予報のための初期値の作成とその効果

図 8.11 予測の NINO3.4 の観測とのアノマリー相関．予測のリードタイムの関数として示した．破線：パーシステンス，点線：IAU による予測（計算は 9 か月間のみ），細実線：最適化された初期値による予測，太実線：最適化された初期値と気候学的なバルク修正係数を用いた予測．

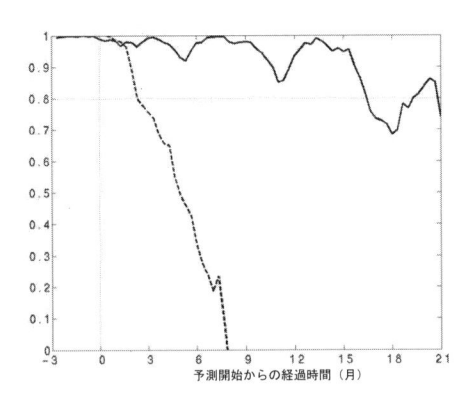

図 8.12 3 か月の同化期間を用いた予測実験のスコア（実線）．同化期間の最後からが純粋な予報であるという意味で，同化期間の最後をリードタイム 0 とした．破線はパーシステンスによるスコア．先行予測期間 0 と相関 0.8 に点線を引いた．

8.5 アジョイントモデルの応用機能：現象の逆追跡ができる感度解析

本節では，観測データを同化しないがアジョイントモデルの特長を応用したいくつかの解析例について紹介する．まず，数値モデルの物理過程に従いながら時間軸を遡って積分を実行するというアジョイントモデルの追跡機能を活かして，変動の原因を調べた例をみてみよう．通常データ同化を行う場合には評価関数を観測データとモデルの差から定義するが，その代わりに例えばターゲットとしたい海域の物理量に対して評価関数を作成し，アジョイントモデルを使って初期条件などの制御変数に対する評価関数の勾配を求めれば，ターゲット海域の制御変数を少し変化させたときの物理量の変化量，すなわち感度がわかることを利用している．

図 8.13 は，Masuda et al. (2006) が北太平洋中層水の起源を調べるためにアジョイントモデルを利用して行った感度解析の例である．

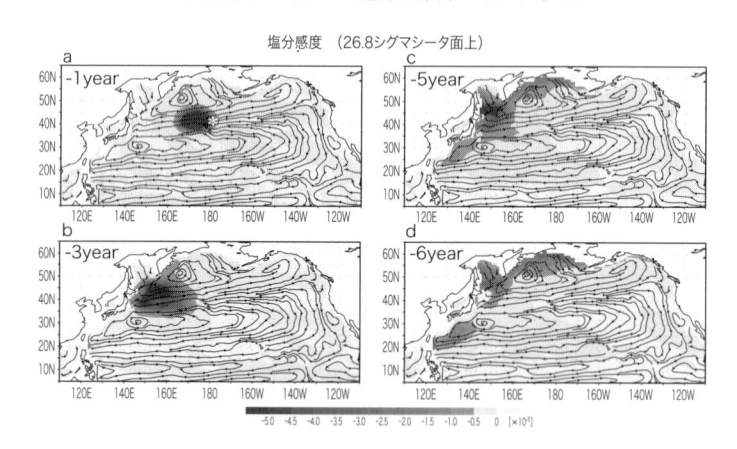

図 8.13 塩分のアジョイント変数とその変分 dS の積の 26.8 シグマシータ面上での分布．北緯 43 度，日付変更線上の 400m 深に人工的なコストを与えたケース．モノクロの等値線は同密度面上での流線を表す．(a)1 年，(b)3 年，(c)5 年，および (d)6 年間のバックワード計算の結果．カラー図は巻頭参照．

図からわかるように，5-6 年後（実時間軸上では 5-6 年前）の感度の高い海

8.5 アジョイントモデルの応用機能：現象の逆追跡ができる感度解析

域は，オホーツク海，ベーリング海，および黒潮域であり，これらの海域が NPIW の源泉であることを示唆している．この結果は最新の観測的研究結果と矛盾していない．

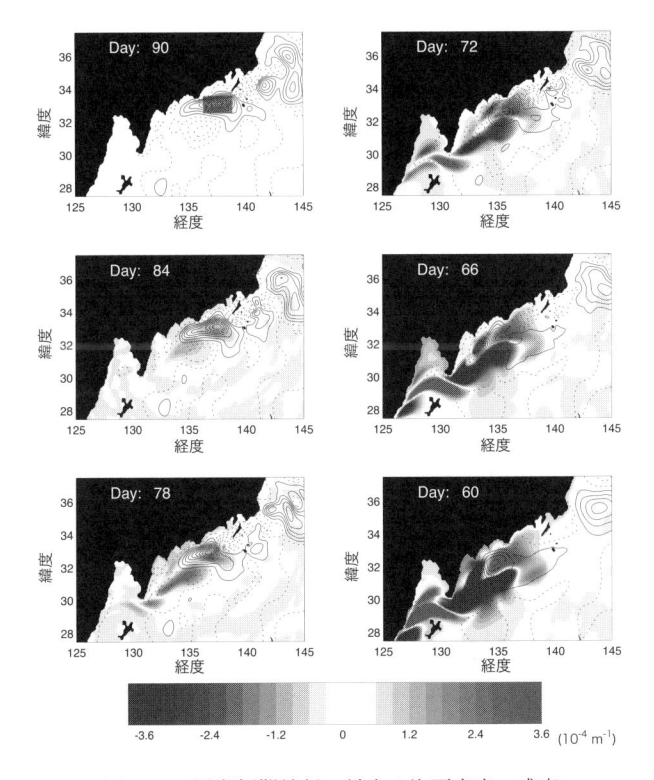

図 8.14　黒潮短期蛇行に対する海面高度の感度

より短い変動を対象にした応用例としては，黒潮の短期的な蛇行現象を対象とした感度解析 (Ishikawa et al., 2004) がある．図 8.14 は 1993 年に黒潮の短期的な蛇行が観測された海域をターゲットに，アジョイントモデルを用いて擾乱を時間的に遡った例であり，小蛇行が移流されながら成長していった予報モデルのイベントを裏返した関係にあることを明瞭に示している．時間軸を遡るアジョイントモデル空間でシグナルが成長するということは，評価関数に対する勾配が増大していくことを意味するものであり，小さな擾乱がターゲット領域の大きな変動を引き起こすプロセスに対応している．このような良好な対応

応用編 8 章　アジョイント法の応用

は，単に擾乱の位置の再現性にとどまらず，図 8.15 に見られるように，擾乱の成長率といった力学過程の再現性の良さにも反映している．

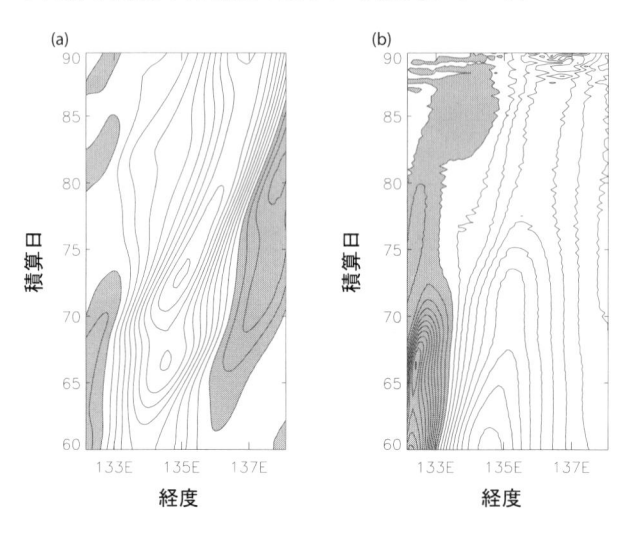

図 8.15　(a) 黒潮流軸にそった擾乱の成長 (予報モデル) (b) 同じセクションでの感度 (アジョイントモデル)

　以上では海面高度の初期条件に対する評価関数を取り上げたが，初期条件として流速場を選んだ場合にも同様に良い結果が得られており，異なった物理量間の相互作用過程も調べることも可能である．また，ここで扱った黒潮変動の擾乱の成長は過去の解析により，移流項と関連した非線形不安定であることがわかっている (Komori et al., 2003)．従って，本節で紹介した結果は移流項が卓越する非線形性が強い場合でもアジョイント法による解析は有効であることを示唆しており，感度解析の適用範囲を広げたという点でも意義深い．さらに，アジョイントモデルを用いた解析により，ターゲットとして選んだ特定の変動現象の原因を定性的，定量的に明確化できるという利点は，物理的な解析に役立つだけでなく，どのような種類の測器をどこにどの程度配置すればコストパフォーマンス的にも優れた観測システムを設計しえるのかという，OSE(Observing System Experiments) や OSSE(Observing System Simulation Experiments) の課題にも有効で国際的に注目されている．
　アジョイントモデルを用いた感度解析を数学的に一層発展させたものに特異

8.5 アジョイントモデルの応用機能:現象の逆追跡ができる感度解析

値解析がある.特異値解析は基本場が変動する状況下での擾乱の成長率や成長モードを調べるものであり,古典的な傾圧不安定などの解析に用いられている固有値解析を拡張したものである.例えば,気象研究所のグループが黒潮の大蛇行を対象に行った第1特異ベクトル(この場合は70日間の期間で最も成長の早い擾乱に相当)の算出例を図 8.16 に示す (Fujii et al., 2008).ここでは最初の擾乱の大きさは全領域の水温,流速,海面高度を用いた全エネルギーノルムで定義し,最終的な擾乱の大きさは大蛇行の起こる海域 (30-35N, 136-140E) の流速を用いた運動エネルギーノルムで定義している.右特異ベクトルに見られる九州沖の水深 1200m 付近の正負の水温偏差は,接線形モデルで時間発展を計算すると,上層に渦を伴いながら小蛇行とともに東進し,大蛇行発生時には蛇行流路上流側に反時計回りの循環,下流側に時計回りの循環をもつ左特異ベクトルへと変化する.この左特異ベクトルの時間発展をアジョイントモデルで計算すると,途中の分布は接線形モデルで計算されたものとは異なるが,最終的には右特異ベクトルへ戻っていく.この右特異ベクトルを基本場に加えて元の予報モデルでその時間発展の様子を比べると,最初の状態は基本場とほとんど同じであるが,最終状態は左特異ベクトルの形状から期待されるように,大蛇行は基本場を時間発展させた場合に比べて上流側にずれ,より南へと南下している.このように,特異ベクトルを調べ,それを初期値に加えれば,最終状態に大きな違いを生じさせる擾乱を詳しく特定できる.このような特異値解析を行うにはアジョイントモデルが必要なため,広く利用されているとは言い難いが,固有値解析よりも現実の擾乱の発達と良い対応がある.これを利用して,ヨーロッパ中期予報センター (ECMWF) では特異値解析を使って擾乱が成長しやすいモードを調べることにより,アンサンブル予報におけるメンバーの決定に応用して成果をあげており,今後の発展が期待されている.

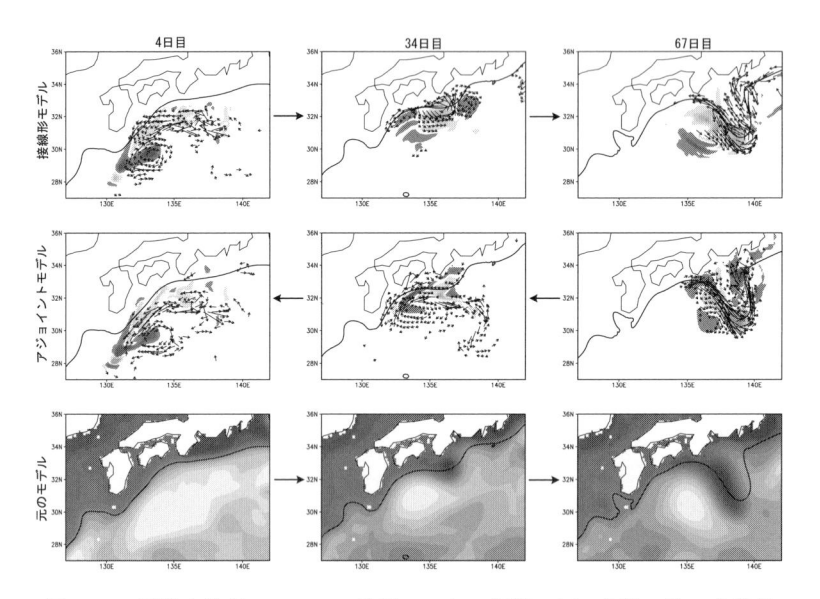

図 8.16 黒潮大蛇行についての特異ベクトル解析の例．上段：第 1 右特異ベクトルの接線形モデルによる時間発展．陰影は 1200m における水温の変分の分布．矢印は 800m における流速の変分．中段：第 1 左特異ベクトルのアジョイントモデルによる時間発展．陰影は 1200m における水温のアジョイント変数の分布．矢印は 800m における流速のアジョイント変数．下段：第 1 特異ベクトルを基本場に加えて元のモデルで時間発展させた時の海面高度の変化．太実線は全ての図で共通で，基本場の流軸を表す．なお，変分とアジョイント変数は時間の進行と共に大きくなるが，そのスケールは分布を見やすくするため全ての図で別々に調節してある．

あとがき

「黒船来襲」のような感を禁じえなかったWMO（世界気象機関）主催の「第2回気象と海洋におけるデータ同化の国際シンポジウム」が1995年3月，東京で開催された．居合わせた北海道大学の池田元美教授，気象研究所の蒲地政文室長，東海大学の久保田雅久教授と小生はともに，「日本は抜本策を講じる必要があり，特に人材育成が大事である，それには機関を超えた共同出前講義として夏の学校を開催し，できるだけ継続するのが得策だろう」との考えに至った．このような事情を理解された東京大学の山形俊男教授にご支援をいただき，日本海洋科学振興財団等の協力のもと，「データ同化夏の学校」をほぼ毎年開催できるようになった．それからはや10数年が経った．

学校開催のころ，衛星等による本格的な全地球観測が定常運用されるようになり，これを一大契機に，海洋の現況解析（ナウキャスト）と予報（フォアキャスト）の研究開発ならびに現業化に向けたGODAE(Global Ocean Data Assimilation Experiment)国際計画がUNESCO・WMO・IOC傘下で開始され，2008年末をもって成功裏に幕を閉じた．このような背景のもと，「データ同化夏の学校」を拠点とした機関横断の研究教育が進み，幸いにも世界レベルの研究成果や先端的同化システムの開発，ならびにこれらと連動した優秀な若手研究者の育成が進み，今では主要な国際会議に招待される日本の若手研究者も珍しくはないレベルにまで，やっとの思いで達した．三段跳びに例えれば，ホップの段階が終わり，今や若手が中心となって大きなステップを刻みつつある．そして，次のジャンプを担えるだけの人材の育成と独創性豊かな先導的先端的研究も視野に入りつつある．

データ同化は，本文で解説されているように，観測とモデルを補完的に総動員して，海の歴史の解読と将来予測の切り札となるデータ創生のプラットフォームだと言える．同時に，機能拡張の有利さから，海洋物理データと生態系・水産資源データ等との異分野融合が可能である等，次世代地球科学の課題である複合現象の解明に向けた横断的協働プラットフォームとなりえるポテンシャルを持っている．実際，ポストGODAEのGODAE OceanViewでは，オペレーショナル海洋学をリードする同化システムの開発・運用や，結合モデルを使用しデータ同化による気候予測の向上，海洋大循環モデルと生態系モデルを一体化した複合系同化システムの開発・高度化ならびに沿岸変動の高精度

あとがき

　モニタリング等が特に重要視されている．多くの資源を船舶輸送に頼る我国においても，このような海洋データ同化の重要性は論を待たない．また，環境問題に対処する観点からも以上の課題は重要であり，技術移転やデータ相互交流を含むアジア諸国との連携協力にも留意すべきであろう．

　最後に，次世代の人材育成に関して一言触れておきたい．データ同化は観測，モデル，理論の三位一体である以上，いずれにも通じることが求められる．これは教える側にも教えられる側にも容易ではない．幸い，本書のきっかけとなった「データ同化夏の学校」には得意技を持った研究者・教員が手弁当で集まり，その連携のおかげでなんとかやってこれた．このような組織が制度的に整備されないと次のレベルへの発展は難しいだろう．また，昨今の業績評価では，ともすれば効率的に業績をあげるという点に重きがおかれ過ぎるきらいが否めない．その意味では，データ同化は技術開発と科学および社会貢献を軸とするので，例えば科学の分野だけで評価されるとすると，非効率ですらある．これでは，社会の要請に応えるイノベーティブな研究分野であるデータ同化関係の人材養成は難しい．先を見据えた多様な観点からの評価とその文化風土の醸成が望まれる．

　平成19年7月20日に海洋基本法が施行され，翌年3月にはその具体化を目指して海洋基本計画が閣議決定されるなど，海洋新時代を迎えた．EEZを含めれば世界第6位の広さを誇る我が国の新たな海洋立国としてのあり方を多角的に実効的に策定する上で，海洋の総合的診断と予測および影響評価は，環境立国にふさわしい持続可能な海の管理の科学的・技術的基盤であり，それを担いうる人材の育成は何にも増して重要となっている．

　最後になりましたが，データ同化関係者が集う「夏の学校」の開催や本書の作成にあたり，昨今の厳しい経済・社会的状況下にもかかわらず，全面的にご支援いただきました（財）日本海洋科学振興財団の方々，ならびにテキスト出版に向けて長年にわたり労を惜しまずご協力下さいました京都大学大学院理学研究科海洋物理学研究室の松鳥正美様に記してお礼を申し上げます．

付録 使用した数学の基礎

A.1 線形代数の基礎

データ同化を学ぶために必要不可欠な線形代数の基礎知識を列挙する．慣例に従い，ベクトルは英小太字 で，行列は英大太字 で表記する．

行列 (matrix)

m 行 $\times n$ 列 の行列 $\mathbf{A}$ は，

$$\mathbf{A} = \begin{pmatrix} a_{11} & a_{12} & a_{13} & \cdots & a_{1n} \\ a_{21} & a_{22} & a_{23} & \cdots & a_{2n} \\ a_{31} & a_{32} & \ddots & \ddots & \vdots \\ \vdots & \vdots & \ddots & \ddots & a_{m-1\,n} \\ a_{m1} & a_{m2} & \cdots & a_{m\,n-1} & a_{mn} \end{pmatrix} \tag{A.1}$$

例えば，$m=2, n=3$ のとき，

$$\mathbf{A} = \begin{pmatrix} a_{11} & a_{12} & a_{13} \\ a_{21} & a_{22} & a_{23} \end{pmatrix} \tag{A.2}$$

である．

ベクトルの積

2つの同じベクトル長 m の 実数ベクトル $\mathbf{x}$ と $\mathbf{y}$ が与えられたとき，

$$\mathbf{x} = \begin{pmatrix} x_1 \\ x_2 \\ \vdots \\ x_m \end{pmatrix}, \quad \mathbf{y} = \begin{pmatrix} y_1 \\ y_2 \\ \vdots \\ y_m \end{pmatrix} \tag{A.3}$$

内積 (inner product, dot product, scalar product) は，

$$\mathbf{x}^T \mathbf{y} = x_1 y_1 + x_2 y_2 + \cdots + x_m y_m \tag{A.4}$$

のようにスカラー (scalar) となり，外積 (outer product, cross product, vector product) は，

$$\mathbf{x}\mathbf{y}^T = \begin{pmatrix} x_1 y_1 & x_1 y_2 & \cdots & x_1 y_m \\ x_2 y_1 & x_2 y_2 & \cdots & x_2 y_m \\ \vdots & \vdots & \ddots & \vdots \\ x_m y_1 & x_m y_2 & \cdots & x_m y_m \end{pmatrix} \tag{A.5}$$

のように行列になる．前者は相関 (correlation) $\left(\dfrac{\mathbf{x}^T \mathbf{y}}{|\mathbf{x}|\,|\mathbf{y}|}\right)$ に，後者は共分散行列 (covariance matrix) に直結する．

逆行列と転置行列

行列 $\mathbf{A}$ を $m = n$ の正方行列 (square matrix) とする．

$$\mathbf{AX} = \mathbf{XA} = \mathbf{I} \tag{A.6}$$

を満たすような $\mathbf{X}$ が存在するとき，これを逆行列 (inverse matrix) $\mathbf{A}^{-1}$ という．$\mathbf{I}$ は単位行列 (identity matrix) である．

転置行列 (transpose matrix) は行と列を入れ替えた形で与えられる．必ずしも正方行列である必要はない．例えば (A.2) 式に対応しては，

$$\mathbf{A}^T = \begin{pmatrix} a_{11} & a_{21} \\ a_{12} & a_{22} \\ a_{13} & a_{23} \end{pmatrix} \tag{A.7}$$

である．転置しても変わらない行列，つまり

$$\mathbf{A}^T = \mathbf{A} \tag{A.8}$$

を満たす (正方) 行列を対称行列 (synmetric matrix) と呼ぶ．

行列の積を転置する場合，

$$(\mathbf{AB})^T = \mathbf{B}^T \mathbf{A}^T \tag{A.9}$$

のように順番が逆転する．逆行列も同様に，

$$(\mathbf{AB})^{-1} = \mathbf{B}^{-1} \mathbf{A}^{-1} \tag{A.10}$$

である．

逆行列補題

$$\mathbf{PH}^T(\mathbf{HPH}^T + \mathbf{R})^{-1} = (\mathbf{H}^T\mathbf{R}^{-1}\mathbf{H} + \mathbf{P}^{-1})^{-1}\mathbf{H}^T\mathbf{R}^{-1} \quad (A.11)$$

$$(\mathbf{H}^T\mathbf{R}^{-1}\mathbf{H} + \mathbf{P}^{-1})^{-1} = \mathbf{P} - \mathbf{PH}^T(\mathbf{HPH}^T + \mathbf{R})^{-1}\mathbf{HP} \quad (A.12)$$

(A.12) 式は Sherman-Morrison-Woodbury (Golub and Van Loan, 1996) の公式と等価である．

ベクトル，行列の微分公式

$$\frac{\partial \mathbf{b}^T\mathbf{Aa}}{\partial \mathbf{a}} = \mathbf{A}^T\mathbf{b} \quad (A.13)$$

$$\frac{\partial \mathbf{a}^T\mathbf{Ab}}{\partial \mathbf{a}} = \mathbf{Ab} \quad (A.14)$$

$$\frac{\partial \mathbf{a}^T\mathbf{Aa}}{\partial \mathbf{a}} = \mathbf{Aa} + \mathbf{A}^T\mathbf{a} \quad (A.15)$$

$$\frac{\partial}{\partial \mathbf{A}}\{\mathrm{trace}(\mathbf{A})\} = \mathbf{I} \quad (A.16)$$

$$\frac{\partial}{\partial \mathbf{A}}\{\mathrm{trace}(\mathbf{AB})\} = \mathbf{B}^T \quad (A.17)$$

$$\frac{\partial}{\partial \mathbf{A}^T}\{\mathrm{trace}(\mathbf{AB})\} = \mathbf{B} \quad (A.18)$$

$$\frac{\partial}{\partial \mathbf{A}}\{\mathrm{trace}(\mathbf{ABA}^T)\} = \mathbf{A}(\mathbf{B} + \mathbf{B}^T) \quad (A.19)$$

一般化された内積の定義と随伴行列，勾配

内積は，より一般的には，

$$\langle \mathbf{a}, \mathbf{b} \rangle = \mathbf{a}^T\mathbf{Ab}^{c.c.} \quad (A.20)$$

と定義される．ここで，$\mathbf{A}$ は正定値（固有値と固有ベクトルの項参照）の対称行列である．なお，$\mathbf{A} = \mathbf{I}$ として定義した内積を本書では自然内積と呼んでい

る．内積の定義を用いると，ある任意の行列 $\mathbf{U}$ の随伴 (adjoint) 行列 $\mathbf{U}^*$ は，

$$\langle \mathbf{a}, \mathbf{U}\mathbf{b} \rangle = \langle \mathbf{U}^*\mathbf{a}, \mathbf{b} \rangle \tag{A.21}$$

を満たす行列として定義される．随伴行列については，

$$(\mathbf{UV})^* = \mathbf{V}^*\mathbf{U}^* \qquad (\mathbf{U}^*)^* = \mathbf{U} \tag{A.22}$$

が成立する．また，ある関数 J の $\mathbf{x}$ についての勾配 (gradient) $\nabla_{\mathbf{x}} J$ は，

$$\delta J = \langle \nabla_{\mathbf{x}} J, \delta \mathbf{x} \rangle \tag{A.23}$$

を満たすベクトルとして定義され，もし，自然内積を用いて勾配を定義すると，$\nabla_{\mathbf{x}} J = \partial J / \partial \mathbf{x}$ となる．本書では特に断りがない限り随伴行列や勾配を自然内積を用いて定義したものとする．

固有値と固有ベクトル

$\mathbf{A}$ を $m \times m$ の正方行列とする．

$$\mathbf{A}\mathbf{e} = \phi \mathbf{e} \tag{A.24}$$

が成り立つとき，ϕ を $\mathbf{A}$ の固有値 (eigenvalue)，$\mathbf{e}$ を $\mathbf{A}$ の固有ベクトル (eigenvector) と呼ぶ．非負の固有値の数は行列 $\mathbf{A}$ の階数 (rank) と一致する．一般に固有値と固有ベクトルは m 組存在し，$\mathbf{A}$ が実行列であってもそれらは複素数となりうる．固有値と固有ベクトルは主成分（経験的直交関数）分解や鉛直モード分解など，多方面で利用される．

固有値と固有ベクトルを用いて，行列 $\mathbf{A}$ を対角化 (diagonalization) することができる．固有値を対角に並べた行列を $\mathbf{D}$，各固有値に対応する固有ベクトルを各列に並べた行列を $\mathbf{E}$，

$$\mathbf{D} = \begin{pmatrix} \phi_1 & 0 & \cdots & 0 \\ 0 & \phi_2 & \cdots & 0 \\ \vdots & \vdots & \ddots & \vdots \\ 0 & 0 & \cdots & \phi_m \end{pmatrix}, \tag{A.25}$$

$$\mathbf{E} = \begin{pmatrix} \mathbf{e}_1 & \mathbf{e}_2 & \cdots & \mathbf{e}_m \end{pmatrix}, \tag{A.26}$$

とするとき，

$$\mathbf{A} = \mathbf{EDE}^{-1} \qquad (A.27)$$
$$\mathbf{D} = \mathbf{E}^{-1}\mathbf{AE} \qquad (A.28)$$

の関係が成立する．行列 $\mathbf{A}$ が対称行列の場合には，各固有ベクトルが直交する (内積が 0) ので，わざわざ逆行列を求める必要はなく，

$$\mathbf{A} = \mathbf{EDE}^T \qquad (A.29)$$
$$\mathbf{D} = \mathbf{E}^T \mathbf{AE} \qquad (A.30)$$

のように転置行列 $\mathbf{E}^T$ によって対角化することができる．

全ての固有値が正である行列 $\mathbf{A}$ を正定値 (positive definite) の行列と呼び，$z \neq 0$ である任意のベクトル $\mathbf{z}$ に対して必ず $\mathbf{z}^T\mathbf{Az} > 0$ となる．また，ある行列 $\mathbf{A}$ の最大の固有値を ϕ_1 とすると，

$$\frac{\mathbf{z}^T \mathbf{A} \mathbf{z}}{\mathbf{z}^T \mathbf{z}} \leq \phi_1 \qquad (A.31)$$

が成立する (ただし $z \neq 0$)．等号が成り立つのは $\mathbf{z}$ が固有値 ϕ_1 と対をなす固有ベクトルのスカラー倍で表される時である．

状態遷移行列の固有値が 1 を超える場合は，システムの安定性に問題があるので，対角行列 (diagonal matrix) $\mathbf{D}$ の最大固有値を 1 以下に抑え，遷移行列を安定化させることがある．

特異値分解

固有値分解を，$\mathbf{A}$ $(m \times n)$ が正方行列でない場合 $(m \neq n)$ まで拡張したのが，特異値分解 (singular value decomposition) である．

$$\mathbf{A} = \mathbf{UDV}^T \qquad (A.32)$$

$l = \min(m,n)$ として，行列 $\mathbf{U}$（左特異ベクトルの集合）は $m \times l$，$\mathbf{D}$ は $l \times l$ の正方対角行列（特異値），$\mathbf{V}$（右特異ベクトルの集合）は $n \times l$ の大きさとなる．m と n の大小は問わない．なお，右，および，左特異ベクトルは，それぞれ $\mathbf{A}^T\mathbf{A}$，および，$\mathbf{A}\mathbf{A}^T$ の固有ベクトルであり，特異値はそれらの固有値の平方根となる．

特異値分解を利用して，$\mathbf{A}$ の一般逆行列 $\mathbf{A}^{-\mathrm{I}}$ を求めることができる．

$$\mathbf{A}^{-\mathrm{I}} = \mathbf{V}\mathbf{D}^{-1}\mathbf{U}^T \tag{A.33}$$

一般逆行列 $\mathbf{A}^{-\mathrm{I}}$ は $n \times m$ の大きさを持ち，以下の関係を満たす（Moore-Penrose 型の場合）．

$$\mathbf{A}\mathbf{A}^{-\mathrm{I}}\mathbf{A} = \mathbf{A} \tag{A.34}$$
$$\mathbf{A}^{-\mathrm{I}}\mathbf{A}\mathbf{A}^{-\mathrm{I}} = \mathbf{A}^{-\mathrm{I}} \tag{A.35}$$
$$(\mathbf{A}\mathbf{A}^{-\mathrm{I}})^T = \mathbf{A}\mathbf{A}^{-\mathrm{I}} \tag{A.36}$$
$$(\mathbf{A}^{-\mathrm{I}}\mathbf{A})^T = \mathbf{A}^{-\mathrm{I}}\mathbf{A} \tag{A.37}$$

行列 $\mathbf{D}$ は対角行列であるから，その逆行列 $\mathbf{D}^{-1}$ は対角成分（特異値）の逆数を求めるだけで簡単に得られる．特異値分解もまた，連立方程式の最小二乗解を求める場合や，アジョイント方程式を利用した感度解析に利用されるなど，応用の広い有効な方法である．

A.2　確率・統計の基礎

平均，分散，共分散

X を確率変数とし，その確率密度関数を $p(x)$ とすると，X の平均値 (mean) または期待値 (expectation) は，次のように表せる．

$$E(X) = \int_{-\infty}^{\infty} x p(x)\, dx \tag{A.38}$$

また，X の分散 (variance) は，

$$\mathrm{Var}(X) = E\left[(X - E(X))^2\right] = \int_{-\infty}^{\infty} (x - E(X))^2 p(x)\, dx \tag{A.39}$$

と表せる．

さらに，(X, Y) を 2 次元確率変数とし，$p(x, y)$ を結合確率密度関数とすると，X と Y の共分散 (covariance) は次のようになる．

$$\mathrm{Cov}(X, Y) = E\left[(X - E(X))(Y - E(Y))\right] \tag{A.40}$$

ただし，平均値は，

$$E(\cdot) = \int_{-\infty}^{\infty} \int_{-\infty}^{\infty} (\cdot) p(x, y)\, dx\, dy \tag{A.41}$$

として与えられる．

標本平均，標本分散，標本共分散

標本を $X_1, \cdots, X_N$ とする．標本平均 (sample mean) は，

$$\overline{X} = \frac{1}{N} \sum_{n=1}^{N} X_n \tag{A.42}$$

と与えられる．

標本分散 (sample variance) は，

$$\overline{V} = \frac{1}{N-1} \sum_{n=1}^{N} \left(X_n - \overline{X}\right)^2 \tag{A.43}$$

と定義できる．ここで，標本分散は $N-1$ で割ったものであることに注意する必要がある．

$Y_1, \cdots, Y_N$ も標本とする．なお，標本共分散 (sample covariance) は，

$$\overline{V}_{XY} = \frac{1}{N-1} \sum_{n=1}^{N} \left(X_n - \overline{X}\right) \left(Y_n - \overline{Y}\right)^T \tag{A.44}$$

で定義される．

条件付き確率

P を確率とする．ある事象 B が起こったもとでの事象 A の確率を，B が与えられたときの A の条件付き確率 (conditional probability of A given B) といい，$P(A|B)$ と書き，次のような関係式が成立する．

$$P(A|B) = \frac{P(A \cap B)}{P(B)} \tag{A.45}$$

ただし，$P(B) > 0$ のときのみ定義され，$P(B) = 0$ のときは $P(A|B)$ は定義されない．

付録 A 使用した数学の基礎

ベイズの定理 (Bayes' theorem)

A, B を事象とし，$P(B) > 0$ と仮定する．(A.45) 式 を変形すると次式が得られる．

$$P(A|B) = \frac{P(A)\,P(B|A)}{P(B)} \tag{A.46}$$

A.3 　変分法の基礎

x を独立変数，y をその関数とし，x, y および $y' = dy/dx$ の関数 $\mathcal{F}(x, y, y')$ を区間 $[a, b]$ で積分した以下の式を考える．

$$\mathcal{I} = \int_a^b \mathcal{F}(x, y, y')\,dx \tag{A.47}$$

この $\mathcal{I}$ は，関数 $y(x)$ の形が決まると積分値 $I(y(x))$ が決定するという「関数の関数」である．このような関数を汎関数 (functional) という．

汎関数 $\mathcal{I}$ の極値問題を考えよう．関数 y を微小変化させたとき $(y \to y+\delta y)$ の汎関数 $\mathcal{I}$ の変化は，Taylor 展開を用いると次のように表せる．

$$\begin{aligned}
&\mathcal{I}(y + \delta y) - \mathcal{I}(y) \\
&= \int_a^b \mathcal{F}(x, y + \delta y, y' + \delta y')dx - \int_a^b \mathcal{F}(x, y, y')dx \\
&= \int_a^b \left(\frac{\partial \mathcal{F}}{\partial y}\delta y + \frac{\partial \mathcal{F}}{\partial y'}\delta y' \right) dx \\
&\quad + \frac{1}{2}\int_a^b \left(\frac{\partial^2 \mathcal{F}}{\partial y^2}(\delta y)^2 + 2\frac{\partial^2 \mathcal{F}}{\partial y \partial y'}\delta y \delta y' + \frac{\partial^2 \mathcal{F}}{\partial y'^2}(\delta y')^2 \right) dx + \cdots
\end{aligned} \tag{A.48}$$

右辺第 1 項を汎関数 $\mathcal{I}$ の第 1 変分 (first variation) といい，一般に $\delta \mathcal{I}$ と表す．また，汎関数 $\mathcal{I}$ が極値をとる条件は，第一近似においては第一変分を 0 とすればよい．

$$\delta \mathcal{I} = \int_a^b \left(\frac{\partial \mathcal{F}}{\partial y}\delta y + \frac{\partial \mathcal{F}}{\partial y'}\delta y' \right) dx = 0 \tag{A.49}$$

この条件を停留条件といい，このときの $\mathcal{I}$ の値を停留値という．この汎関数の停留値問題を変分問題 (variational problem) という．

A.3 変分法の基礎

古典力学における Hamilton の原理，すなわち，「質点が時刻 t_1 にとる位置から時刻 t_2 にとる位置への移動経路は，ラグラジアン $\mathcal{L}$ の時間内の積分量が最小となるよう決定される」は，次のような変分問題として記述できる．

$$\delta \mathcal{I} = \int_{t_1}^{t_2} \delta \mathcal{L} dt = 0, \qquad \mathcal{L} \equiv T - U \tag{A.50}$$

ここで，T は運動エネルギー，U はポテンシャルエネルギーである．ラグランジュ関数 $\mathcal{L}$ を一般化座標 q およびその時間微分 $\dot{q} = dq/dt$ から決まる汎関数 $\mathcal{L}(q, \dot{q})$ と考えると，$\delta \mathcal{L}$ は次のように変形できる．

$$\begin{aligned}
\delta \mathcal{I} &= \delta \int_{t_1}^{t_2} \mathcal{L}(q, \dot{q}) dt \\
&= \int_{t_1}^{t_2} \left(\frac{\partial \mathcal{L}}{\partial q} \delta q + \frac{\partial \mathcal{L}}{\partial \dot{q}} \delta \dot{q} \right) dt \\
&= \int_{t_1}^{t_2} \left[\frac{\partial \mathcal{L}}{\partial q} \delta q + \frac{d}{dt} \left(\frac{\partial \mathcal{L}}{\partial \dot{q}} \delta q \right) - \frac{d}{dt} \left(\frac{\partial \mathcal{L}}{\partial \dot{q}} \right) \delta q \right] dt \\
&= \left[\frac{\partial \mathcal{L}}{\partial \dot{q}} \delta q \right]_{t_1}^{t_2} + \int_{t_1}^{t_2} \left[\frac{\partial \mathcal{L}}{\partial q} - \frac{d}{dt} \left(\frac{\partial \mathcal{L}}{\partial \dot{q}} \right) \right] \delta q dt
\end{aligned} \tag{A.51}$$

なお，最後の行への変形では部分積分を適用した．時刻 t_1, t_2 における境界条件 $q(t_1), q(t_2)$ が与えられる場合は右辺第 1 項は 0 である．従って，変分問題は以下のようになる．

$$\delta \mathcal{I} = \int_{t_1}^{t_2} \left[\frac{\partial \mathcal{L}}{\partial q} - \frac{d}{dt} \left(\frac{\partial \mathcal{L}}{\partial \dot{q}} \right) \right] \delta q dt = 0 \tag{A.52}$$

任意の時刻 t_1, t_2 に対して上の (A.52) 式が成立することから，以下の方程式が得られる．

$$\frac{\partial \mathcal{L}}{\partial q} - \frac{d}{dt} \left(\frac{\partial \mathcal{L}}{\partial \dot{q}} \right) = 0 \tag{A.53}$$

この方程式は，オイラー・ラグランジュ方程式（Euler-Lagrange equation）と呼ばれ，質点の運動方程式を表す解析力学の基本式である．簡単な例として一様な重力下における質点の自由落下問題を考えよう．y を鉛直座標として，運動エネルギー $T = 1/2 m v^2$ とポテンシャルエネルギー $U = mgy$ をオイラー・ラグランジュ方程式に代入すると，以下の式が得られる．

$$m\ddot{y} = -mg \tag{A.54}$$

付録 A　使用した数学の基礎

これは，言うまでもなく，よく知られた自由落下の運動方程式である．

本書で扱う変分法（アジョイント法）のデータ同化は，ここで紹介した変分問題を基礎として成り立っている．すなわち，モデル結果と観測値との差を表す評価関数 J は，時間 t の関数であるモデル結果 $\mathbf{x}(t)$ によって決定される汎関数であり，このような評価関数 J にモデルの時間発展を表す項（拘束条件）を加えたラグランジュ関数 $\mathcal{L}$ の変分問題，つまり同化期間内において $\delta\mathcal{L} = 0$，を解いていることになる．なお，オイラー・ラグランジュ方程式からアジョイント方程式を得ることができる．

A.4　降下法

変分法で評価関数を最小化するために不可欠な降下法の概要を述べる．降下法のソースコードのいくつかは既に公開されており，それをそのまま利用できるが，変分法の処理の流れを効率的に実行するためには，降下法の原理と計算手順を把握しておくことが必要である．そこで，基本的な降下法の処理の流れに加えて，どのような場合に，どのような降下法を選択すべきか，どのような工夫をすれば計算効率が向上するか等についても触れる．

降下法とは，多次元の変数ベクトル（或いは複数のパラメータ）のスカラー関数（下に凸の関数を対象とし，本文中では評価関数がこれに対応する）が最小値となるベクトル変数を求める数値的な探索法を指す．降下法は線分探索法と大域探索法[*1]の二つに大別されるが，海洋や大気のデータ同化で多く用いられているのは線分探索法であり，本書でも線分探索法の利用を前提に解説している．線分探索法とは適当な方向（探索方向）を絞り，その方向で最小となる点を探索する（線分探索）という作業を最小点が見つかるまで繰り返す探索法である．従って，探索方向をどのように決めるのかが重要になるが，最も単純なのは負の勾配の方向を探索方向とする手法である．これを最急降下法と呼ぶ．

より効率的な方法としては，共役勾配法（Golub and Van Loan, 1996; Navon and Legler, 1987; 戸川, 1977 など）がまず挙げられる．共役勾配法で

[*1] 複数の地点で関数の値や勾配を同時に計算し，それらの情報を全て用いて最小点を見つけ出す手法であり，焼き鈍し法（Barth and Wunsch, 1990）や遺伝的アルゴリズム（Barth 1992, 川面ら, 2000）などが挙げられる．

は，スタート地点からの探索方向には負の勾配の方向を用いるが，それ以後では共役ベクトルの理論から導かれる次式で決定する．

$$\mathbf{d}_k = -\mathbf{g}_k + \beta_k \mathbf{d}_{k-1} \quad \text{ただし} \quad \beta_k = \mathbf{g}_k^T \mathbf{y}_k / \mathbf{d}_{k-1}^T \mathbf{y}_k \quad (\text{A.55})$$

ここで，k は何回目の探索かを示し，$\mathbf{d}_k$ は探索方向，$\mathbf{g}_k$ は勾配を表す．また，$\mathbf{y}_k = \mathbf{g}_k - \mathbf{g}_{k-1}$ である．共役勾配法を用いると，2次関数の場合は変数の数より少ない探索回数で必ず最小点に到達する．

準ニュートン法も有力な方法である．準ニュートン法では，最小化する関数 $J(\mathbf{x})$ を2次関数で近似すれば，J を最小化する点 $\mathbf{x}_a$ は J の2階微分であるヘッセ行列 $\mathbf{A}$ を用いて，$\mathbf{x}_a \simeq \mathbf{x} - \mathbf{A}^{-1}\mathbf{g}(\mathbf{x})$ と求められることを利用する．ただし，ヘッセ行列の逆行列を正確に計算するのは困難なので，過去のステップにおける探索方向や勾配の情報などの計算結果を用いて，次のような近似行列 $\mathbf{H}_{k,0}$ を計算する（Liu and Nocedal, 1989; Nocedal, 1980 等を参照）．

$$\mathbf{H}_{k,-m} = \gamma_k \mathbf{I} \tag{A.56}$$
$$\mathbf{H}_{k,l} = \mathbf{V}_{k+l}^T \mathbf{H}_{k,l-1} \mathbf{V}_{k+l} + \rho_{k+l} \mathbf{p}_{k+l} \mathbf{p}_{k+l}^T$$
$$(l = -m+1, -m+2, \cdots, 0) \tag{A.57}$$

ここで，$\mathbf{p}_k = \mathbf{x}_k - \mathbf{x}_{k-1}$, $\rho_k = 1/\mathbf{y}_k^T \mathbf{p}_k$, $\gamma_k = \mathbf{y}_k^T \mathbf{p}_k / \mathbf{y}_k^T \mathbf{y}_k$, $\mathbf{V}_k = \mathbf{I} - \rho_k \mathbf{y}_k \mathbf{p}_k^T$ であり，$\mathbf{I}$ は恒等行列である．また，m は $\mathbf{H}_{k,0}$ の計算に結果を使うステップの数である．上記の式で計算される $\mathbf{H}_{k,0}$ を用いて，探索方向を $\mathbf{d}_k = -\mathbf{H}_{k,0}\mathbf{g}_k$ とするのが準ニュートン法である．

線分探索法では"線分探索"すなわちステップ幅の推定も重要である．最小化する関数が2次関数である場合，以下のようにヘッセ行列を用いて線分探索を行える．

$$\mathbf{x}_k = \mathbf{x}_{k-1} + \alpha_k \mathbf{d}_k \quad \text{ただし} \quad \alpha_k = \mathbf{d}_{k-1}^T \mathbf{g}_{k-1} / \mathbf{d}_{k-1}^T \mathbf{A} \mathbf{d}_{k-1} \quad (\text{A.58})$$

ここで，α_k は線分探索のステップ幅である．より複雑な関数を最小化する場合には，3次補間等でより適切なステップ幅を推定する方法が用いられる．この場合，関数の値や勾配を余計に計算することになる．

共役勾配法は単純な2次関数に対しては効率的であるが，複雑な関数に対しては正確にステップ幅の推定を行う必要があり，関数の値や勾配を計算する回数が増えてしまう．そのため，共役勾配法は，評価関数の計算にあたってモデ

付録 A 使用した数学の基礎

ルとアジョイントモデルの時間積分など多量の演算が必要なアジョイント法の線分探索にはあまり適していない．一方，準ニュートン法は探索方向の計算がやや複雑で，大きな記憶容量を必要とするが，正確なステップ幅の推定を要しないために，アジョイント法等における複雑で計算時間を要する関数の最小化問題には適していると言える．

さて，降下法の収束を速める方法に，評価関数のヘッセ行列を恒等行列で近似できるように，あらかじめ制御変数を変換しておく方法がある．これを前処理（Golub and Van Loan, 1996 等）と呼ぶ．ヘッセ行列が恒等行列で近似されると，$\mathbf{x}_a \simeq \mathbf{x} - \mathbf{g}(\mathbf{x})$ となるので，最初の探索方向と最小値のある方向がほぼ一致することになり，最小値の探索を速く行うことが可能となるのである．

では，どのような変換が良いのかを考えよう．最小化する関数 J を以下のようにテイラー展開する．

$$J(\mathbf{x} + \mathbf{\Delta x}) = J(\mathbf{x}) + \mathbf{g}(\mathbf{x})^T \mathbf{\Delta x} + \frac{1}{2} \mathbf{\Delta x}^T \mathbf{A}(\mathbf{x}) \mathbf{\Delta x} + O(\mathbf{\Delta x}^3) \quad \text{(A.59)}$$

次に，変換式 $\mathbf{x} = \mathbf{U}\tilde{\mathbf{x}}$ を用いて前処理を行うと，上式は，

$$\tilde{J}(\tilde{\mathbf{x}} + \mathbf{\Delta}\tilde{\mathbf{x}}) = \tilde{J}(\tilde{\mathbf{x}}) + \tilde{\mathbf{g}}(\tilde{\mathbf{x}})^* \mathbf{\Delta}\tilde{\mathbf{x}} + \frac{1}{2} \mathbf{\Delta}\tilde{\mathbf{x}}^* \tilde{\mathbf{A}}(\tilde{\mathbf{x}}) \mathbf{\Delta}\tilde{\mathbf{x}} + O(\mathbf{\Delta}\tilde{\mathbf{x}}^3) \quad \text{(A.60)}$$

となる．ここで，$\tilde{J}(\tilde{\mathbf{x}}) = J(\mathbf{x})$, $\tilde{\mathbf{g}}(\tilde{\mathbf{x}}) = \mathbf{U}^* \mathbf{g}(\mathbf{x})$, $\tilde{\mathbf{A}}(\tilde{\mathbf{x}}) = \mathbf{U}^* \mathbf{A}(\mathbf{x}) \mathbf{U}$ である．従って，$\mathbf{U}$ として $\mathbf{U}\mathbf{U}^* \simeq \{\mathbf{A}(\mathbf{x})\}^{-1}$ を満たす行列を用いると，$\tilde{\mathbf{A}}(\tilde{\mathbf{x}}) \simeq \mathbf{I}$ となり，収束を速めることができる．例えば，基礎編 4.3 節で紹介するような方法等でヘッセ行列が推定できる場合，各制御変数をその対角成分の平方根でスケーリング[*2]することにより収束を速めることができる．また，前処理は背景誤差共分散行列 $\mathbf{B}$ の逆行列の計算を回避する方法としても用いられている．

[*2] 正定数をかけて変数の大きさを調整すること．

用語解説

IAU
解析インクリメントを同化期間内で均等に分割してモデルの予報方程式に加え，モデルの出力を徐々に修正する方法．修正項が同化期間内で一定であるという点がナッジング法との大きな違いである．

アジョイント演算子（アジョイントモデル）
モデルや観測演算子の計算結果の偏差を，計算の手続きを逆に遡る演算子．随伴演算子とも言う．自然内積で定義する場合では，モデルや観測演算子を線形化した行列の共役転置である．この演算子により時間を遡って変化を記述するモデルをアジョイントモデルと呼ぶ．

アジョイント法
本来はアジョイント演算子（モデル）を用いて関数の勾配を求める方法のことだが，データ同化の分野では，一般的にアジョイントモデルを用いて評価関数を最小化する4次元変分法のことを指す．

イノベーション
観測値と（観測演算子で変換された）第1推定値との差．データ同化では，この量を用いて，モデルの出力を観測値に近づける．

インクリメント（解析インクリメント）
解析値と第1推定値との差．イノベーションから作成される第1推定値に対する修正量である．解析インクリメントとも言う．

海の気候予測
海洋での季節変化以上の長い時間スケールの変動（気候変動）を予測すること．

用語解説

海況予報
海洋変動を数日〜数ヶ月先まで予報すること．

解析値
データ同化によって得られた推定値．

カルマンゲイン
カルマンフィルターで用いる誤差の発展を記述する式（リカッチ方程式）から得られる予報誤差共分散行列と観測誤差共分散行列を用いて，第1推定値と観測値の加重平均を最適に決定するための重み行列．

カルマンフィルター
観測値が得られる度に，その観測値，モデル予報値，およびそれぞれの誤差を用いて（線形最小分散推定により）解析値を求めるデータ同化手法のこと．予報誤差の統計的情報の時間発展をモデルで計算することが特徴である．

観測演算子（観測行列）
モデル変数を観測量へ変換したり，観測が行われた地点・時刻へ内外挿する演算子．これを線形化して行列で表現したものが観測行列である．

感度解析
モデル計算で再現される海洋，大気などの状態が，どの入力パラメーターにどの程度依存しているかを求める解析．アジョイントモデルを用いると1回の計算で感度が求まる．

逆問題
ある法則（モデル）を用いて入力条件から結果を求める問題（順問題）に対し，その結果から逆に入力条件を探求する問題．

客観解析
物理法則，統計的手法を用いて，大気，海洋などの状態を客観的に推定すること．

降下法（勾配法）
評価関数を最小とする制御変数の値を探索する方法．アジョイントモデルなどで計算される勾配を利用する．

拘束条件
最適化される制御変数に課される追加的な条件．本来満たされるべき力学バランスやパラメーター間の既知の関係式などを用いる．

勾配
評価関数に対して定義され，制御変

数の各要素に対する変化率を記述するベクトル場．

誤差共分散行列（背景，観測，解析）
対角成分にモデル格子点または観測点における（背景，観測，解析）値の誤差分散を，非対角成分に格子点間または観測点間の誤差共分散を持つ正値対称行列．

誤差相関スケール
誤差の相関が有意な時間・空間スケール．物理量の変動の相関で代用することが多い．

再解析
日々現業的に作成されている解析値とは別に，ある期間の状態を記述する4次元データセット（時間1次元空間3次元）をデータ同化によって作成すること．

最適化
統計的に最適な物理場やモデルの初期値，パラメーターなどを求めること．

最適スムーザー（RTSスムーザー・カルマンスムーザー）
モデル予報値と，過去と未来，両方の観測値から，統計的に最適な解析値を求める同化手法．特に，カルマンフィルターの実行後，最新の観測値と整合するように過去の解析値を遡って修正する手法をRTSスムーザーと呼ぶ．カルマンスムーザーと呼ばれることもある．

最適内挿法
線形最小分散推定を基礎とする客観解析手法．解析誤差分散が最小となるような重みを用いて，第1推定値と観測値との重み付き平均により解析値を求める手法．

最尤推定
ある確率モデルに対して観測データが得られたときに，そのモデルを特徴づける変数がとりうる値の「尤もらしさ」を尤度と言う．データ同化の場合，観測値またはモデル予報値が従うと仮定する確率分布の前提となる（未知である）真値を，それぞれの実現値をもとに尤度を最大化することにより推定する方法．変分法の基礎となる推定法である．

3次元変分法
最尤推定法を基礎とする同化手法で，評価関数を最小化することによりある瞬間の解析値を求める．一般に，背景誤差などの誤差統計量は時間的

用語解説

に変化しない．

静的な同化手法
統計的に求めた背景誤差共分散を用いる同化手法．最適内挿法や3次元変分法がそれに相当する．

状態ベクトル
モデル変数を縦一列に並べたベクトル．熱力学的な変数や流速の各要素など，モデルの状態を表すベクトルである．

正規分布
平均と分散により特徴づけられる確率密度分布で，ガウス分布と呼ばれている．データ同化では，多くの場合，対象とする確率変数が正規分布に従っていると仮定している．

制御変数
誤差を逓減させるために修正・調節の対象となるモデルの初期値やパラメーターなどの変数．

接線形演算子
モデルや観測演算子等の非線形演算子をモデルの予報値の周りで線形化したもの．接線形演算子を転置させるとアジョイント演算子となる．

線形最小分散推定
互いに独立な複数の推定値の重み付き平均により推定値を表し，その誤差の分散が最小となるように重みを決定する．最適内挿法やカルマンフィルターの基礎となる推定法である．

データ同化
データ同化は観測データと数値モデルの双方から情報を取り出して，統計的あるいは力学的に組み合わせ，最適な場や条件を求める手法．数値予報の初期値作成の他，感度解析，4次元データセットの作成等，様々な用途に用いることができる．

動的な同化手法
背景誤差の統計的情報を数値モデルにより時間発展させる同化手法．カルマンフィルターやアジョイント法等がそれに相当する．

データミスフィット
観測データと(観測演算子で変換された)モデル結果の差で，イノベーションと同義である．

ナッジング法
モデルの予報方程式にナッジング項を加え，解析値または観測値へ漸近させる方法．ナッジング項は予報値

と解析値(観測値)との差に係数を掛けた項のことである．ナッジングとは「つつく」という意味に由来している．

背景値
解析値を求める際の初期推定値として用いられる値で，第一推定値とも言う．通常，モデル予報値や気候値等が背景値として用いられる．

ハインドキャスト(ナウキャスト，フォアキャスト)
過去の状態をそれより前の状態から予測したり，推定することをハインドキャストと呼ぶ．一方，現在の状態を推定することをナウキャスト，未来の状態を現在から予測することをフォアキャストと呼ぶ．

パラメーター推定
数値モデルに含まれる各種パラメーターを，観測値を用いてデータ同化手法により推定すること．

評価関数
解析値が第一推定値および観測値とどの程度離れているかを評価する関数．変分法ではこの関数の最小化により最適な解析値が求まる．

品質管理
データ同化に使用する観測データには種々の誤差が含まれている．そのため，同化システムで使用する前段階で，それらの誤差はどのようなものであるか，その原因は何かを特定し，必要に応じて修正や除去するプロセス．

双子実験
数値モデルのパラメータや外力などを変えて計算した結果を2つ用意し，その一つを真値とする．真値からサンプリングされた値に誤差を加えて作成された疑似観測をもう一方のモデルに同化することによりどの程度真値が再現されるかを確かめる実験．同化手法の性能評価や実行可能性に良く用いられる手法である．

変分法
最尤推定法を基礎とする同化手法で3次元変分法，4次元変分法がある．解析値は評価関数を最小化することにより求められ，その際に，評価関数の値と勾配を求めて反復的な計算を行う．勾配の導出に，力学で用いられる変分法の考え方が取り入れられているため，この手法を変分法と総称する．

用語解説

表現誤差
数値モデルの解像度や物理スキームの限界により，モデルは全ての現象を再現できるわけではない．このような場合，現実に存在していてもモデルで解像できない現象が観測値に含まれるので，それを表現誤差として観測誤差に含める．

4次元変分法
3次元変分法を4次元（空間3次元＋時間）に拡張した手法で，数値モデルの力学を完全に満たす解析場が得られる．評価関数の勾配の計算にアジョイントモデルが必要となるのでアジョイント法とも呼ばれる．

リカッチ方程式
カルマンフィルターにおいて誤差の振舞を評価する式であり，予報誤差共分散行列の時空間発展（リヤプノフ方程式）と観測値の同化による解析精度の改善（誤差の減少）を含んでいる．

参考文献

より深く,またはより多様な応用について興味のある読者は,以下のような文献を参考にされることをお薦めする。まず教科書としては、Jazwinsky (1970)[82], Gelb et al. (1974)[61], Anderson and Moore (1979)[2], Thebaux and Pedder (1987)[135], Daley (1991)[30], Bennett (1992)[10], (2002)[11], Kitagawa and Gersch (1996)[93], Wunsch (1996)[158], (2006)[159], Cohn (1997)[22], 片山 (2000)[90], Kalnay (2003)[86], Lewis et al. (2006)[98], Evensen (2006)[39]がある。

総説・解説としては、Ghil and Malanotte-Rizzoli (1991)[65], 蒲地 (1994)[87], Malanotte-Rizzoli and Tziperman (1996)[105], Busalacchi (1996)[18], 露木 (1997)[140], Fukumori (2001b)[55], Kamachi et al. (2002)[89], 中村ら (2005)[117], 三好 (2006)[115], 蒲地ら (2006)[88], 露木と川畑 (2008)[141]がある。

[1] Anderson, E. and H. Jarvinen (1999): Variational quality control. *Q. J. R. Meteorol. Soc.*, **125**, 697-722.
[2] Anderson, B. D. O. and J. B. Moore (1979): *Optimal Filtering*. Prentice-Hall, Englewood Cliffs, New Jersey.
[3] Awaji T., S. Masuda, Y. Ishikawa, N. Sugiura, T. Toyoda, T. Nakamura (2003): State estimation of the North Pacific Ocean by a FourDimensional variational data assimilation experiment. *J. Oceanogr.*, **59**, 931-943.
[4] 淡路敏之,池田元美,蒲地政文,久保田雅久 (2006): データ同化はなぜ必要か.総特集海洋のデータ同化—現況解析と予測への新たなアプローチ—.月刊「海洋」, **368**, 65-68.
[5] Baer, F., and J. J. Tribbia (1977): On complete filtering of gravity modes through nonlinear initialization. *Mon. Wea. Rev.*, **105**, 1536-1539.
[6] Barth, N., and C. Wunsch (1990): Oceanographic experiment design by simulated annealing. *J. Phys. Oceanogr.*, **20**, 1249-1263.
[7] Barth, N. (1992): Oceannographic experiment design II: genetic algorithms. *J. Atmos. Oceanic Tech.*, **9**, 434-443.
[8] Bjerknes, V. (1911): *Dynamic meteorology and hydrography. Part II. Kinematics*. Carnegie Institute, Gibson Bros, New York.
[9] Bengtsson L., M. Ghil, E. Kaellen (ed) (1981): *Dynamic Meteorology: Data Assimilation Methods*. Springer-Verlag, New York.
[10] Bennett, A. F. (1992): *Inverse Methods in Physical Oceanography*. Cambridge University Press, Cambridge, UK.
[11] Bennett, A. F. (2002): *Inverse Modeling of the Ocean and Atmosphere*. Cambridge University Press, Cambridge, UK.
[12] Bloom, S. C., L. Takacs, A. M. da Silva, D. Ledvina (1996): Data assimilation using Incremental Analysis Updates. *Mon. Wea. Rev.*, **124**, 1256-1271.
[13] Boyd, S., and L. Vandenberghe (2004): *Convex Optimization*. Cambridge University Press.
[14] Brasseur P. P. and J. C. J. Nihoul (ed.) (1994): *Data Assimilation: Tools for Modelling the Ocean in a Global Change Perspective*. Springer Verlag, New York, U.S.A.
[15] Brusdal, K., J. M. Brankart, G. Halberstadt, G. Evensen, P. Brasseur, P. J. van Leeuwen, E. Dombrowsky, J. Verron (2003): A demonstration of ensemble-based

assimilation methods with a layered OGCM from the perspective of operational ocean forecasting systems. *J. Mar. Sys.*, **40**, 253-289.
[16] Bryson, H. E., Jr., Y.-C. Ho (1975): *Applied Optimal Control.* Hemisphere.
[17] Burchard, H., K. Bolding M. R. Villarreal (1999): GOTM, a general ocean turbulence model. Theory, implementation and test cases, European Commission. *Report EUR 18745.*
[18] Busalacchi A. J. (1996): Data assimilation in support of tropical ocean circulation. *Modern Approaches to Data Assimilation in Ocean Modeling.* Elsevier, Amsterdam, 235-270.
[19] Cacuci, D. G. (2003): *Sensitivity and uncertainity analysis theory. Volume I.* CRC press, Boca Raton, Florida, US.
[20] Cane, M. A., A. Kaplan, R. N. Miller, B. Tang, E. C. Hackert, A. J. Busalacchi (1996): Mapping tropical Pacific sea level: Data assimilation via a reduced state space Kalman filter. *J. Geophys. Res.*, **101**, 22599-22617.
[21] Choi, B. H., K. O. Kim, H. M. Eum (2002): Digital bathymetric and topographic data for neighboring seas of Korea. *J. Korean Soc. Coastal Ocean Eng.*, **14**, 41-50. (in Korean with English abstract)
[22] Cohn, S. E. (1997): An introduction to estimation theory. *J. Meteor. Soc. Japan*, **75**, 257-288.
[23] Cohn, S. E., A. Da Silva, J. Guo, M. Sienkiewicz, D. Lamich (1998): Assessing the effects of data selection with the DAO physical-space statistical analysis system. *Mon. Wea. Rev.*, **126**, 2913-2926.
[24] Cohn, S. E., N. S. Sivakumaran, R. Todling (1994): A fixed-lag smoother for retrospective data assimilation. *Mon. Wea. Rev.*, **122**, 2838-2867.
[25] Cong, L. Z., M. Ikeda, R. M. Hendry (1998): Variational assimilation of Geosat altimeter data into a two-layer quasi-geostrophic model over the Newfoundland ridge and basin. *J. Geophys. Res.*, **103**, 7719-7734.
[26] Courtier, P., A. Busalacchi, P. Gauthier, M. Ghil, A. Holligsworth, K. Ide, M. Kamachi, J. O' Brien, A. O' Neil, S. Planton and D. Steenbergen (ed.) (2000): *Proceedings of the Third International Symposium on Assimilation of Observations in Meteorology and Oceanography.* WMO Technical Document, WMO/TD-No.986.
[27] Courtier, P., J. Derber, R. Errico, J.-F. Louis, T. Vukicevic (1993): Important literature on the use of adjoint, variational methods and the Kalman filter in meteorology. *Tellus*, **45A**, 342-357.
[28] Coutier, P., and O. Talagrand (1990): Variational assimilation of meteorological observations with the direct and adjoint shallow water equations. *Tellus*, **42A**, 531-549.
[29] Coutier, P., J.-N. Thepaut, A. Hollingsworth (1994): A strategy for operational implementation of 4D-Var, using an incremental approach. *Q. J. R. Meteorol. Soc.*, **120**, 1367-1387.
[30] Daley, R. (1991): *Atmospheric Data Analysis.* Cambridge University Press, Cambridge, UK.
[31] Davies H. C., and R. E. Turner (1977): Updating prediction models by dynamical relaxation: An examination of the technique. *Quart. J. Roy. Meteor. Soc.*, **103**, 225-245.
[32] Dee, D. P. and A. M. Da Silva (1998): Data assimilation in the presence of forecast

bias. *Q. J. R. Meteorol. Soc.* **124**, 269-295.
[33] Derber, J. (1989): A variational continuous assimilation technique. *Mon. Wea. Rev.*, **117**, 2437-2446.
[34] Derber, J., and F. Bouttier (1999): A reformation of the background error covariance in the ECMWF global data assimilation system. *Tellus*, **51A**, 195-221.
[35] Derber, J., and A. Rosati (1989): A global oceanic data assimilation system. *J. Phys. Oceanogr.*, **19**, 1333-1347.
[36] Dimego, G. J. (1988): The National Meteorological Center regional analysis system. *Mon. Wea. Rev.*, **116**, 977-1000.
[37] Evensen, G. (1992): Using the extended Kalman filter with a multilayer quasi-geostrophic ocean model. *J. Geophys. Res.*, **97**, 17905-17924.
[38] Evensen, G. (1994): Sequential data assimilation with a nonlinear quasi-geostrophic model using Monte-Carlo methods to forecast error statistics. *J. Geophys. Res.*, **99**, 10143-10162.
[39] Evensen, G. (2003): The ensemble Kalman filter: theoretical formulation and practical implementation. *Ocean Dynamics*, **53**, 343-367.
[40] Fisher, M., and P. Courtier (1995): Estimating the covariance matrices of analysis and forcast error in variational data assimilation. *ECMWF Technical Memorandum*, **220**.
[41] Friedland, B. (1969): Treatment of bias in recursive filtering. *IEEE Trans. Automat. Contr.*, **AC-14**, 359-367.
[42] Friedland, B. (1978): Notes on separate-bias estimation. *IEEE Trans. Automat. Contr.*, **AC-23**, 735-738.
[43] Friedrichs, M. A. M., R. Hood, J. Wiggert (2006): Ecosystem model complexity versus physical forcing: Quantification of their relative impact with assimilated Arabian Sea data. *Deep-Sea Res. II*, **53**, 576-600.
[44] Friedrichs, M. A. M., J. A. Ducenberry, L. A. Anderson, R. Armstrong, F. Chai, J. R. Christian, S. C. Doney, J. Dunne, M. Fujii, R. Hood, D. McGillicuddy, J. K. Moore, M. Schartau, Y. H. Spitz, J. D. Wiggert (2007): Assessment of skill and portability in regional marine biogeochemical models: Role of multiple planktonic groups. *J. Geophys. Res.*, **112**, C08001, doi:10.1029/2006JC003852.
[45] Fu, L.-L., I. Fukumori, R. N. Miller (1993): Fitting dynamic models to the Geosat sea level observations in the Tropical Pacific Ocean. Part II, A linear, wind-driven model. *J. Phys. Oceanogr.*, **23**, 2162-2181.
[46] 藤井康之, 広瀬直毅, 渡邊達郎, 木所英昭 (2004): 日本海におけるスルメイカ卵稚仔の輸送シミュレーション. 海と空, **80**, 9-17.
[47] Fujii, Y. (2005): Preconditioned Optimizing Utility for Large-dimensional Analyses (POpULar). *J. Oceanogr.*, **61**, 167-181.
[48] Fujii, Y., S. Ishizaki, M. Kamachi (2005): Application of nonlinear constraints in a three-dimensional variational analysis. *J. Oceanogr.*, **61**, 655-662.
[49] Fujii, Y., and M. Kamachi (2003): A reconstruction of observed profiles in the sea east of Japan using vertical coupled emperture-salinity EOF modes. *J. Oceanogr.*, **59**, 173-186.
[50] Fujii, Y., H. Tsujino, N. Usui, H. Nakano, M. Kamachi (2008): Application of singular vector analysis to the Kuroshio large meander. *J. Geophys. Res.*, **113**,

doi:10.1029/2007JC004476.
[51] 深畑幸俊 (2009): 地震学における ABIC を用いたインバージョン解析の進展. 地震 2,「60周年記念特集号」(執筆依頼論文), **61**, S103-S113.
[52] Fukumori, I. (1995): Assimilation of TOPEX sea level measurements with a reduced-gravity, shallow water model of the tropical Pacific Ocean. *J. Geophys. Res.*, **100**, 25027-25039.
[53] Fukumori, I. (2001a): A partitioned Kalman filter and smoother. *Mon. Wea. Rev.*, **130**, 1370-1383.
[54] Fukumori, I. (2001b): *Data assimilation by models*, In *Satellite Altimetry and Earth Sciences*. Academic Press, San Diego, 237-265.
[55] Fukumori, I., J. Benveniste, C. Wunsch, D. B. Haidvogel (1993): Assimilation of sea surface topography into an ocean circulation model using a steady-state smoother. *J. Phys. Oceanogr.*, **23**, 1831-1855.
[56] Fukumori, I., T. Lee, D. Menemenlis, L.-L. Fu, the ECCO group (2002): A prototype GODAE routine global ocean data assimilation system: ECCO-2. *Sympo. En Route to GODAE*, Biarritz, France.
[57] Fukumori, I., and P. Malanotte-Rizzoli (1995): An approximate Kalman filter for ocean data assimilation: An example with an idealized Gulf Stream model. *J. Geophys. Res.*, **100**, 25027-25039.
[58] Fukumori, I., R. Raghunath, L.-L. Fu, Y. Chao (1999): Assimilation of TOPEX/Poseidon altimeter data into a global ocean circulation model: How good are the results? *J. Geophys. Res.*, **104**, 25647-25665.
[59] Galanti, E., E. Tziperman, M. Harrison, A. Rosati (2003): A study of ENSO prediction using a Hybrid coupled model and the adjoint method for data assimilation. *Mon. Wea. Rev.*, **131**, 2748-2764.
[60] Gaspar, P., and C. Wunsch (1989): Estimates from altimeter data of barotropic Rossby waves in the northwestern Atlantic Ocean. *J. Phys. Oceanogr.*, **19**, 1821-1844.
[61] Gelb A., J. F. Kasper, R. A. Nash, C. F. Price, A. A. Sutherland (1974): *Applied optimal estimation*. MIT Press.
[62] Gent, P. R., and J. C. McWilliams (1990): Isopycnal mixing in ocean circulation models, *J. Phys. Oceanogr.*, **20**, 150-155.
[63] Ghil, M. E., S. E. Cohn, J. Tavantzis, K. Bube, E. Isaacson (1981): Application of estimation theory to numerical weather prediction. *Dynamic Meteorology: Data Assimilation Methods*. Springer-Verlag, 139-224.
[64] Ghil, M., K. Ide, A. Bennett, P. Courtier, M. Kimoto, M. Nagata, M. Saiki, N. Sato (ed.) (1997): Data assimilation in Meteorology and oceanography: Theory and practice. *J. Meteor. Soc. Japan*, **75**, 111-496.
[65] Ghil, M. and P. Malanotte-Rizzoli (1991): Data assimilation in meteorology and oceanography. *Advnaces in Geophysics*, **33**, 141-266.
[66] GODAE IGST (2000): GODAE Strategic Plan. *GODAE Report No.6*.
[67] Golub, G. H. and C. F. Van Loan (1996): *Matrix computations. Third edition*. The Johns Hopkins University Press, Baltimore, USA.
[68] Gordon, N. J., D. J. Salmond, A. F. M. Smith (1993): Novel approach to nonlinear/non-Gaussian Bayesian state estimation. *IEEE Proceedings-F*, **140**, 107-113.

[69] Heemink, A. W. (1988): Two-dimensional shallow-water flow identification. *Applied Mathematical Modelling*, **12 (2)**, 109-118.

[70] Hirose, N. (2005): Least-squares estimation of the bottom topography using horizontal velocity measurements in the Tsushima/Korea Straits. *J. Oceanogr.*, **61**, 789-794.

[71] Hirose, N., I. Fukumori, C.-H. Kim, J.-H. Yoon (2005): Numerical simulation and satellite altimeter data assimilation of the Japan Sea circulation. *Deep Sea Res. II*, **52**, 1443-1463.

[72] Hoke, J. E., and R. A. Anthes (1976): The initialization of numerical models by a dynamic initialization technique. *Mon. Wea. Rev.*, **104**, 1551-1556.

[73] Hunt, B. R., E. Kalnay, E. J. Kostelich, E. Ott, D. J. Patil, T. Sauer, I. Szunyogh, J. A. Yorke, A. V. Zimin (2004): Four-dimensional ensemble Kalman filtering. *Tellus*, **56A**, 273-277.

[74] Hunt, B. R., E. J. Kostelich, I. Szunyogh (2007): Efficient data assimilation for spatiotemporal chaos: a local ensemble transform Kalman filter. *Physica D.*, **230**, 112-126.

[75] Inazu, D., N. Hirose, S. Kizu, K. Hanawa (2006): Zonally asymmetric response of the Japan Sea to synoptic pressure forcing. *J. Oceanogr.*, **31**, 75-93.

[76] 石川一郎, 辻野博之, 平原幹俊, 中野英之, 安田珠幾, 石崎廣 (2005): 気象研究所共用海洋モデル (MRI.COM) 解説. 気象研究所技術報告, **47**.

[77] Ishikawa, Y., T. Awaji, M. Iida, T. In, B. Qiu (1999): Estimates of Air-Sea Heat Fluxes Using the Variational Assimilation System for the 1-dimensional Mixed Layer Model. *Abst. of 22nd Genral Assembly of the Intrecational Union of Geodesy and Geophysics*, A32.

[78] Ishikawa, Y., T. Awaji, N. Komori (2001): Dynamical initialization for the numerical forecasting of ocean surface circulation using a variational assimilation system. *J. Phys. Oceanogr.*, **31**, 75-93.

[79] Ishikawa Y., T. Awaji, T. Toyoda, T. In, K. Nishina, T. Nakayama, S. Shima (2009): High-resolution synthetic monitoring by a 4-dimensional variational data assimilation system in the northwestern North Pacific. *J. Marine Sys.*, 10, 1016/j. jmarsys. 2009. 02. 016.

[80] Ishikawa Y., T. Awaji, N. Komori, T. Toyoda (2004): Application of sensitivity analysis using an adjoint model for short-range forecasts of the Kuroshio path south of Japan. *J. Oceanogr.*, **60**, 293-301.

[81] Ishizaki, H., and T. Motoi (1999): Reevaluation of the Takano-Oonishi scheme for momentum advection on bottom relief in ocean models. *J. Atmos. Ocean Tech.*, **16**, 1994-2010.

[82] Jazwinsky, A. H. (1970): *Stochastic processes and filtering theory*. Academic Press.

[83] 海洋情報研究センター (2003): JTOPO1 – 北西太平洋1分グリッド水深データ. 日本水路協会. CDROM.

[84] Kalman, R. E. (1960): A new approach to linear filtering and prediction problems. *J. Basic Eng., Trans. ASME*, **82D**, 35-45.

[85] Kalman, R. E., and R. S. Bucy (1961): New results in linear filtering and prediction theory. *J. Basic Eng., Trans. ASME*, **83D**, 95-108.

[86] Kalnay E. (2003): *Atmospheric modeling, data assimilation and predictability*.

Cambridge University Press, Cambridge, UK.
[87] 蒲地政文 (1994): 変分法による随伴方程式を用いたデータ同化作用. 日本流体力学会誌「ながれ」, **13**, 440-451.
[88] 蒲地政文, 倉賀野連, 吉田隆, Francesco Uboldi, 吉岡典哉 (1998): 中・高緯度海洋データ同化システムの開発. 測候時報, **65**, s1-s19.
[89] Kamachi, M., T. Kuragano, H. Ichikawa, H. Nakamura, A. Nishina, A. Isobe, D. Ambe, M. Arai, N. Gohda, S. Sugimoto, K. Yoshita, T. Sakurai, F. Uboldi (2004): Operational data assimilation system for the Kuroshio south of Japan: Reanalysis and validation. *J. Oceanogr.*, **60**, 303-312.
[90] 片山徹 (2000): 応用カルマンフィルタ. 朝倉書店.
[91] 川辺 正樹 (2003): 黒潮の流路と流量の変動に関する研究. 海の研究, **12(3)**, 247-267
[92] 川面恵司, 横山正明, 長谷川浩志 (2000): 最適化理論の基礎と応用. GA および MOD を中心として. コロナ社.
[93] Kitagawa, G. and W. Gersch (1996): Smoothness priors analysis of time series. *Lecture Notes in Statistics*, **116**, Springer.
[94] Kolmogorov, A. N. (1941): Interpolation and extrapolation of stationary random sequences, *Bull. de l'academie dés seiences de U.S.S.R.. Ser. Math.*, **5**, 3-14.
[95] Komori, N., T. Awaji, and Y. Ishikawa (2003): Short-range forecast experiments of the Kuroshio path variabilities south of Japan using TOPEX/Poseidon altimetric data. *J. Geophys. Res.*, **108**, 3010, doi:10.1029/2001JC001282.
[96] Kuragano, T. and M. Kamachi (2000): The Global Statistical Space-Time Scales of Oceanic Variability Estimated From the TOPEX/POSEIDON Altimeter Data. *J. Geophys. Res.*, **105**, 955-974.
[97] Lermusiaux, P. F. J. and A. R. Robinson (1999): Data assimilation via error subspace statistical estimation. part I. Theory and schemes. *Mon. Wea. Rev.*, **127**, 1385-1407.
[98] Lewis, J.M., S. Lakshmivarahan, S. Dhall (2006): *Dynamic Data Assimilation*. Cambrdige University Press.
[99] Lewis, J., and J. Derber (1985): The use of adjoint equations to solve a variational adjustment program with advective constraint. *Tellus*, **37A**, 309-322.
[100] Liu, D. C. and J. Nocedal (1989): On the limited memory BFGS method for large scale optimization. *Math. program.*, **45**, 503-528.
[101] Lynch P., and X.-Y. Huang (1992): Initialization of the HIRLAM model using a digital filter. *Mon. Wea. Rev*, **120**, 1019-1034.
[102] Machenhauer, B. (1977): On the dynamics of gravity oscillations in a shallow water model, with applications to normal mode initialization. Contrib. *Atmos. Phys.*, **50**, 253-271
[103] Malanotte-Rizzoli, P. (ed.) (1996): *Modern Approaches to Data Assimilation in Ocean Modeling*. Elsevier, Amsterdam, Holland.
[104] Malanotte-Rizzoli, P., and W. R. Holland (1986): Data constrains applied to models of the ocean general circulation. Part I: the steady case. *J. Phys. Oceanogr.*, **16**, 1666-1682.
[105] Malanotte-Rizzoli, P. and E. Tziperman (1996): The oceanographic data assimilation problem: Overview, motivation and purposes. *Modern Approaches to Data Assimilation in Ocean Modeling*, Elsevier, Amsterdam, 3-17.

[106] Manda, A., N. Hirose, T. Yanagi (2003): Application of a nonlienar and non-Gaussian sequential estimation method for an ocean mixed layer model. *Eng. Sci. Rep., Kyushu Univ.*, **25**, 285-289.

[107] Manda, A., N. Hirose, T. Yanagi (2005): Feasible method for the assimilation of the satellite-derived SST with an ocean circulation model. *J. Atmos. Ocean. Tech.*, **22**, 746-756.

[108] Masuda, S., T. Awaji, T. Toyoda, Y. Shikama, Y. Ishikawa (2009): Temporal evolution of the equatorial thermocline associated with the 1991-2006 ENSO. *J. Geophys. Res.*, **114**, doi:10.1029/2008JC004953.

[109] Masuda, S., T. Awaji, N. Sugiura, Y. Ishikawa, K. Baba, K. Horiuchi, N. Komori (2003): Improved estimates of the dynamical state of the North Pacific Ocean from a 4 dimensional variational data assimilation. *Geophy. Res. Lett.*, **30**, 1868.

[110] Masuda, S., T. Awaji, N. Sugiura, T. Toyoda, Y. Ishikawa, K. Horiuchi (2006): Interannual variability of temperature inversions in the subarctic North Pacific. *Geophy. Res. Lett.*, **33**, L24610.

[111] 松浦充宏 (1998): 地球物理学におけるインバージョン理論の発展. 地震 2, **44**, 53-62.

[112] Miller, R. N. (1986): Toward the application of the Kalman filter to regional open ocean modeling. *J. Phys. Oceanogr.*, **16**, 72-86.

[113] Miyazaki. S., P. Segall, J. Fukuda, T. Kato (2004): Space Time Distribution of Afterslip Following the 2003 Tokachi-oki Earthquake: Implications for Variations in Fault Zone Frictional Properties. *Geophys. Res. Letters.*, **31**, doi:10.1029/2003GL019410.

[114] Miyazawa, Y. and T. Yamagata (2003): The JCOPE ocean forecast system. *First Argo Science Workshop*, Tokyo, Japan.

[115] 三好 (2006): アンサンブルカルマンフィルター. 第6章（露木義編集）. 数値予報課報告, **52**, 東京, 102-165.

[116] Mochizuki, T., H. Igarashi, N. Sugiiura, S. Masuda, N. Ishida, T. Awaji (2007): Improved copuled GCM climatologies for summer monsoon onset studies over Southeast Asia. *Geophys. Res. Lett.*, L01706, doi:10.1029/2006GL027861.

[117] 中村和幸, 上野玄太, 樋口知之 (2005): データ同化：その概念と計算アルゴリズム. 統計数理, **53**, 211-229.

[118] Navon, I. M. and D. M. Legler (1987): Conjugate-gradient methods for large-scale minimization in Meteorology. *Mon. Wea. Rev.*, **115**, 1479-1502.

[119] Nocedal, J. (1980): Updating quasi-Newton matrices with limited storage. *Math. comput.*, **35**, 773-782.

[120] Noh, Y., and H. J. Kim (1999): Simulations of temperature and turbulence structure of the oceanic boundary layer with the improved near-surface process. *J. Geophys. Res.*, **104**, 15621-15634.

[121] The Open University (1989): *Ocean Circulation*. Pergamon Press.

[122] Pegion, P.J., M. A. Bourassa, D. M. Legler, and J. J. O'Brien (2000): Objectively derived daily 'winds' from satellite scatterometer data. *Mon. Wea. Rev.*, **128**, 3150-3168.

[123] Pham, D. T., J. Verron, M. C. Roubaud (1998): A singular evolutive extended Kalman filter for data assimilation in oceanography. *J. Mar. Sys.*, **16**, 323-340.

[124] Rauch, H. E., F. Tung, C. T. Striebel (1965): Maximum likelihood estimates of linear

参考文献

dynamic systems, *AIAA J.*, **3**, 1445-1450, (Reprinted in Sorenson: *Kalman filtering: Theory and Application*, IEEE Press, 1985)

[125] Ricci, S., A. T. Weaver, J. Vialard, P. Rogel (2005): Incorpolating state-dependent temperature-salinity constraints in the background error covariance of variational ocean data assimilation. *Mon. Wea. Rev.*, **133**, 317-338.

[126] Sasakawa, T., and T. Tsuchiya (2003): Optimal magnetic shield design with second-order cone programming. *SIAM Journal on Scientific Computing*, **24**, 1930-1950.

[127] Sasaki, Y. (1970): Some basic formalisms in numerical variational analysis. *Mon. Wea. Rev.*, **98**, 875-883.

[128] 笹島雄一郎, 広瀬直毅, 尹宗煥 (2003): 近似カルマンフィルターを用いた日本海順圧モデルに対する中層フロートのデータ同化. 九州大学大学院総合理工学報告, **25**, 369-378.

[129] Segall, P. and M. Matthews (1997): Time dependent inversion of geodetic data. *J. Geophys. Res.*, **102**, 22, 391-409.

[130] 杉本悟史, 倉賀野連, 源泰拓, 桜井敏之 (2005):海洋総合解析システムの改良 – 現場塩分の導入 –. 測候時報, **72**, 特別号, S115–S132.

[131] Sugiura N., T. Awaji, S. Masuda, T. Mochizuki, T. Toyoda, T. Miyama, H. Igarashi, Y. Ishikawa (2008): Development of a four-dimensional variational coupled data assimilation system for enhanced analysis and prediction of seasonal to interannual variations. *J. Geophys. Res.*, **113**, C10017, doi:10.1029/2008JC004741.

[132] Talagrand, O. (2003): Objective validation and evaluation of data assimilation. *ECMWF Annual Seminar Proceedings*, ECMWF, Reading, UK, 287–299.

[133] Tarantola, A. (1988): Theoretical background for the inversion of seismic waveforms, including elasticity and attenuation. *Pure Appl. Geophys.*, **128**, 365-399.

[134] Testut, C.E., B. Tranchant, F. Birol, N. Ferry, and P. Brasseur (2004): SAM2: The Second Generation of MERCATOR Assimilation System. *European Geosciences Union*, Vienna, Austria.

[135] Thiebaux, H. J. and M. A. Pedder (1987): *Spatial Objective Analysis*. Academic Press, London.

[136] 戸川隼人 (1977): 共役勾配法. 教育出版.

[137] 鳥羽良明編 (1996): 大気・海洋の相互作用. 東京大学出版会.

[138] 土谷 隆, 笹川 卓 (2005): 2次錐計画問題による磁気シールドのロバスト最適化. 統計数理, **53 (2)**.

[139] Tsuyuki, T. (1996): Variationl data assimilation in the tropics using precipitation data. Part I: column model. *Meteorol. Atmos. Phys.*, **60**, 87-104.

[140] 露木義 (1997): 変分法によるデータ同化, 気象庁予報部編, データ同化の現状と展望第5章（巽保夫編集）, 数値予報課報告, **43**, 東京, 102-165.

[141] 露木 義, 川畑拓矢 (2008): 気象学におけるデータ同化, 気象研究ノート, **217**, 東京.

[142] 植原量行, 伊藤進一, 清水学, 角田智彦, 筧茂穂, 秋山秀樹, 日下彰, 瀬藤聡, 小松幸生, 亀田卓彦 (2006): リアルタイムデータ流通構想. 月刊「海洋」,**38**, 515-518.

[143] 宇野木早苗, 久保田雅久 (1996): 海洋の波と流れの科学. 東海大学出版会.

[144] Usui N., S. Ishizaki, Y. Fujii, H. Tsujino, T. Yasuda M. Kamachi (2006a): Meteorological Research Institute Multivariate Ocean Variational Estimation (MOVE) System: Some Early Results. *Adv. Spa. Res.*, **37**, 806-822.

[145] Usui, N., H. Tsujino, Y. Fujii, M. Kamachi (2006b): Short-range prediction experiments of the Kuroshio path variabilities south of Japan. *Ocean Dynamics*, **56**, 607-623, DOI 10.1007/s10236-006-0084-z

[146] Usui, N., H. Tsujino, Y. Fujii, M. Kamachi (2008a): Generation of a trigger meander for the 2004 Kuroshio large meander. *J. Geophys. Res.*, **113**, C01012, doi:10.1029/2007JC004266.

[147] Usui, N., H. Tsujino, H. Nakano, Y. Fujii (2008b): Formation process of the Kuroshio large meander in 2004. *J. Geophys. Res.*, **113**, C08047,doi:10.1029/2007JC004675.

[148] Varlamov, S. M., J.-H. Yoon, N. Hirose, H. Kawamura, K. Shiohara (1999): Simulation of the oil spill processes in the Sea of Japan with regional ocean circulation model. *J. Mar. Sci. Tech.*, **4**, 94-107.

[149] Van Leeuwen, P. J. (2003): A variance-minimizing filter for large-scale applications. *Mon. Wea. Rev.*, **131**, 2071-2084.

[150] Verlaan, M. and A. W. Heemink (1995): Reduced rank square root filters for large scale data assimilation problems. *Proc. of Sympo. Assimilation of Observations in Meteorology and Oceanography*, WMO, 247-252.

[151] Verlaan, M., and A. W. Heemink (2001): Nonlinearity in data assimilation applications: A practical method for analysis, *Mon.Wea. Rev.*, **129**, 1578-1589.

[152] Verron, J., L. Gourdeau, D. T. Pham, R. Murtugudde, A. J. Busalacchi (1999): An extended Kalman filter to assimilate satellite altimeter data into a nonlinear numerical model of the tropical Pacific Ocean: Method and validation. *J. Geophys. Res.*, **104**, 5441-5458.

[153] Wada, A. and N. Usui (2007): Importance of tropical cyclone heat potential for tropicalcyclone intensity and intensification in the western North Pacific. *J. Oceanogr.*, **63**, 427-447.

[154] 渡邊 達郎，広瀬 直毅，加藤 修，清水 大輔，飯泉 仁 (2006): 日本海における大型クラゲの回遊予測. 2006 年度日本海洋学会春季大会，横浜市立大学.

[155] Weaver, A. T., and P. Courtier (2001): Correlation modeling on the sphere using a generalized diffusion equation. *Q. J. R. Meteorol. Soc.*, **127**, 1815-1846.

[156] Wee, T. K., and Y.-H. Kuo (2004): Impact of a digital filter as a weak constraint in MM5 4DVAR: An observing system simulation experiment. *Mon. Wea. Rev.*, **132**, 543-559.

[157] Wiener, N. (1949): *Extrapolation, Interpolation and Smoothing of Stationary Time Series, with Engineering Applications*. MIT Press.

[158] Wunsch, C. (1996): *The Ocean Circulation Inverse Problem*. Cambridge University Press, New York, U.S.A.

[159] Wunsch, C. (2006): *Discrete Inverse and State Estimation Problems: With Geophysical Fluid Applications*. Cambridge University Press, New York, U.S.A.

[160] Xie, Y., C. Lu, and G. L. Browning (2002): Impact of formulation of cost function and constraints on three- dimensional variational data assimilation. *Mon. Wea. Rev.*, **130**, 2433-2447.

[161] 山形俊男 (1998): 大規模な大気 - 海洋系の変動の力学的研究. 海の研究, **7**, 105-115.

[162] Yanagi, T., G. Onitsuka, N. Hirose J.-H. Yoon (2001): A numerical simulation of the mesoscale dynamics of spring bloom in the Sea of Japan. *J. Oceanogr.*, **57**, 617-630.

[163] 吉田真吾 (2002): 実験室で震源を探る,「地球科学の新展開2　地殻ダイナミクスと地震発生」, 菊地正幸編, 朝倉書店.

[164] Yoshida, S. and N. Kato (2003): Episodic aseismic slip in a two-degree-of-freedom block model. *Geophys. Res. Lett.*, **30**, 1681, doi:10.1029/2003GL017439.

索引

3次元変分法 38, 40, 43, 45, 54–57, 110, 181, 185, 187, 192, 225, 236
4D-アンサンブルカルマンフィルター 99
4次元変分法 38, → アジョイント法, 40, 96, 126, 223

Best Linear Unbiased Estimate (BLUE) → 線形不偏最適推定値

χ^2 検定 112
cost function → 評価関数
covariance inflation → 共分散膨張

explained variance → 説明分散

GODAE (Global Ocean Data Assimilation Experiment) 8

IAU (Incremental Analysis Update) 55–59, 192

KdV 方程式 129, 158, 163, 166

Lee-Carter 方式 94

metrics (メトリックス) 194

Nonlinear Normal Mode Initialization 55, 236
$n\sigma$ チェック 44

OSSE (Observing System Simulation Experiments) 244

PSAS (Physical Space Analysis Scheme) 52

RMS (Root Mean Square) 誤差 133
RTS スムーザー → スムーザー

sampling importance resampling filter 208
Sherman-Morrison-Woodbury の公式 251

TAMC (Tangent linear and Adjoint Model Compiler) 124

アクチュアリー 93
アジョイント 97, 106
　—演算子 39–41, 102, 105, 106
　—コード 121
　　—のチェック 124
　—変数 104, 108
　—法 28, 38, 40, 45, 50, 77, 96, 106, 118, 126, 129–167, 223–244
　—方程式 105, 108, 114, 254
　—モデル 97, 102, 116, 120, 223, 225, 242–245
　—の導出 103
アスペリティー 170
アルゴフロート 6, 7, 221
アンサンブル 85
　—分散 86, 87
　—平均 87, 231, 239
　—メンバー 85, 86
　—予報 116, 245

277

索 引

アンサンブルカルマンスムーザー → スムーザー

一般化された内積 251
一般逆行列 90, 254
イノベーション 29, 30, 69
移流拡散
　　—方程式 113, 143
　　—モデル 129, 143, 163, 166
移流項 143
インクリメンタルアプローチ 110
インクリメント 17, 29, 34, 56, 81, 103
　　—法 103
インバージョン解析 168
インバージョン手法 174

ウィナーフィルター 75
海の天気予報 → 海況予報

エイリアジング 211
エチゼンクラゲの漂流シミュレーション → シミュレーション
エルニーニョ 1–3, 184, 185, 190, 226–228, 238–240
鉛直モード 211
　　—分解 252

重み行列 30, 31, 69, 70

海況予報 11, 64, 190, 194, 197
　　—の可能性 218
解析インクリメント → インクリメント
解析誤差 68, 79, 92, 130, 147
　　—共分散行列 31, 32, 41, 43, 67, 80, 82, 110, 135, 136, 148
　　—分散 31, 35
解析精度 129, 154, 156
解析値 29, 30, 32, 35, 37, 38, 40, 41, 43, 45, 50–52, 54–57, 64, 65, 69, 84, 130, 186, 187, 192
海底地形の推定 205

海面高度 41, 183, 187, 212, 224–226, 244–246
　　—計データ 186, 187, 192, 210
海面水温 1, 184, 185
　　—データ 208
海面フラックス 226, 227, 230
海洋観測定点 Papa 209
外力 129, 131, 135, 137, 138, 140, 143–145, 156
　　—行列 65, 66, 71, 88, 89, 132, 145, 212
　　—誤差 131, 140, 145
　　—の推定 82, 132, 137, 140, 154, 157
　　—パラメーター 154–156
　　—ベクトル 65, 82, 132
カウンセリング・サイト ii
可観測性 74, 75
拡散係数 143, 158, 160, 163
拡散項 143, 152, 158
確率分布 42, 82, 84, 87
確率密度 20, 21, 23, 38, 44, 83
　　条件付— 21–23
確率論的な遷移方程式 173
可制御性 74, 75
仮想変位の原理 88, 211
硬いシステム 168
カルマンゲイン 69, 70, 75, 86, 90, 133, 146, 201
　　定常— 200
カルマンフィルター 17, 28, 32, 63, 65–80, 82, 83, 87–91, 118, 129–167, 210, 223
　　アンサンブル— 83, 84, 86, 200, 208
　　拡張— 73, 83, 89, 159, 211
　　定常— 74, 135, 147, 200, 213
カルマンフィルター・スムーザー 118
間欠同化 57, 58
観測演算子 38–41, 45, 47, 130, 149, 188, 189

278

観測行列 30, 38, 39, 68, 88, 132, 145, 149, 159, 212
観測更新 65
観測誤差 32, 34, 35, 44, 45, 48, 49, 52, 54, 130, 132, 145, 159, 212
　――共分散行列 31–33, 54, 132, 145, 146, 160, 182
観測システム 1, 5, 9
観測値 15, 17, 68, 129, 130, 144, 181, 231
観測データ 126, 182, 223–227, 230–232, 234, 236, 237, 242
観測ベクトル 68, 132
感度解析 113, 223, 242–244, 254

北太平洋中層水 227, 229, 242
逆行列 43, 50, 52–54, 81, 250, 251, 253, 254
　――補題 251
逆問題 82, 206
キャッシュフロー 93
急潮 204
強拘束 42, 77, 79, 104
　――条件 138
強制振動 129, 131
強制力 130, 131
共分散行列 250
共分散膨張 68
共役勾配法 139
局所化 89, 201
近似線形フィルター 200

偶然誤差 182
黒潮大蛇行 3, 4, 192

傾圧第1モード 211
系統誤差 182
現業運用 181, 197
現業システム 190, 192
検証基準 → metrics
減衰定数 131

降下法 39, 52, 53, 97, 110, 130, 139, 150, 155, 162, 165, 258
高周波 140
　――のノイズ 163
高速自動微分法 62
拘束条件 28, 38, 42, 43, 45, 50, 52, 54, 104, 164–167, 181, 187, 188, 226, 231
恒等行列 165
勾配 97, 102, 105, 108
　――ベクトル 39
後方フィルター → スムーザー
誤差共分散
　流れに依存した―― 186, 188, 201, 223
誤差相関 31, 34, 36, 37, 50, 181, 186, 192
　――スケール 90, 185
誤差分散 16–23, 31, 35, 38, 41, 54, 133, 145
固定区間スムーザー → スムーザー
固定点スムーザー → スムーザー
固定ラグスムーザー → スムーザー
コバリアンス・マッチング 48, 49, 212, 214, 215
固有値 50, 51, 57, 75, 252, 253
　――解析 245
　――分解 111, 211, 253
固有ベクトル 51, 57, 252, 253
孤立波 158–160, 165

再解析 64, 126, 225–227, 229, 238
最小二乗解 254
最小二乗問題 206
最小分散推定 16, 22, 23
最適化 131, 230–232, 239, 240
最適推定値 15, 17–23, 25, 28, 64, 69, 71, 78, 154
最適スムーザー → スムーザー
最適制御理論 63
最適内挿法 17, 28, 30–32, 35, 36, 38–41, 45, 50, 54–57 , 70, 75, 181, 185,

279

索 引

　　　　 192, 193, 200, 225, 236
最尤推定 7, 8, 10, 15, 22, 23, 25, 38, 40
サブグリッドスケール 90
残差分散 214

ジオイド面 210
事後確率 23, 25
事後検査 91
地震波トモグラフィー 176
システム行列 66, 74, 81, 88, 89, 132, 145,
　　　　 211
システム誤差 212
　　　 ─の空間スケール 215
システムノイズ 46, 67, 68, 73, 75, 82–85,
　　　　 92, 118, 145, 146
　　　 ─共分散行列 132, 145
事前確率 23, 42
自然内積 106, 251, 252
実現値 83–86
死亡率予測 94
シミュレーション
　　　 エチゼンクラゲの漂流─ 220
　　　 スルメイカ卵稚仔の輸送─ 221
　　　 ─値 130
　　　 メソ気象─ 221
弱拘束 42, 79
収束条件 165
重油漂流モデル 220
縮小近似 89, 200
主成分分析 252
順圧モード 211
準ニュートン法 111, 139, 150, 163
条件付確率密度 → 確率密度
条件分岐 123
状態遷移演算子 72
状態遷移行列 65, 71, 73, 88, 89, 132, 159,
　　　　 253
状態ベクトル 65, 67, 70, 75, 82, 88, 89,
　　　　 91, 132, 143, 148
状態変数 100, 133, 135, 137

状態量 65, 70, 75
将来の支払等予測 93
擾乱の種 116
初期誤差 68, 73
初期摂動 211
初期値 101
　　　 ─化 64
真値 16, 67, 82, 83, 85, 130
振動定数 131
信用リスク評価 93
信頼性工学 93

水位の非平衡変化 205
推定値 138, 139, 152, 155, 156
随伴 97
　　　 ─演算子 105
　　　 ─行列 252
数値天気予報 154, 236
数値不安定 143, 158
数値モデル 223, 224, 230, 235, 236, 242
数値予報 224, 235, 236
スーパーオブザベーション 54
スプライン補間 90
スムーザー 76, 129, 131, 132, 136, 140,
　　　　 142–145, 156, 157
　　 RTS─ 79, 80, 82, 118, 132, 135–137,
　　　　 140, 142, 148, 156, 157
　　　 アンサンブルカルマン─ 83, 87
　　　 ─ゲイン 80–82, 87
　　　 定常─ 136
　　　 固定区間─ 76, 78, 79, 223, 235
　　　 固定点─ 76–78
　　　 固定ラグ─ 76, 78, 79, 87
　　　 最適─ 63, 71, 76, 81, 82
　　　 定常─ 148, 157
スルメイカ卵稚仔の輸送シミュレーション →
　　　　 シミュレーション
スローイベント 173

正規分布 19–24, 40, 44, 82–84, 86, 131,

132, 144, 159
正規方程式 35, 37
制御変数 21, 40–42, 52, 53, 97, 137–140, 148, 150, 156, 162, 225, 226, 230, 242
生存時間分析 93
生態系モデル 221, 232–234
正定値 251, 253
　　　—対称行列 31
静的な同化手法 28, 133
精度 17–19, 22, 23, 32, 45
生命保険
　　　—数学 93
　　　—の数理 93
接線形
　　　—演算子 39–41, 101
　　　—コード 121
　　　　　—のチェック 124
　　　—モデル 120, 156, 162, 166, 245
説明分散 214
線形化 143, 159
線形近似 160
線形最小分散推定 8, 10, 15, 17, 22, 28, 30, 40, 64, 69
線形フィルター 92
線形不偏最適推定値 22
線形変換 69, 88–90
線分探索法 139
前方フィルター 76, 78, 81

相互共分散行列 79
測定誤差 47–49
速度・状態依存摩擦構成則 169

第一推定値 29–32, 36–38, 40, 41, 48, 185, 186
対角化 51, 252, 253
対角行列 43, 50, 51, 53, 54, 253, 254
大気海洋結合モデル 230
多峰性 110

断層すべりの予測 175

チェックポイント法 123
逐次法 64, 70, 76, 78, 79, 82
地衡流バランス 52, 53
チューニング 36
長期再解析 154
潮汐変動 204
直接同化 41

対馬暖流 202
津波による震源過程の推定 176

定常解 74, 82
定常カルマンゲイン　→　カルマンゲイン
定常カルマンフィルター　→　カルマンフィルター
定常近似 75, 213
定常誤差共分散行列 74, 75, 81, 90
定常スムーザー　→　スムーザー
定常スムーザーゲイン　→　スムーザーゲイン
定常分布 158
データミスフィット 97, 102, 106, 118, 140, 150, 152
適応フィルター 73, 160, 211
適合検査 91
デジタルフィルター 45, 55

同化期間 156
同化効果の持続性 219
同化サイクル 55, 56
同化実験 129, 144, 154
動的な同化手法 28, 97
特異値 115, 253, 254
　　　—解析 245
　　　—分解 253, 254
特異ベクトル 115, 253
独立データ 193
凸最適化 61
トラジェクトリー 97
トレースの行列微分 251

索引

内積 104, 249, 251, 253
ナウキャスト 71
流れに依存した誤差共分散 → 誤差共分散
ナッジング法 55–59, 192, 208
ナビエストークス方程式 129, 158
ナホトカ号 220

日韓往復フェリー 203, 205
日本海
　　—固有水 202
　　—循環の予報結果 220
　　—予報システム 202

粘性係数 165
粘性項 129, 158

パーシステンス 239
バイアス 73, 74, 211
　　—補正 237
倍化法 74, 75, 81, 90, 213
背景誤差 32–35, 37, 44, 46, 48–50
　　—共分散行列 31, 32, 41, 49, 50, 53, 68, 70, 75
背景情報 21, 23
背景値 25, 42, 44, 45, 49, 51, 137, 140, 148, 149, 154, 155, 162, 231
白色雑音 68
バックワードモデル 99
パラメーター推定 73, 74, 230, 232
　　摩擦— 175
バルク係数 230, 231
バルク公式 204

非正規分布 83, 86, 208
非線形 64, 73, 74, 101, 110, 122, 158, 159, 162, 208
　　—項 71, 83, 158, 160
　　—性 129, 143, 167
　　—方程式 158
　　—モデル 129, 159, 167
左特異ベクトル 115

評価関数 21, 38–42, 44, 45, 49, 50, 52–54, 97, 101, 114, 119, 137–139, 149, 150, 155, 156, 162, 164, 165, 187, 230, 231, 242–244
　　—の勾配 97, 102, 105, 108
　　—の最小値 112
表現誤差 48, 49, 54, 182, 204
標準誤差 137, 140, 149, 155, 162
漂流予測モデル 220
品質管理 25, 38, 181–184, 192, 197

フーリエ変換 109
フォワードモデル 99, 151, 152, 162
双子実験 129–131, 133
物質輸送モデル 220
不偏推定値 16, 18, 20
分割近似 89
分散係数 158
分散項 158
分散効果 159
分離フィルター 73, 160

ベイズ推定 21
ベイズの定理 21, 42
ヘッセ行列 43, 52, 110, 165
変分 104, 107, 138, 156
変分 QC 25, 44, 45, 183, 185
変分法 15, 21, 28, 38, 40–42, 49, 50, 52, 54, 139
　　—の結果の検定 112

補正値 69
前処理 52
摩擦パラメーターの推定 → パラメーター推定
マハラノビスノルム 112

右特異ベクトル 115
ミニ大洋 202

無相関 167

メソ気象シミュレーション → シミュレーション

モデル 65, 100, 230
　　—演算子 100
　　—行列 138
　　—パラメーター 130, 132
　　—変数 145
　　—方程式 138, 140
モンテカルロ法 112, 200

ヤコビ行列 39, 101

有限差分モデル 200, 211
尤度関数 21

余効すべり 173, 175
ヨットレースでのコース選定 27
予報可能時間 220
予報可能性 219
予報誤差 146, 147, 167
　　—共分散行列 64, 67, 68, 70, 74, 82, 89, 132, 133, 135, 136, 145–148, 159, 160
予報実験 218
予報値 15, 17, 21, 29, 46, 65, 69, 78, 84, 133, 145–147 , 160, 165, 167
予報半減期 218
予報変数 101, 131

ラグランジュ
　　—関数 104, 107, 108, 114, 138
　　—の未定乗数 104
　　—の未定乗数法 103, 137, 140
乱数 131, 132, 144, 145, 159
ランチョス法 111, 116

リカッチ方程式 64, 70, 71, 74, 90, 213
力学システム 131

力学的時間発展 65, 70, 88
離散系 66, 72, 75, 103
リニアモーターカー 61
リプレゼンター法 119
リモートセンシングデータ 224
リヤプノフ方程式 68, 70, 71
粒子フィルター 200, 208
流出重油 220

連続系 66, 75, 107, 140, 151, 156, 166
連続法 64, 76

283

著者一覧（50音順, ○は編者）

○淡路　敏之	京都大学大学院理学研究科	8章, あとがき
五十嵐弘道	（独）海洋研究開発機構地球情報研究センター	8章, コラム4
○池田　元美	北海道大学大学院地球環境科学研究院	本書を読むにあたって, 8章
○石川　洋一	京都大学大学院理学研究科	序編, 6章, 8章
石崎　士郎	気象庁海洋気象情報室	6章
一井　太郎	水産総合研究センター遠洋水産研究所	コラム4
印　　貞治	日本海洋科学振興財団むつ海洋研究所	6章
上野　玄太	情報・システム研究機構統計数理研究所	3章, 付録A-2
碓氷　典久	気象庁気象研究所	1章, 2章, 6章, 付録A-3
大嶋　孝造	（併）京都大学大学院理学研究科, 住友生命保険相互会社	コラム3
○蒲地　政文	気象庁気象研究所	序編, 6章, コラム1
倉賀野　連	気象庁気候情報課	6章
小守　信正	（独）海洋研究開発機構地球シミュレータセンター	6章
杉浦　望実	（独）海洋研究開発機構地球情報研究センター	8章
高山　勝巳	水産総合研究センター日本海区水産研究所	3章, 5章
土谷　　隆	情報・システム研究機構統計数理研究所	コラム2
豊田　隆寛	（独）海洋研究開発機構地球環境変動領域	8章
中山　智治	日本海洋科学振興財団むつ海洋研究所	6章
平原　和朗	京都大学大学院理学研究科	コラム5
広瀬　直毅	九州大学応用力学研究所	2章, 3章, 7章, 付録A-1
藤井　賢彦	北海道大学大学院地球環境科学研究院	8章
藤井　陽介	気象庁気象研究所	2章, 4章, 5章, 8章, 付録A-1, A-4
本田　有機	気象庁数値予報課	8章
増田　周平	（独）海洋研究開発機構地球環境変動領域	8章
松本　　聡	気象庁気象研究所	6章
万田　敦昌	長崎大学大学院生産科学研究科	7章
宮崎　真一	京都大学大学院理学研究科	コラム5
美山　　透	（独）海洋研究開発機構地球環境変動領域	8章
望月　　崇	（独）海洋研究開発機構IPCC貢献地球環境予測プロジェクト	8章
渡邊　達郎	水産総合研究センター日本海区水産研究所	7章

＊所属は五刷（2020年5月）当時

データ同化
——観測・実験とモデルを融合するイノベーション

2009年8月20日　初版第一刷発行
2025年1月25日　〃　第七刷発行

編著者	淡　路　敏　之 蒲　地　政　文 池　田　元　美 石　川　洋　一
発行者	黒　澤　隆　文
発行所	京都大学学術出版会 京都市左京区吉田近衛町69番地 京都大学吉田南構内（〒606-8315） 電　話　075-761-6182 ＦＡＸ　075-761-6190 振　替　01000-8-64677 http://www.kyoto-up.or.jp/
印刷・製本	亜細亜印刷株式会社

ISBN978-4-87698-797-9　© T. Awaji, M. Kamachi, M. Ikeda, Y. Ishikawa 2009
Printed in Japan　　　　定価はカバーに表示してあります

本書のコピー，スキャン，デジタル化等の無断複製は著作権法上での例外を除き禁じられています．本書を代行業者等の第三者に依頼してスキャンやデジタル化することは，たとえ個人や家庭内での利用でも著作権法違反です．